CHUDENG XIANXING DAISHU

初等线性代数

黎景辉　叶澍阳　朱一心◎著

河南大学出版社
HENAN UNIVERSITY PRESS
·郑州·

图书在版编目（CIP）数据

初等线性代数 / 黎景辉，叶澍阳，朱一心著 . -- 郑州 : 河南大学出版社，2024.3

ISBN 978-7-5649-5849-7

Ⅰ. ①初… Ⅱ. ①黎… ②叶… ③朱… Ⅲ. ①线性代数－高等学校－教材 Ⅳ. ① O151.2

中国国家版本馆 CIP 数据核字 (2024) 第076130号

责任编辑 李亚涛

责任校对 郑　鑫

封面设计 高枫叶

排版设计 龚　克

出版发行 河南大学出版社

地址：郑州市郑东新区商务外环中华大厦2401号　　邮　编：450046

电话：0371-86059715（高等教育与职业教育分社）

0371-86059701（营销部）

网址：hupress.henu.edu.cn

排　版 河南千图文化传媒有限公司

印　刷 广东虎彩云印刷有限公司

版　次 2024年3月第1版　　**印　次** 2024年3月第1次印刷

开　本 787 mm×1092 mm　1/16　　**印　张** 11.5

字　数 212千字　　**定　价** 36.00 元

序

《初等线性代数》是给本科或高中学生学习基本线性代数使用的, 特别适合强基计划、拔尖计划的学生和具强自修能力的学生.

本书从线性空间和线性映射开始, 我们特别重视线性空间的构造方法. 第 2 章讲有限维线性空间的线性映射的矩阵. 第 3 章我们使用第 1、2 两章的理论来说明线性方程组的解的线性结构. 在第 4 章, 我们利用有限对称群的作用来构造行列式. 第 5 章用特征向量引入复数域上线性映射的标准形式. 第 6 章讨论实数域上的内积空间的正交化运算及其对线性映射的应用. 在最后一章我们跟随 Bourbaki 介绍投射空间和仿射空间的结构.

念完本书之后可以看我们的《高等线性代数学》(高等教育出版社), 这本书是从张量代数说到范畴论. 再进一步可以念北京大学李文威写的《代数学方法》(高等教育出版社), 这样便可以把线性代数念到淡中对偶, 完成了学习 21 世纪使用的基本线性代数学.

本书的重要特点是我们认为初等线性代数的内容就是陈述线性映射的初等性质, 所以整本书以线性映射为中心. 我们把注意力集中在基础数学的第一个重要概念 "线性结构" 上, 以此为基础展开内容. 我们认为, 现代数学的本质是结构性, 而致力于学数学的学生不应错过本书所提供的学习数学结构性的第一个机会. 缺少对数学结构性的理解, 所产生的严重的不良后果将是学生慢慢地无法把数学学下去. 对此, 我们的建议是一开始便面对线性结构. 我们希望帮助学生跨越此障碍.

朱一心写第 1、2 章, 叶澍阳写第 3、4 章, 黎景辉负责其余部分的写作, 并负责策划统筹工作.

我们很高兴参加河南大学 2022 年度校级规划教材建设项目. 我们感谢河南大学的领导, 时任河南大学副校长冯淑霞, 数学与统计学院院长韩小森和学院领导支持本书的出版并资助出版经费; 感谢河南大学陈士超教授帮助解决 TeX 的问题; 感谢河南大学龚克教授帮助解决 TeX 的问题, 处理排版, 与出版社沟通, 细心校对和提出很好的修改意见; 感谢河南大学出版社编辑李亚涛帮助本书的出版.

作者

2023 年 12 月

目　　录

第 0 章　集

当我们学习欧洲语言时, 首先接触的是它们的字母. 例如, 英文的 a, b, c, …; 希腊文的 α, β, γ, …; 希伯来文的 $\aleph$, ב, ד, …; 俄文字母; 等等. 数学语言里也有一些字母 (或称符号).

本章的目的是介绍如下两组数学常用符号.

(1) 逻辑符号: $\neg$, $\wedge$, $\vee$, $\rightarrow$, $\leftrightarrow$, $\forall$, $\exists$.

(2) 集和映射符号: $\in$, $\subset$, $\cap$, $\cup$, $\times$, $\prod$ 和 $f: X \rightarrow Y: x \mapsto y$.

这个介绍是简约的, 并不能代替详细的逻辑学 (或称为数理逻辑) 和集论 (或称为公理集论) 的学习.

0.1　逻辑

我们称日常用的汉语为自然语言, 本节用自然语言讨论逻辑, 但此处讨论的不是一个形式逻辑系统.

命题是指有意义的文句或陈述句, "有意义" 的意思是指可以断定文句的内容是真的或假的. 例如, 3 大于 4, $1+1=0$, $1+1=3$.

联结词是指由已有的命题构造出新命题所用的词语, 有时也表示两个词之间的关系, 如 "你和我" 中的 "和".

本节用到以下三类符号.

(1) **命题符号**: $A, B, C, \ldots, A_1, A_2, A_3, \ldots$. 用它们来表示各类命题.

(2) **联结词符号**: $\neg$, $\vee$, $\wedge$, $\rightarrow$, $\leftrightarrow$. 用它们来分别表示命题的 "非 (否定)" "与 (合取)" "或 (析取)" "若则 (条件)" "当且仅当 (双条件)".

(3) **花括号**: $\{\ \}$.

假设我们可以给命题符号取值 0 或 1, 那么命题符号加上联结词后取值, 可以用以下的表来计算.

A	$\neg A$
1	0
0	1

A	B	$A\wedge B$
1	1	1
1	0	0
0	1	0
0	0	0

A	B	$A\vee B$
1	1	1
1	0	1
0	1	1
0	0	0

A	B	$A\to B$
1	1	1
1	0	0
0	1	1
0	0	1

A	B	$A\leftrightarrow B$
1	1	1
1	0	0
0	1	0
0	0	1

以上这些表称为联结词的**赋值表**.

根据联结词符号, 表中符号意义为: $\neg A$ 是 "非 A", $A\wedge B$ 是 "A 和 B", $A\vee B$ 是 "A 或 B", $A\to B$ 是 "若 A 则 B", $A\leftrightarrow B$ 是 "A 当且仅当 B".

如果把 1 看作 "真", 0 看作 "假", 则只有当 A 是 0 和 B 是 0 时, "A 或 B" 是 0. 这就是以上 $A\vee B$ 的表 (第三个表).

称一串符号为**公式**. 我们说公式 X 与 Y 是**等价**的, 若 X 与 Y 有完全相同的赋值表.

例 0.1. 从以下赋值表可以看出 $A\to B$, $\neg B\to\neg A$, $\neg A\vee B$ 三个公式相互等价.

A	B	$A\to B$
1	1	1
1	0	0
0	1	1
0	0	1

A	B	$\neg B\to\neg A$
1	1	1
1	0	0
0	1	1
0	0	1

A	B	$\neg A\vee B$
1	1	1
1	0	0
0	1	1
0	0	1

这就是说, 证明 $A\to B$, 等价于证明 $\neg B\to\neg A$, 亦等价于证明 $\neg A\vee B$.

最后我们需要量词的符号. $\forall x$ 意为 "对每一个 x", 即 $\forall$ 是全称量词符号; $\exists x$ 意为 "存在一个 x", 即 $\exists$ 是存在量词符号.

例 0.2. 证明

$$\neg((\exists x)\to X(x))\leftrightarrow((\forall x)\to\neg X(x));$$
$$\neg((\forall x)\to X(x))\leftrightarrow((\exists x)\to\neg X(x)).$$

也就是说, 对于一个存在命题: $(\exists x)X(x)$ 的否定命题为: $(\forall x)\neg X(x)$; 对于一个全称命题: $(\forall x)X(x)$ 的否定命题为: $(\exists x)\neg X(x)$.

证明. 注意到 $\neg(\exists x) = (\forall x)$, $\neg(\forall x) = (\exists x)$, 列出以下赋值表.

$\exists x$	$\forall x$	$X(x)$	$(\exists x) \to X(x)$	$\neg((\exists x) \to X(x))$	$(\forall x) \to \neg X(x)$
1	0	1	1	0	0
1	0	0	0	1	1
0	1	1	1	0	0
0	1	0	0	1	1

即

$$\neg((\exists x) \to X(x)) \text{ 等价于 } (\forall x) \to \neg X(x).$$

类似地,

$$\neg((\forall x) \to X(x)) \text{ 等价于 } (\exists x) \to \neg X(x).$$ □

0.2 集

自然语言中包含了一些关于集的初级性质, 这就是本节要介绍的初级自然集论.

当我们说: 一 “副” 扑克牌、一 “群” 羊、一 “组” 电池、一 “套” 餐具、一个合唱 “团”、一本诗 “集” 的时候, 其中的 “副” “群” “组” “套” “团” “集” 这些字都包含一个含义, 就是指 “若干具有共同属性的事物放在一起得到的东西”, 我们统称它们为一个 “**集**” 或 “集合”. 比如, “甲工厂的全体工人”, 我们说成 “甲工厂的工人集”. 应当指出, 在此 “集” 这个字的用法不是标准汉语的规范用法, 而 “集合” 通常是做动词用的. 我们倾向于使用 “集” 而不是 “集合”.

“集” 的第一个基本特性是它有内容. 就是说, 当我们说集 A, 我们假定是可以说出什么东西在 A 里面的. 我们叫 A 里面的东西为 A 的 “**元素**”. 比如说 A 是一群羊, 那么 A 的元素便是这一群羊中的某只羊. 比如说 A 是正整数集, 那么 A 的元素便是 $1, 2, 3, \ldots$ 中的某个整数. 一般来说, 若 x 是集 A 的元素, 用符号写为

$$x \in A,$$

称为 x **属于** A, 也说 A **包含** x.

既然集里面是有元素的, 那么当说两个集 A 和 B 是一样的, 就等价于说它们里面的元素是一样的. 用符号来写便是

$$A = B \text{ 的意义是：} x \in A \text{ 当且仅当 } x \in B.$$

这是 "集" 的第二个基本特性.

严格地说, 我们没有从逻辑上给出 "集" 这个概念的定义是什么, 只是引入了两个关系: $\in$ 和 $=$. 然后说集就是有以上第一和第二基本特性的东西.

常把条件命题: 若 A 则 B, 写为 $A \Rightarrow B$.

用 $\mathbb{Z}, \mathbb{Q}, \mathbb{R}, \mathbb{C}$ 来分别记整数集、有理数集、实数集、复数集.

假设: 我们讨论的所有集都属于一个选定的范畴, 以避免不必要的逻辑悖论.

0.2.1 子集

设 A 是 "甲工厂的工人集", $P(x)$ 是语句 "x 是女人", 则 $x \in A$ 与 $P(x)$ 的合取, 即既有 $x \in A$ 成立又有 $P(x)$ 成立. 就是说 x 是甲工厂的女工人. 设 B 是 "甲工厂的女工人集", 这样我们看到 B 是从集 A 中, 用一个语句 $P(x)$ 刻画出来 A 的一部分. 还有一种特别的现象: 如果甲工厂全是男工, 则这个集 B 里面便没有元素了. 称里面没有元素的集为**空集**, 常记空集为 $\emptyset$.

定义 0.3. 一般地, 设有集 A 和语句 $P(x)$, 则语句 $P(x)$ 刻画出来 A 的一部分 B, 是一个集; 称 B 为 A 的**子集**, 也说 A **包含** B. 用符号

$$B \subset A$$

来记这个事实. 用符号记录如下:

$$B = \{x \in A : P(x)\}.$$

读作: B 是由所有在 A 内满足条件 $P(x)$ 的 x 所组成的集.

说明 0.4. 这里的括号 $\{\ \}$ 是有特别意义的: 这是用来刻画一个集的; 因此不可以与其他的括号混在一起使用. 例如, 可以写: 正整数集是 $\{1, 2, 3, \ldots\}$.

说明 0.5. 按以上的定义, $B \subset A$ 的条件是: $x \in B \Rightarrow x \in A$. 所以如果要证明 $B = A$, 只需要证明: $B \subset A$ 和 $A \subset B$, 即 $x \in B \Rightarrow x \in A$ 和 $x \in A \Rightarrow x \in B$. 这就是前面所说的 "集" 的第二个基本特性.

说明 0.6. 空集被认为是任何集的子集.

0.2.2 集的代数

现在考虑一个特殊的例子. 给出两个集 A, C, 取 $P(x)$ 为 $x \in C$, 则 A 有子集

$$B = \{x \in A : x \in C\}.$$

这样的 B 正是由同时属于 A 和属于 C 的元素 x 组成的.

定义 0.7. 给出两个集 A, C. 由同时属于 A 和属于 C 的元素组成的集 B, 称为 A 和 C 的**交集**, 并记它为 $A \cap C$.

说明 0.8. $A \cap C$ 既是 A 的子集, 也是 C 的子集. 有如下有趣的性质

$$A \cap C = \{x \in A : x \in C\} = \{x \in C : x \in A\} = C \cap A.$$

特别地, $A \cap C = \emptyset$ 显然是说集 A 与集 C 没有共同的元素.

例 0.9. 取 A 是大于 10 的整数的集, C 是小于 16 的整数的集, 则 $A \cap C$ 是 $\{11, 12, 13, 14, 15\}$.

既然有 "同时属于 A **和** C" 的元素的集, 对应地自然可以考虑 "属于 A **或** C" 的元素的集.

定义 0.10. 给出两个集 A, C, 则有集 E 使得 E 的元素恰好是属于 A 或 C 的所有元素 (没有其他的), 用符号写为

$$E = \{x : x \in A \text{ 或 } x \in C\},$$

称 E 为 A 和 C 的**并集**, 并记它为 $A \cup C$.

说明 0.11. A 是 $A \cup C$ 的子集, C 的是 $A \cup C$ 子集, 并且 $A \cup C = C \cup A$.

例 0.12. 取 A 是大于 10 的整数的集, C 是小于 16 的整数的集, 则 $A \cup C$ 是所有整数组成的集.

用 $x \notin A$ 记 x 不属于集 A, 用 $A \setminus B$ 表示属于 A 但不属于 B 的元素的集, 即

$$A \setminus B = \{x : x \in A \text{ 和 } x \notin B\}.$$

命题 0.13. (1)

$$A \cup (B \cup C) = (A \cup B) \cup C,$$
$$A \cap (B \cap C) = (A \cap B) \cap C.$$

(2)

$$A \cap (B \cup C) = (A \cap B) \cup (A \cap C),$$
$$A \cup (B \cap C) = (A \cup B) \cap (A \cup C).$$

(3)

$$X \setminus (A \cup B) = (X \setminus A) \cap (X \setminus B),$$
$$X \setminus (A \cap B) = (X \setminus A) \cup (X \setminus B).$$

证明. 证明一个集的等式便是要证这个等式的两边的两个集有相同的元素. 以下证明命题中的部分等式.

(1) 由集的第二个基本特性以及交集、并集的意义, 有

$$\begin{aligned} x \in A \cup (B \cup C) &\Longleftrightarrow \begin{cases} x \in A, \text{ 或} \\ x \in B \cup C \end{cases} \\ &\Longleftrightarrow \begin{cases} x \in A, \text{ 或} \\ \begin{cases} x \in B, \text{ 或} \\ x \in C \end{cases} \end{cases} \Longleftrightarrow \begin{cases} \begin{cases} x \in A, \text{ 或} \\ x \in B, \text{ 或} \end{cases} \\ x \in C \end{cases} \\ &\Longleftrightarrow \begin{cases} x \in A \cup B, \text{ 或} \\ x \in C \end{cases} \Longleftrightarrow x \in (A \cup B) \cup C, \end{aligned}$$

即 $A \cup (B \cup C) = (A \cup B) \cup C$.

(2)

$$\begin{aligned} x \in A \cap (B \cup C) &\Longleftrightarrow \begin{cases} x \in A, \text{ 且} \\ x \in B \cup C \end{cases} \\ &\Longleftrightarrow \begin{cases} x \in A, \text{ 且} \\ \begin{cases} x \in B, \text{ 或} \\ x \in C \end{cases} \end{cases} \Longleftrightarrow \begin{cases} x \in A \text{ 且 } x \in B, \text{ 或} \\ x \in A \text{ 且 } x \in C \end{cases} \\ &\Longleftrightarrow \begin{cases} x \in A \cap B, \text{ 或} \\ x \in A \cap C \end{cases} \Longleftrightarrow x \in (A \cap B) \cup (A \cap C), \end{aligned}$$

即 $A \cap (B \cup C) = (A \cap B) \cup (A \cap C)$.

(3) 注意到

$$x \notin A \cup B \Longleftrightarrow x \notin A \text{ 和 } x \notin B,$$

于是

$$x \in X \setminus (A \cup B) \Longleftrightarrow \begin{cases} x \in X, \text{ 且} \\ x \notin A \cup B \end{cases}$$

$$\Longleftrightarrow \begin{cases} x \in X, \text{ 且} \\ x \notin A \text{ 且 } x \notin B \end{cases} \Longleftrightarrow \begin{cases} x \in X \text{ 且 } x \notin A, \text{ 且} \\ x \in X \text{ 且 } x \notin B \end{cases}$$

$$\Longleftrightarrow \begin{cases} x \in X \setminus A, \text{ 且} \\ x \in X \setminus B \end{cases} \Longleftrightarrow x \in (X \setminus A) \cap (X \setminus B),$$

即 $X \setminus (A \cup B) = (X \setminus A) \cap (X \setminus B)$. □

给定非空集 I, 假设对每个 $i \in I$ 都对应一个集 X_i, 我们常把这样的一族集记为 $\{X_i : i \in I\}$ 或 $\{X_i\}_{i \in I}$. 这时上面集的 "交" 和 "并" 的定义可以推广如下:

$$\bigcap_{i \in I} X_i = \{x : \forall i \in I, x \in X_i\},$$

$$\bigcup_{i \in I} X_i = \{x : \exists i \in I, x \in X_i\}.$$

0.3 积

0.3.1 序列

定义 0.14. 设 n 是 > 1 的整数. 给出 n 个集 $A_1, A_2, \ldots, A_n$. 取 $a_j \in A_j$, 其中 $1 \leqslant j \leqslant n$. 由这 n 个元素 $a_1, a_2, \ldots, a_n$ 所构成的有限序列记为 $\langle a_1, a_2, \ldots, a_n \rangle$. 所有这样的序列组成一个集, 我们记这个集为

$$A_1 \times A_2 \times \cdots \times A_n = \{\langle a_1, a_2, \ldots, a_n \rangle : a_j \in A_j\},$$

并称之为 $A_1, A_2, \ldots, A_n$ 的**积** (又称为笛卡儿积).

说明 0.15. $a_1, a_2, \ldots, a_n$ 的次序是重要的, 也就是按这记号 $\langle 1, 2 \rangle \neq \langle 2, 1 \rangle$.

例 0.16. $n = 4$. $A_1 = A_2 = A_3 = A_4 = A = \{0, 1\}$. $\langle 1, 0, 1, 0 \rangle$, $\langle 1, 0, 0, 1 \rangle$ 都是 $A \times A \times A \times A = A^4$ 的元素, 它们并不相等. 注意此处我们引入了 A^4 这个记号.

例 0.17. 当 $n = 2$ 时, 两个集的积是个重要的情形. 由 $a_1 \in A_1$, $a_2 \in A_2$ 组成的二元序列 $\langle a_1, a_2 \rangle$ 称为**序对**. $A_1 \times A_2$ 便是由所有这样的序对所组成的集.

命题 0.18. 设 $\{A_i : i \in I\}$ 和 $\{B_j : j \in J\}$ 是集族, 则 $(\cup_i A_i) \times (\cup_j B_j) = \cup_{i,j}(A_i \times B_j)$.

证明.

$$\begin{aligned}
\langle a,b\rangle \in (\cup_i A_i) \times (\cup_j B_j) &\iff a \in \cup_i A_i \ ; \ b \in \cup_j B_j \\
&\iff \exists i \in I,\ a \in A_i \ ; \ \exists j \in J, b \in B_j \\
&\iff \exists i \in I,\ \exists j \in J,\ \langle a,b\rangle \in A_i \times B_j \\
&\iff \langle a,b\rangle \in \cup_{i,j}(A_i \times B_j).
\end{aligned}$$ □

0.3.2 关系

自然语句 “陈女士是李先生的母亲”, 是在说陈女士与李先生两人之间的关系, 日常汉语称之为母子关系. 假如我们用符号 $\mathscr{M}(x,y)$ 来表达 “x 是 y 的母亲”, 则 $\mathscr{M}$(陈女士, 李先生) 便表示 “陈女士是李先生的母亲”.

让我们看一个比较简单的关系.

例 0.19. 以 $\mathbb{Z}$ 记整数集. 用符号 $\mathscr{D}(x,y)$ 来表示 “整数 x 是整数 y 的两倍”, 则 $\mathscr{D}(8,4)$ 是对的, $\mathscr{D}(9,4)$ 是不对的.

进一步考虑满足这个关系的所有序对所组成的集

$$D = \{\langle x,y\rangle : \mathscr{D}(x,y)\} = \{\langle 2y,y\rangle : y \text{ 是整数}\}.$$

显然, 知道 $\mathscr{D}$ 等于知道 D, 因为要检查 $\mathscr{D}(x,y)$ 是不是对的, 等价于检查序对 $\langle x,y\rangle$ 是否属于集 D.

还有一件事要注意: D 是 $\mathbb{Z} \times \mathbb{Z}$ 的子集.

这个例子启发我们引入以下定义.

定义 0.20. 给出集 A_1, A_2, 称积 $A_1 \times A_2$ 的一个子集 R 为一个联系 A_1 到 A_2 的**关系**. 如果 $\langle x,y\rangle \in R$, 我们说 $R(x,y)$ 成立, 并记此为 xRy.

给出 n 个集 $A_1, A_2, \ldots, A_n$, 称 $A_1 \times A_2 \times \cdots \times A_n$ 的一个子集 R 为一个 n **元关系**. 特别地, $A_i = A$ 时, R 称为 A 上的一个 n 元关系, $A \times A$ 的子集称为 A 上的一个二元关系.

说明 0.21. 毫无疑问, 这样定义的概念 “关系”, 是 “母子关系” 那种 “关系” 的一般推广.

0.4 映射

定义 0.22. 给定集 X,Y, 在联系 X 到 Y 的众多关系中, 满足以下条件的关系 $F\subset X\times Y$ 最常见也最重要:

$$\text{若 } \langle x,y_1\rangle\in F,\ \langle x,y_2\rangle\in F,\ \text{则 } y_1=y_2.$$
$$\text{若 } x\in X,\ \text{则有 } y\in Y,\ \text{使得 } \langle x,y\rangle\in F.$$

称这样的关系为**映射**.

当 X 和 Y 是复数集的子集时, 称映射为**函数**. 特别引进新的记号, 把 $\langle x,y\rangle\in F$ 写为 $y=F(x)$ 或 $x\mapsto y$; 又把这个关系 F 改记为 $F:X\to Y$ 或 $X\xrightarrow{F}Y$.

例 0.23. 记 $\mathbb{N}=\{0,1,2,\ldots\}$ 为非负整数集, 取 $X=Y=\mathbb{N}$,

$$E=\{\langle n,2n\rangle:n\in\mathbb{N}\}\subset\mathbb{N}\times\mathbb{N}.$$

这个集所决定的函数是 $n\mapsto 2n$, 常记为 $\mathbb{N}\to\mathbb{N}:n\mapsto 2n$.

说明 0.24. 记号 $F:x\mapsto y$ 的意义是映射 F 在 x 取值 y.

例 0.25. 映射 "正弦函数平方" $F:x\mapsto(\sin x)^2$ 就是我们平常写的 $F(x)=\sin^2 x$.

定义 0.26. 对于给定映射 $f:X\to Y$ 和 X 的子集 A. 考虑以下条件所定义的映射 $g:A\to Y$: 若 $x\in A$, 取 $g(x)=f(x)$; 这时称 g 是 f 到 A 上的**限制**, 并记为

$$g=f|_A.$$

定义 0.27. 设有映射 $f:X\to Y$, A 是 X 的子集, C 是 Y 的子集, 则可以定义如下两个集:

$$f(A)=\{f(x)\in Y:x\in A\},$$
$$f^{-1}(C)=\{x\in X:f(x)\in C\},$$

称 $f(A)$ 为 A 在 f 下的**像**, 称 $f^{-1}(C)$ 为 C 在 f 下的**反像**.

命题 0.28. 设有映射 $f:X\to Y$, A,B 是 X 的子集, C,D 是 Y 的子集, 则

(1) $f(A\cup B)=f(A)\cup f(B)$, $\quad f(A\cap B)=f(A)\cap f(B)$.

(2) $f^{-1}(C\cup D)=f^{-1}(C)\cup f^{-1}(D)$, $\quad f^{-1}(C\cap D)=f^{-1}(C)\cap f^{-1}(D)$.

(3) $f^{-1}(f(A))\supset A$, $\quad f(f^{-1}(C))\subset C$.

证明. (1)

$$y \in f(A \cup B) \Longleftrightarrow \exists x \in A \cup B,\ y = f(x) \Longleftrightarrow \begin{cases} \exists x \in A,\ y = f(x),\ \text{或} \\ \exists x \in B,\ y = f(x) \end{cases}$$

$$\Longleftrightarrow \begin{cases} y \in f(A),\ \text{或} \\ y \in f(B) \end{cases} \Longleftrightarrow y \in f(A) \cup f(B),$$

即 $f(A \cup B) = f(A) \cup f(B)$. 同样地, 有 $f(A \cap B) = f(A) \cap f(B)$.

(2)

$$x \in f^{-1}(C \cup D) \Longleftrightarrow f(x) \in C \cup D \Longleftrightarrow \begin{cases} f(x) \in C,\ \text{或} \\ f(x) \in D \end{cases}$$

$$\Longleftrightarrow \begin{cases} x \in f^{-1}(C),\ \text{或} \\ x \in f^{-1}(D) \end{cases} \Longleftrightarrow x \in f^{-1}(C) \cup f^{-1}(D),$$

即 $f^{-1}(C \cup D) = f^{-1}(C) \cup f^{-1}(D)$.

(3) $x \in A \Longrightarrow f(x) \in f(A) \Longrightarrow x \in f^{-1}(f(A))$, 即 $A \subset f^{-1}(f(A))$.

$$\begin{aligned} y \in f(f^{-1}(C)) &\Longrightarrow \exists x \in f^{-1}(C),\ y = f(x) \\ &\Longrightarrow y = f(x) \in C, \end{aligned}$$

即 $f(f^{-1}(C)) \subset C$. □

说明 0.29. 证明 $f^{-1}(C \cup D) = f^{-1}(C) \cup f^{-1}(D)$ 时, 一般地并不能将 $f^{-1} : Y \to X$ 看作映射而利用 (1) 的结论得到证明. 因为集的记号 $f^{-1}(C)$ 并不意味着 f^{-1} 作为映射存在.

关于映射最重要的操作是映射的合成.

定义 0.30. 设有映射 $f : X \to Y$ 和 $g : Y \to Z$, 用以下公式定义映射 $h : X \to Z$:

$$h(x) = g(f(x)),$$

称 h 是 f 和 g 的**合成**, 并记 h 为 $g \circ f$.

说明 0.31. 映射合成 $h = g \circ f$ 中的 "∘" 常不写, 直接记为 $h = gf$.

以下两图均用来表示映射的合成.

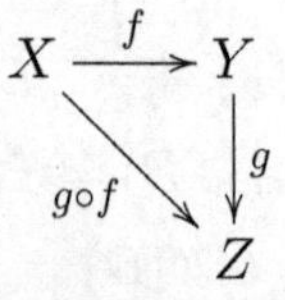

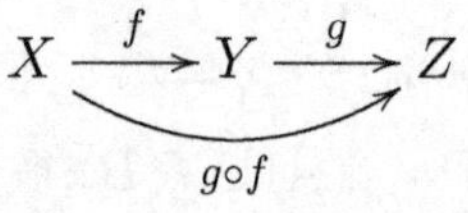

一般地, $g \circ f \neq f \circ g$.

例 0.32. 取 $X=Y=Z=\mathbb{R}$, $f(x)=\sin x$, $g(x)=x^2$, 则 $g\circ f(x)=(\sin x)^2$, $f\circ g(x)=\sin(x^2)$, 显然 $gf\neq fg$.

命题 0.33. 设有映射 $e:W\to X$, $f:X\to Y$ 和 $g:Y\to Z$, 则

(1) $(g\circ f)(A)=g(f(A))$, 其中 $A\subset X$.

(2) $(g\circ f)^{-1}(C)=f^{-1}(g^{-1}(C))$, 其中 $C\subset Z$.

(3) $g\circ(f\circ e)=(g\circ f)\circ e$.

证明. (1)

$$\begin{aligned} z\in(g\circ f)(A) &\Longleftrightarrow \exists\, x\in A,\ z=(gf)(x)=g(f(x)) \\ &\Longleftrightarrow z\in g(f(A)), \end{aligned}$$

即 $(g\circ f)(A)=g(f(A))$.

(2)

$$\begin{aligned} x\in(g\circ f)^{-1}(C) &\Longleftrightarrow (g\circ f)(x)\in C \Longleftrightarrow g(f(x))\in C \\ &\Longleftrightarrow f(x)\in g^{-1}(C) \Longleftrightarrow x\in f^{-1}(g^{-1}(C)), \end{aligned}$$

即 $(g\circ f)^{-1}(C)=f^{-1}(g^{-1}(C))$.

(3) $\forall\, w\in W$,

$$\begin{aligned} (g\circ(f\circ e))(w) &= g((f\circ e)(w))=g(f(e(w))) \\ &= (g\circ f)(e(w)), \end{aligned}$$

即 $g\circ(f\circ e)=(g\circ f)\circ e$. □

定义 0.34. **恒等映射**是指 $f:X\to X$ 使得对任意 $x\in X$ 恒有 $f(x)=x$, 常记此为 id_X.

设 Y 是 X 的子集, 对 $y\in Y$ 取 $\iota(y)=y$, 如此得的映射 $\iota:Y\to X$ 称为**包含映射**.

对给定的映射 $f:X\to Y$, 若存在映射 $g:Y\to X$ 使得 $g\circ f=\mathrm{id}_X$, $f\circ g=\mathrm{id}_Y$, 则称 g 为 f 的**逆映射**. 显然, 若 f 有逆映射 g, 则 g 的逆映射是 f. 常记 f 的逆映射为 f^{-1}.

定义 0.35. 当映射 F 满足条件: 若 $\langle x_1,y\rangle\in F$, $\langle x_2,y\rangle\in F$, 则 $x_1=x_2$ 时, 称 F 是**单射**.

当 F 满足条件: 对每个 $y\in Y$, 都存在某个 $x\in X$, 使得 $\langle x,y\rangle\in F$ 时, 称 F 是**满射**.

如果 F 同时是单射和满射, 称 F 是**双射**, 或是一一对应.

说明 0.36. 条件 $\langle x,y\rangle \in F$ 即 $y=F(x)$. 因此 $\langle x_1,y\rangle \in F$, $\langle x_2,y\rangle \in F$, 等价于 $F(x_1)=F(x_2)=y$.

注意: “一一对应” 这个词, 在其他场合或者其他书中, 可能表示不同的含义.

定义 0.37. 记 $\mathbb{N}=\{0,1,2,\ldots\}$ 为非负整数集, 对于给定集 X, 如果 X 只有有限个元素或存在双射 $\mathbb{N}\to X$, 则称 X 为**可数集**.

例 0.38. 记 $\mathbb{E}=\{0,2,4,\ldots\}$ 为非负偶整数集, 则 $n\mapsto 2n$ 所定义的函数 $\mathbb{N}\to\mathbb{E}$ 是双射, 因此非负偶整数集是可数集.

命题 0.39. 设有映射 $f: X\to Y$, 则 f 有逆映射当且仅当 f 是双射.

证明. (1) 设 f 有逆映射 $f^{-1}: Y\to X$.

设 $x_1,x_2\in X$ 使得 $f(x_1)=f(x_2)$, 则 $f^{-1}(f(x_1))=f^{-1}(f(x_2))$, 即有 $x_1=x_2$, 因此 f 是单射.

任给 $y\in Y$, 有 $f^{-1}(y)\in X$, 且 $f(f^{-1}(y))=y$, 因此 f 是满射.

(2) 设 f 是双射, 因此任给 $y\in Y$, 有 $x\in X$ 使得 $f(x)=y$. 又 f 是单射, 满足 $f(x)=y$ 的 x 是唯一的. 于是可以定义一个映射 $g: Y\to X$ 使得 $g(y)=x$, 其中 $y=f(x)$, 容易验证 $g=f^{-1}$. □

命题 0.40. 设有映射 $f: X\to Y$ 和 $g: Y\to Z$, 则

(1) $(g\circ f)$ 是满射 $\Longrightarrow$ g 是满射;

(2) $(g\circ f)$ 是单射 $\Longrightarrow$ f 是单射.

证明. (1)

$$\begin{aligned}(g\circ f)\text{ 是满射} &\Longrightarrow \forall z\in Z,\ \exists x\in X,\ z=(g\circ f)(x)=g(f(x))\\ &\Longrightarrow \forall z\in Z,\ \exists y=f(x)\in Y,\ z=g(y)\\ &\Longrightarrow g\text{ 是满射}.\end{aligned}$$

(2)

$$\begin{aligned}&(g\circ f)\text{ 是单射} \Longrightarrow \text{若 } (g\circ f)(x_1)=(g\circ f)(x_2),\text{ 则 } x_1=x_2\\ &\Longrightarrow \text{若 } g(f(x_1))=g(f(x_2)),\text{ 则 } x_1=x_2\\ &\Longrightarrow \text{若 } f(x_1)=f(x_2),\text{ 则 } g(f(x_1))=g(f(x_2)),\text{ 则 } x_1=x_2\\ &\Longrightarrow f\text{ 是单射}.\end{aligned}$$

□

说明 0.41. 可以把序列 $\langle a,b\rangle$ 看作一个从集 $\{1,2\}$ 到集 $\{a,b\}$ 的映射: $1\mapsto a$, $2\mapsto b$, 这样序列 $\langle b,a\rangle$ 便是另外的一个映射: $1\mapsto b$, $2\mapsto a$. 同样可以把序列 $\langle a_1,\ldots,a_n\rangle$ 看作映射: $i\mapsto a_i$, 其中 $1\leqslant i\leqslant n$.

定义 0.42. 给定非空集 I, 假设对每个 $i\in I$ 都确定一个集 X_i. 考虑映射

$$f: I\to \cup_{i\in I}X_i,\ f(i)\in X_i.$$

我们以 f_i 记 $f(i)$, 又以 $\{f_i\}_{i\in I}$ 记映射 f, 由全体这样的 f 组成的集合记为 $\prod_{i\in I}X_i$, 并称它为 $\{X_i\}_{i\in I}$ 的**积** (或直积), 记作如下记号:

$$\prod_{i\in I}X_i=\{\{f_i\}: f_i\in X_i\}.$$

特别地, 当所有的 X_i 都是同一个 X 时, $\prod_{i\in I}X_i=\prod_{i\in I}X$ 的元素是映射

$$f: I\to X,$$

把 $\prod_{i\in I}X$ 记为幂 X^I. 于是

$$X^I=\{f: I\to X\}.$$

说明 0.43. $f\in\prod_{i\in I}X_i \iff \forall i\in I, f(i)\in X_i$; $f\in X^I \iff \forall i\in I, f(i)\in X$.

例 0.44. 由 I 的全体子集组成的集记为 $\mathcal{P}(I)$. 以 $\mathbf{2}$ 记集 $\{0,1\}$. 由映射 $f: I\to\mathbf{2}$ 得 I 的子集 $I_f=\{i\in I: f(i)=1\}$. 反过来 I 的子集亦决定一个从 I 到 $\mathbf{2}$ 的映射. 由此可说幂 $\mathbf{2}^I$ 对应于 $\mathcal{P}(I)$, 因此记为

$$\mathbf{2}^I\leftrightarrow\mathcal{P}(I).$$

命题 0.45. $I\neq\emptyset$, 并且 $\forall i\in I$, $X_i\neq\emptyset$, 取 X_i 的子集 A_i, B_i, 则

(a) $(\prod_i A_i)\cap(\prod_i B_i)=\prod_i(A_i\cap B_i)$.

(b) $(\prod_i A_i)\cup(\prod_i B_i)\subset\prod_i(A_i\cup B_i)$.

(c) $\cap_j(\prod_i A_{i,j})=\prod_i(\cap_j A_{i,j})$, 其中 $A_{i,j}=A_i\cap A_j$.

证明. (a)

$$f\in\left(\prod\nolimits_i A_i\right)\cap\left(\prod\nolimits_i B_i\right)\iff\begin{cases} f\in\prod_i A_i,\ \text{且}\\ f\in\prod_i B_i\end{cases}$$

$$\iff\begin{cases}\forall i\in I,\ f(i)\in A_i,\ \text{且}\\ \forall i\in I,\ f(i)\in B_i\end{cases}\iff\forall i\in I,\begin{cases} f(i)\in A_i,\ \text{且}\\ f(i)\in B_i\end{cases}$$

$$\iff\forall i\in I,\ f(i)\in A_i\cap B_i\iff f\in\prod\nolimits_i(A_i\cap B_i),$$

即 $(\prod_i A_i)\cap(\prod_i B_i)=\prod_i(A_i\cap B_i)$.

(b)

$$f\in\left(\prod_i A_i\right)\cup\left(\prod_i B_i\right)\Longleftrightarrow\begin{cases} f\in\prod_i A_i,\text{ 或}\\ f\in\prod_i B_i\end{cases}$$
$$\Longleftrightarrow\begin{cases}\forall i\in I,\ f(i)\in A_i,\text{ 或}\\ \forall i\in I,\ f(i)\in B_i\end{cases}\Longrightarrow\forall i\in I,\begin{cases} f(i)\in A_i,\text{ 或}\\ f(i)\in B_i\end{cases}$$
$$\Longleftrightarrow\forall i\in I,\ f(i)\in A_i\cup B_i\Longleftrightarrow f\in\prod_i(A_i\cup B_i),$$

即

$$\left(\prod_i A_i\right)\cup\left(\prod_i B_i\right)\subset\prod_i(A_i\cup B_i).$$

(c)

$$f\in\cap_j(\textstyle\prod_i A_{i,j})\Longleftrightarrow\forall j\in I,\ f\in\prod_i A_{i,j}$$
$$\Longleftrightarrow\forall j\in I,\ \forall i\in I,\ f(i)\in A_{i,j}\Longleftrightarrow\forall i\in I,\ \forall j\in I,\ f(i)\in A_{i,j}$$
$$\Longleftrightarrow\forall i\in I,\ f(i)\in\cap_j A_{i,j}\Longleftrightarrow f\in\textstyle\prod_i(\cap_j A_{i,j}),$$

即

$$\cap_j\left(\prod_i A_{i,j}\right)=\prod_i(\cap_j A_{i,j}).$$ □

说明 0.46. 命题 0.45 的证明中

$$\begin{cases}\forall i\in I,\ f(i)\in A_i,\text{ 或}\\ \forall i\in I,\ f(i)\in B_i\end{cases}\Longrightarrow\forall i\in I,\begin{cases} f(i)\in A_i,\text{ 或}\\ f(i)\in B_i\end{cases}$$

反之未必, 所以 (b) 的结论不是等号.

例 0.47. 取

$$I=\{1,2\},\ X_1=\{1,2,3,4\}=X_2,\ A_1=\{1,3\}=A_2,\ B_1=\{2,4\}=B_2,$$

$\prod_{i\in\{1,2\}}X_i$ 中元素形如 $f=\{f_1,f_2\}$, $f_1=f(1)$, $f_2=f(2)$. 共有如下 16 个元素:

$$\{1,1\},\{1,2\},\{1,3\},\{1,4\},\{2,1\},\{2,2\},\{2,3\},\{2,4\},$$
$$\{3,1\},\{3,2\},\{3,3\},\{3,4\},\{4,1\},\{4,2\},\{4,3\},\{4,4\}.$$
$$\prod_{i\in\{1,2\}}A_i=\{\{1,1\},\{1,3\},\{3,1\},\{3,3\}\},$$
$$\prod_{i\in\{1,2\}}B_i=\{\{2,2\},\{2,4\},\{4,2\},\{4,4\}\},$$

显然有

$$\left(\prod_{i\in\{1,2\}} A_i\right) \cup \left(\prod_{i\in\{1,2\}} B_i\right) \subset \prod_{i\in\{1,2\}} (A_i \cup B_i) = \prod_{i\in\{1,2\}} X_i.$$

说明 0.48. 在公理集论中: “若 $I \neq \emptyset$, 并且 $\forall i \in I$, $X_i \neq \emptyset$, 则 $\prod_{i\in I} X_i \neq \emptyset$”, 是选择公理 (或其等价命题).

1938 年, Gödel 证明 “ZF + 选择公理” 是协调的; 1963 年, Cohen 证明不能从 ZF 推导出选择公理 (因这个定理, Cohen 得菲尔兹奖).

0.5 等价类

定义 0.49. 设 R 是 X 上的一个二元关系.

(1) 称 R 是**自反**的, 若对任意 $x \in X$ 有 $R(x,x)$.

(2) 称 R 是**对称**的, 若对任意 $x, y \in X$ 和 $R(x,y)$ 有 $R(y,x)$.

(3) 称 R 是**传递**的, 若对任意 $x, y, z \in X$ 和 $R(x,y)$, $R(y,z)$ 有 $R(x,z)$.

(4) 称 R 是 X 的**等价关系**, 若 R 是自反的、对称的和传递的.

定义 0.50. 设 R 是 X 上的一个等价关系, 取 $x \in X$, 定义包含 x 的 R **等价类**为

$$\langle x \rangle = \{y \in X : R(x,y)\}.$$

X 的全体等价类组成的集合称为 X 关于 R 的**商集**, 记作 X/R, 即

$$X/R = \{\langle x \rangle : x \in X\}.$$

称映射 $X \to X/R : x \mapsto \langle x \rangle$ 为**典范投射**.

定义 0.51. 设集 Ξ 的元素是集 X 的子集, 称 Ξ 是 X 的一个**划分**, 若以下条件成立:

(1) 任意 $A \in \Xi$ 是非空集;

(2) $A, B \in \Xi$, $A \neq B \Longrightarrow A \cap B = \emptyset$;

(3) $\cup_{A\in\Xi} A = X$.

命题 0.52. (1) 设集 Ξ 是 X 的一个划分, 令

$$R(\Xi) = \cup_{A\in\Xi} A \times A,$$

则 $R(\Xi)$ 是 X 的等价关系.

(2) 设 R 是 X 的等价关系, 则 X/R 是 X 的一个划分, 且 $R(X/R) = R$.

证明. (1) 因为 $\forall A \in \Xi$, 有 $A \subset X$, $A \times A \subset X \times X$, 所以 $R(\Xi)$ 是 X 上的一个二元关系.

$$\begin{aligned}\forall x \in X = \cup_{A\in\Xi} A &\Longrightarrow \exists A \in \Xi,\ x \in A\\ &\Longrightarrow (x,x) \in A \times A \subset R(\Xi)\\ &\Longrightarrow R(\Xi)(x,x),\end{aligned}$$

即 $R(\Xi)$ 是自反的.

$$\begin{aligned}\forall x,y \in X,\ R(\Xi)(x,y) &\Longrightarrow \exists A \in \Xi,\ (x,y) \in A \times A\\ &\Longrightarrow x \in A,\ y \in A\\ &\Longrightarrow (y,x) \in A \times A \subset R(\Xi)\\ &\Longrightarrow R(\Xi)(y,x),\end{aligned}$$

即 $R(\Xi)$ 是对称的.

$$\begin{aligned}&\forall x,y,z \in X,\ R(\Xi)(x,y),\ R(\Xi)(y,z)\\ &\Longrightarrow \exists A \in \Xi,\ (x,y) \in A \times A;\ \exists B \in \Xi, (y,z) \in B \times B\\ &\Longrightarrow x \in A,\ y \in A;\ y \in B, z \in B\\ &\Longrightarrow A \cap B \neq \emptyset,\ A = B \Longrightarrow x,y,z \in A = B\\ &\Longrightarrow (x,z) \in A \times A \subset R(\Xi) \Longrightarrow R(\Xi)(x,z),\end{aligned}$$

即 $R(\Xi)$ 是传递的. 由上证得 $R(\Xi)$ 是 X 的等价关系.

(2) 任给 $\langle x\rangle \in X/R = \{\langle x\rangle : x \in X\}$, 显然 $x \in \langle x\rangle \neq \emptyset$.

若 $\langle x\rangle, \langle y\rangle \in X/R$, 且 $\langle x\rangle \neq \langle y\rangle$, 则 $\langle x\rangle \cap \langle y\rangle = \emptyset$. 否则, 如有 $z \in \langle x\rangle \cap \langle y\rangle$, 就有 $R(x,z)$, $R(y,z)$. 根据对称性和传递性, 得到 $R(x,y)$, 这样 $\langle x\rangle = \langle y\rangle$, 矛盾.

任给 $x \in X$, $\langle x\rangle \in X/R$, 所以 $X/R = \cup_{x\in X} \langle x\rangle$.

由上证得 X/R 是 X 的一个划分.

下面证明 $R(X/R) = R$. 注意到

$$R(X/R) = \cup_{\langle x\rangle\in X/R} \langle x\rangle \times \langle x\rangle = \cup_{x\in X} \langle x\rangle \times \langle x\rangle,$$

有

$$\begin{aligned}&(x,y) \in R(X/R) \Longleftrightarrow \exists z \in X,\ (x,y) \in \langle z\rangle \times \langle z\rangle\\ &\Longleftrightarrow \exists z \in X,\ x,y \in \langle z\rangle \Longleftrightarrow \exists z \in X,\ R(x,z),\ R(y,z)\\ &\Longleftrightarrow R(x,y) \Longleftrightarrow (x,y) \in R,\end{aligned}$$

即 $R(X/R)=R$. □

想要深入地讨论公理集论, 我们建议看李文威的《代数学方法》(高等教育出版社) 第一卷第 1 章.

习 题

1. 用赋值表证明: $\neg((\forall x)\to X(x))$ 等价于 $(\exists x)\to\neg X(x)$.

2. 设 $A=$ "4 的整数倍数", $B=$ "2 的整数倍数", 根据 $A\to B$ 等价于 $\neg A\vee B$, 写出命题 $\neg A\vee B$.

3. 证明命题 0.13 中 (1)(2)(3) 的第二个结论: A,B,C,X 是集, 则

$$A\cap(B\cap C)=(A\cap B)\cap C,$$
$$A\cup(B\cap C)=(A\cup B)\cap(A\cup C),$$
$$X\setminus(A\cap B)=(X\setminus A)\cup(X\setminus B).$$

4. 设有映射 $f:X\to Y$, A,B 是 X 的子集, C,D 是 Y 的子集. 证明:
(1) $f(A\cap B)=f(A)\cap f(B)$;
(2) $f^{-1}(C\cap D)=f^{-1}(C)\cap f^{-1}(D)$.

5. 设有映射 $f:X\to Y$. 证明:
(1) f 是满射 $\Longrightarrow$ 存在映射 $g:Y\to X$ 使得 $f\circ g=\mathrm{id}_Y$;
(2) f 是单射 $\Longrightarrow$ 存在映射 $g:Y\to X$ 使得 $g\circ f=\mathrm{id}_X$.

6. 举例说明对映射 $f:X\to Y$, $f^{-1}:Y\to X$ 可能不存在.

7. 取

$$I=\{1,2,3\},\ X_1=\{1,2\}=X_2,\ X_3=\{3,4,5\},$$

$$A_1=\{1\},\ A_2=\{2\},\ A_3=\{3,4\}=B_3,\ B_1=\{2\}=B_2,$$

求

$$\left(\prod_{i\in\{1,2,3\}}A_i\right)\cup\left(\prod_{i\in\{1,2\}}B_i\right),\qquad \prod_{i\in\{1,2\}}(A_i\cup B_i).$$

8. 举例说明两个集的笛卡儿积与直积的联系与区别.

9. 命题 0.45 的 (b) 中等号成立的条件是什么?

10. 取 $X=\mathbb{Z}$, 记 $\mathbb{Z}_0=\{\text{偶数}\}$, $\mathbb{Z}_1=\{\text{奇数}\}$, 对 $\Xi=\mathbb{Z}_0\cup\mathbb{Z}_1$, 求 X 上的等价关系 $R(\Xi)$.

11. 取 $X=\mathbb{N}\times\mathbb{N}$, 记 $R=\{((a,b),(c,d)):a,b,c,d\in\mathbb{N},\ ac=bd\}$. 证明: R 是 X 上的一个等价关系, 求相应等价类的商集.

字 母 表

希腊字母

小写	大写	名称	小写	大写	名称
α		alpha	ν		nu
β		beta	ξ	Ξ	xi
γ	Γ	gamma	π	Π	pi
δ	Δ	delta	ρ		rho
ϵ		epsilon	σ	Σ	sigma
ζ		zeta	τ		tau
η		eta	υ	Υ	upsilon
θ	Θ	theta	ϕ	Φ	phi
ι		iota	χ		chi
κ		kappa	ψ	Ψ	psi
λ	Λ	lambda	ω	Ω	omega
μ		mu			

罗马字母：德文字母

罗马	小写	大写	罗马	小写	大写
a	$\mathfrak{a}$	$\mathfrak{A}$	n	$\mathfrak{n}$	$\mathfrak{N}$
b	$\mathfrak{b}$	$\mathfrak{B}$	o	$\mathfrak{o}$	$\mathfrak{O}$
c	$\mathfrak{c}$	$\mathfrak{C}$	p	$\mathfrak{p}$	$\mathfrak{P}$
d	$\mathfrak{d}$	$\mathfrak{D}$	q	$\mathfrak{q}$	$\mathfrak{Q}$
e	$\mathfrak{e}$	$\mathfrak{E}$	r	$\mathfrak{r}$	$\mathfrak{R}$
f	$\mathfrak{f}$	$\mathfrak{F}$	s	$\mathfrak{s}$	$\mathfrak{S}$
g	$\mathfrak{g}$	$\mathfrak{G}$	t	$\mathfrak{t}$	$\mathfrak{T}$
h	$\mathfrak{h}$	$\mathfrak{H}$	u	$\mathfrak{u}$	$\mathfrak{U}$
i	$\mathfrak{i}$	$\mathfrak{I}$	v	$\mathfrak{v}$	$\mathfrak{V}$
j	$\mathfrak{j}$	$\mathfrak{J}$	w	$\mathfrak{w}$	$\mathfrak{W}$
k	$\mathfrak{k}$	$\mathfrak{K}$	x	$\mathfrak{x}$	$\mathfrak{X}$
l	$\mathfrak{l}$	$\mathfrak{L}$	y	$\mathfrak{y}$	$\mathfrak{Y}$
m	$\mathfrak{m}$	$\mathfrak{M}$	z	$\mathfrak{z}$	$\mathfrak{Z}$

第 1 章　线性结构

我们学方程时称一个变元 x 的方程 $\frac{1}{2}x+1=0$ 为一次方程, $\sqrt{2}x^2+1=0$ 为二次方程, $\mathrm{i}\,x^3+1=0$ 为三次方程等. 我们又称一次方程为线性方程, 这是 “线性” 的一个意思. 我们称 $\frac{1}{2}, 1$ 为第一个方程的系数, 我们又说第一个方程的系数是属于有理数域 $\mathbb{Q}$. 这样, 第二个方程的系数 $\sqrt{2}, 1$ 是属于实数域 $\mathbb{R}$; 第三个方程的系数 $\mathrm{i}, 1$ ($\mathrm{i}^2=-1$) 是属于复数域 $\mathbb{C}$. 线性方程和数域是我们要研究的线性结构的基本材料.

1.1　域

我们认识的数域包括有理数域 $\mathbb{Q}$、实数域 $\mathbb{R}$、复数域 $\mathbb{C}$, 把这些数域共有的性质抽象出来, 得到一个通用的**域**结构. 以下是一般域的定义. 注意: 这个定义是用前面预备章关于映射的符号写下来的. 域的定义分为三个部分: 第 [I] 是叙述 “数” 的加法, 第 [II] 是说 “数” 的乘法, 第 [III] 是关于 “加” 与 “乘” 在一起的算法. 这个定义是记录 “数” 的四则运算规则. 这是我们在中小学花十二年用所谓 “自然就是这样” 的方法通过无数次重复学会的.

定义 1.1. 设 K 是非空集, 0, 1 是 K 的两个特定元素, $0\neq 1$, 以 $K^\times$ 记集 $K\setminus\{0\}$. 设有以下两个映射

$$+: K\times K\to K: (x,y)\mapsto x+y,$$
$$\bullet: K^\times\times K^\times\to K^\times: (x,y)\mapsto x\bullet y.$$

我们要求上述 $(K,0,1,+,\bullet)$ 满足以下三组条件.

[I] 关于 + 的条件:

对任意 $x,y,z\in K$, 有

(1) $x+y=y+x$;

(2) $(x+y)+z=x+(y+z)$;

(3) 0 是 K 的唯一元素, 使得 $x+0=x$;

(4) 对每一 $x\in K$, 存在唯一的 $-x\in K$, 使得 $x+(-x)=0$.

[II] 把 $x\bullet y$ 简写为 xy. 关于 $\bullet$ 的条件:

对任意 $x,y,z\in K^{\times}$, 有

(1) $xy=yx$;

(2) $(xy)z=x(yz)$;

(3) 1 是 $K^{\times}$ 的唯一元素, 使得 $x1=x$;

(4) 对每一 $x\in K^{\times}$, 存在唯一的 $x^{-1}\in K^{\times}$, 使得 $x(x^{-1})=1$.

[III] 关于 $+$ 与 $\bullet$ 的条件:

对任意 $x,y,z\in K$, 有

(1) $x0=0=0x$;

(2) $x(y+z)=xy+xz$.

当以上条件均成立时, 称 K 是一个**域**, 其中 $+$, $\bullet$ 分别称为**加法**和**乘法**, 1, 0 分别称为**单位元**和**零元**.

当取 $+$ 为数的加法, $\bullet$ 为数的乘法, 则不难验证 $\mathbb{Q}$, $\mathbb{R}$, $\mathbb{C}$ 是域. 事实上, 域的定义只不过是把我们熟识的数的四则运算规则明确地写成条件而已. 以后我们将见到 $\mathbb{Q}$, $\mathbb{R}$, $\mathbb{C}$ 以外的域.

在域 K 里取单位元 1, 若有最小正整数 p 使得 $\underbrace{1+1+\cdots+1}_{p}=0$ (1 自加 p 次), 则容易证明 p 为素数, 此时称 K 是有限特征的, 其**特征**是 p; 若在 K 内 $1+\cdots+1$ 永不等于 0 (K 不是有有限特征的), 我们便说 K 的特征是 0.

1.2 线性空间和映射

定义 1.2. 给定域 K, 称非空集 V 为 K 上的一个**线性空间**, 如果 V 上有两个映射 $\alpha: V\times V\to V$, $\sigma: K\times V\to V$. 当 $\boldsymbol{u},\boldsymbol{v}\in V$, $a\in K$, 分别记 $\alpha(\boldsymbol{u},\boldsymbol{v})$ 和 $\sigma(a,\boldsymbol{v})$ 为 $\boldsymbol{u}+\boldsymbol{v}$ 和 $a\boldsymbol{v}$, 而且 α,σ 满足以下两组条件.

[I] 对任意的 $\boldsymbol{u},\boldsymbol{v},\boldsymbol{w}\in V$, 有

(1) $\boldsymbol{u}+\boldsymbol{v}=\boldsymbol{v}+\boldsymbol{u}$;

(2) $(\boldsymbol{u}+\boldsymbol{v})+\boldsymbol{w}=\boldsymbol{u}+(\boldsymbol{v}+\boldsymbol{w})$;

(3) 存在唯一的 $\mathbf{0}\in V$, 使得 $\boldsymbol{v}+\mathbf{0}=\boldsymbol{v}$;

(4) 对每一 $\boldsymbol{v}\in V$, 存在唯一的 $-\boldsymbol{v}\in V$, 使得 $\boldsymbol{v}+(-\boldsymbol{v})=\mathbf{0}$.

[II] 对任意的 $\boldsymbol{u},\boldsymbol{v}\in V$, $a,b\in K$, 有

(1) $1\boldsymbol{v} = \boldsymbol{v}$, 其中 $1 \in K$;

(2) $a(b\boldsymbol{v}) = (ab)\boldsymbol{v}$;

(3) $(a+b)\boldsymbol{v} = a\boldsymbol{v} + b\boldsymbol{v}$;

(4) $a(\boldsymbol{u}+\boldsymbol{v}) = a\boldsymbol{u} + a\boldsymbol{v}$.

我们常说 V 是 K **线性空间**或 K **向量空间**, 称 V 的元素为**向量**, 称 $\mathbf{0}$ 为**零向量**, 称 α 为 V 的**向量加法**; 又称 K 的元素为 V 的**纯量**或标量, 称 σ 为 V 的**纯量乘法**. 只有一个元素的线性空间 $\{\mathbf{0}\}$, 称为**零空间**, 并简记为 0.

例 1.3. $\mathbb{R}$ 为实数域, 以 $\mathbb{R}^2$ 记积 $\mathbb{R}\times\mathbb{R}$, 即 $\mathbb{R}^2$ 的元素为序对 (x,y), 其中 x 和 y 为实数. 定义 $\alpha:\mathbb{R}^2\times\mathbb{R}^2\to\mathbb{R}^2$, $\sigma:\mathbb{R}\times\mathbb{R}^2\to\mathbb{R}^2$ 为

$$\alpha((x,y),(x',y')) = (x+x',y+y'),$$
$$\sigma(a,(x,y)) = (ax,ay).$$

容易验证条件 [I] 和 [II], 于是知 $\mathbb{R}^2$ 为 $\mathbb{R}$ 线性空间.

从以上的例子我们看到线性空间 V 的定义是有两个部分, 第 [I] 部分是关于 V 的元素的 “加” 法运算, 第 [II] 部分是同时关于 V 和一个域 K 的运算. 此时, 你不用知道为什么是这样, 亦不必要知道有什么用. 忍耐一下, 当你对线性空间积累了充分的经验, 这些问题便迎刃而解了. 目前的任务是要知道这个定义.

说明 1.4. 显然可以把以上例子中的 $\mathbb{R}^2$ 里的 “2” 换为 $3,4,\ldots$ 甚至任何正整数 n (见本章末习题). 我们还可以把 $\mathbb{R}$ 换为域 K, 然后考虑 K^2, K^3, ..., K^n, 以后类似这样的说明不会再出现, 因为做这种简单的推广是你自己要培养的习惯.

定义 1.5. 设 V,W 是 K 上的线性空间, 称映射 $f:V\to W$ 为**线性映射**, 若对任意的 $\boldsymbol{u},\boldsymbol{v}\in V$, $a\in K$, 则以下条件成立.

$$f(\boldsymbol{u}+\boldsymbol{v}) = f(\boldsymbol{u}) + f(\boldsymbol{v}), \qquad f(a\boldsymbol{v}) = af(\boldsymbol{v}).$$

我们也说 f 是 K **线性的**, 又称 f 为**线性变换**, 若 $V=W$, 我们又称 f 为 V 的**线性自同态**.

如果 V,W 没有线性空间的结构: 向量的加, 纯量的乘, 则不能定义什么是线性映射!

以下映射

$$V \to V : \boldsymbol{v} \mapsto \boldsymbol{v} \qquad \text{恒等映射},$$

$$V \to 0 : \boldsymbol{v} \mapsto \boldsymbol{0} \qquad \text{零映射}$$

均为线性映射. 我们常以 0 或 θ 记零映射; 以 1_V 或 id_V 或 I 或 ι 记恒等映射.

例 1.6. $P : \mathbb{R}^2 \to \mathbb{R} : (x, y) \mapsto x$ 是线性映射.

设 $f : V \to W$ 为 K 线性空间的线性映射, 若有 K 线性空间的线性映射 $g : W \to V$ 使得 $g \circ f = 1_V$ 和 $f \circ g = 1_W$, 则称 f 为**线性同构**或可逆线性映射; 若 $f : V \to V$ 是线性同构, 我们又称 f 为 V 的线性自同构. 常把同构写为 $V \xrightarrow{\cong} W$ 或 $V \cong W$.

命题 1.7. 设有 K 线性映射 $f : V \to W$.

(1) 若 f 是双射, 则 f^{-1} 是 K 线性映射.

(2) K 线性双射是 K 线性同构.

证明. 取 $\boldsymbol{w}, \boldsymbol{x} \in W$. 设 $f^{-1}(\boldsymbol{w}) = \boldsymbol{v}$, $f^{-1}(\boldsymbol{x}) = \boldsymbol{u}$, 则 $f(\boldsymbol{v}) = \boldsymbol{w}$, $f(\boldsymbol{u}) = \boldsymbol{x}$. 因为 f 是线性映射, $f(\boldsymbol{v} + \boldsymbol{u}) = f(\boldsymbol{v}) + f(\boldsymbol{u}) = \boldsymbol{w} + \boldsymbol{x}$. 又因为 f 是双射, 所以 $f^{-1}(\boldsymbol{w} + \boldsymbol{x}) = \boldsymbol{v} + \boldsymbol{u} = f^{-1}(\boldsymbol{w}) + f^{-1}(\boldsymbol{x})$.

设 $a \in K$, $\boldsymbol{w} \in W$, $f^{-1}(\boldsymbol{w}) = \boldsymbol{v}$, 则 $f(a\boldsymbol{v}) = af(\boldsymbol{v}) = a\boldsymbol{w}$, 于是 $f^{-1}(a\boldsymbol{w}) = a\boldsymbol{v} = af^{-1}(\boldsymbol{w})$.

因此 f^{-1} 是 K 线性映射, 显然 (1) $\Longrightarrow$ (2). $\square$

☡是法国 Bourbaki 学派引入数学书籍的符号, 意义是指, “路” 弯曲危险请小心留意. 本书尝试一个**创新**的线性代数教学**方法**, 以求把学生提升至欧美现行水平, 这样短期内本书的使用者主要是自学的人, 因此我们改变一般课本的格式, 加入 “你” 和 “我” 的对话, 以求补偿课堂之缺.

我们认为初等线性代数内容**是**陈述线性映射的初等性质, 所以本书的重要特点就是整本书以线性映射为中心. 我们把注意力集中在基础数学的第一个重要概念 “线性结构” 上, 并以此为基础展开内容. 我们认为, 现代数学的本质是结构性, 而致力于学数学的 “你” 不应错过这儿提供的学习数学结构性的第一个机会. 缺少对数学结构性的理解, 所产生的严重不良后果将是慢慢地无法把数学学下去. 因此, 我们建议 “你” 一开始便面对这个 “巨人”: 线性结构. 于是, 我们的内容从线性空间和线性映射开始, 虽然只字不提范畴, 但实质上是构造了 “线性空间范畴”, 学习体会这种思维方法, 可以为以后学习和分析复杂结构奠定扎实的基础. 当然, 我们并没有忽略计算, 我们指出了矩阵、线性方程组、行列式的运算法则并不是无缘无故、人为任意的, 而是线性结构的**自然结果**. 请 “你” 注意, 我们在说明一个非常重要的方法, 即先用 “定义” 去刻画一种结构, 再用逻辑原则 “证明” 定理. 这些定理是说: 一切满足定义的结构必有定理所说的性质, 按此说法: 矩阵乘法的规则是线性结构的必然结果, 这是不可忽略的重要方法.

教学经验告诉我们, 单是学习线性映射的性质已经相当费时了, 因此本书不准备讨论线性代数的具体应用, 也不谈数值计算方法. 也许这是 “你” 第一次接触这种方式讨论数学. 所以无论是 “你” 自学或有教师指导, 都应该缓慢渐进, 不断重复, 每个定义和证明都可以回头反复两三遍. 那种像蜻蜓点水, 略提三句, 日日求新, 只能是水过鸭背一滴不留, 这样的方法是不合适使用本书的. 因此, 这是一本话不多、页数比较少的课本, 但是有足够一个学期学习的内容. 数学不是别人替你学, 不是从网上抄个答案便了事, 数学是 “你” 自己不停地做, 需要 “你” 反复思考, 耐心体会才可以学会的. 本书的目的是借这一个机会, 希望帮你成功建立对数学的认识与欢喜、自信心和学习能力.

我们说线性空间和线性映射组成线性结构, 线性结构是人类在 20 世纪, 经过对大自然和工艺技术中的特殊现象长期观察归纳而得来的一组一般性结构性质. 数学家的工作是按逻辑的方法把线性结构的所有性质找出来, 并形成这个普遍性概念. 这项工作是重要的, 不是显然的, 更不是简单的工程. 数学学习者应当努力学习和体会数学对线性结构的描述和归纳. 我们生活的世界是个非常复杂的 “空间”, 人们逼近这个 “空间” 的第一步就是使用 “空间” 的线性结构.

我们诚恳地祝愿你有一个愉快的艰难旅程!

1.3 怎样构造线性空间 (一)

只有一个元素的集 $\{\mathbf{0}\}$ 当然可以做成一个线性空间, 但是线性空间不是仅有几个特例的或无中生有的概念. 一般来说, 线性空间是来自数学结构, 或者是物理学家、化学家、生物学家所发现并告诉我们的自然现象, 或者是工程师跟我们说的工程结构. 比如, 到医院里看到的 X 射线、超声波或磁共振图像背后就有很多线性空间. 这些有点复杂的线性空间在技术应用中的构造, 不是我们在这里通过一本简单的基础书可以说清楚的. 所以, 我们在此不讨论具体应用中线性空间的构造, 而是要讨论在理论形式上, 我们怎样从已有的线性空间构造出新线性空间.

1.3.1 子空间

设 V 为域 K 上的线性空间, 如果 V 的非空子集 W 按照 V 的向量加法和纯量乘法也构成一个 K 向量空间, 则称 W 为 V 的 K **子空间**.

命题 1.8. 设有 $\emptyset \neq W \subseteq V$, 使得 V 的零向量 $\mathbf{0} \in W$ 和对任意的 $\boldsymbol{u}, \boldsymbol{v} \in W$, $a \in K$ 有 $\boldsymbol{u} + \boldsymbol{v} \in W$, $a\boldsymbol{u} \in W$, 则 W 是 V 的 K 子空间.

证明. 因为 W 是 V 的非空子集, 所以当命题条件成立时, W 内的向量加法和纯量乘法实际上是 V 的向量加法和纯量乘法, 当然满足定义线性空间的条件, 因此 W 为 K 线性空间. □

1.3.2 商空间

设 V 为域 K 上的线性空间, W 为 V 的 K 子空间, 取 $\boldsymbol{v}, \boldsymbol{v}' \in V$. 若 $\boldsymbol{v} - \boldsymbol{v}' \in W$, 称 $\boldsymbol{v}, \boldsymbol{v}'$ 模 W 等价, 记为 $\boldsymbol{v} \equiv \boldsymbol{v}' \bmod W$.

命题 1.9. $\equiv$ 是等价关系.

证明. (1) 自反性: $\boldsymbol{v} - \boldsymbol{v} = \mathbf{0} \in W \Longrightarrow \boldsymbol{v} \equiv \boldsymbol{v}$.

(2) 对称性:

$$\boldsymbol{v} \equiv \boldsymbol{v}' \Longrightarrow \boldsymbol{v} - \boldsymbol{v}' \in W \Longrightarrow \boldsymbol{v}' - \boldsymbol{v} = -(\boldsymbol{v} - \boldsymbol{v}') \in W \Longrightarrow \boldsymbol{v}' \equiv \boldsymbol{v}.$$

(3) 传递性:

$$\begin{aligned} \boldsymbol{v} \equiv \boldsymbol{u}, \boldsymbol{u} \equiv \boldsymbol{w} &\Longrightarrow \boldsymbol{v} - \boldsymbol{u}, \boldsymbol{u} - \boldsymbol{w} \in W \\ &\Longrightarrow \boldsymbol{v} - \boldsymbol{w} = (\boldsymbol{v} - \boldsymbol{u}) + (\boldsymbol{u} - \boldsymbol{w}) \in W \Longrightarrow \boldsymbol{v} \equiv \boldsymbol{w}. \end{aligned}$$ □

定义 1.10. 设 W 是 V 的一个子空间, 对于 $\boldsymbol{v} \in V$, $\boldsymbol{v}$ 的 W **陪集**为 V 的子集 $\boldsymbol{v} + W = \{\boldsymbol{v} + \boldsymbol{w} : \boldsymbol{w} \in W\}$. 由 V 的所有 W 陪集所组成的集合记作

$$V/W := \{\boldsymbol{v} + W : \boldsymbol{v} \in V\}.$$

显然, 对 $\boldsymbol{v} \in V$, $\boldsymbol{v}$ 的 $\equiv$ 等价类是陪集 $\boldsymbol{v} + W$.

命题 1.11. 设 W 是 V 的一个子空间, 则

(1) $\boldsymbol{v} + W = \boldsymbol{v}' + W \Longleftrightarrow \boldsymbol{v} - \boldsymbol{v}' \in W$;

(2) 对任意 $\boldsymbol{v}_1 + W$, $\boldsymbol{v}_2 + W \in V/W$, $a \in K$, 定义

$$(\boldsymbol{v}_1 + W) + (\boldsymbol{v}_2 + W) := \boldsymbol{v}_1 + \boldsymbol{v}_2 + W, \quad a(\boldsymbol{v} + W) := a\boldsymbol{v} + W,$$

则上述加法和乘法是定义明确的 (良定义的), 即

$$\boldsymbol{v}_1+W=\boldsymbol{v}_1'+W,\ \boldsymbol{v}_2+W=\boldsymbol{v}_2'+W \Longrightarrow \boldsymbol{v}_1+\boldsymbol{v}_2+W=\boldsymbol{v}_1'+\boldsymbol{v}_2'+W,$$
$$\boldsymbol{v}+W=\boldsymbol{v}'+W \Longrightarrow a\boldsymbol{v}+W=a\boldsymbol{v}'+W;$$

(3) 用以上加法 + 和纯量乘法, 集 V/W 做成了 K 线性空间.

证明. (1)

$$\begin{aligned}&\{\boldsymbol{v}+\boldsymbol{w}:\boldsymbol{w}\in W\}=\boldsymbol{v}+W=\boldsymbol{v}'+W=\{\boldsymbol{v}'+\boldsymbol{w}:\boldsymbol{w}\in W\}\\ &\Longrightarrow \boldsymbol{v}\in\boldsymbol{v}'+W \Longleftrightarrow \boldsymbol{v}=\boldsymbol{v}'+\boldsymbol{w},\boldsymbol{w}\in W \Longleftrightarrow \boldsymbol{v}-\boldsymbol{v}'=\boldsymbol{w}\in W.\end{aligned}$$

此外, $\boldsymbol{v}=\boldsymbol{v}'+\boldsymbol{w},\ \boldsymbol{w}\in W \Longrightarrow \boldsymbol{v}+W=\boldsymbol{v}'+\boldsymbol{w}+W=\boldsymbol{v}'+W$, 因 W 是子空间 $\Longrightarrow \boldsymbol{w}+W=W$.

(2) $\boldsymbol{v}_i+W=\boldsymbol{v}_i'+W \Longrightarrow \boldsymbol{v}_i=\boldsymbol{v}_i'+\boldsymbol{w}_i,\ \boldsymbol{w}_i\in W\ (i=1,2)$, 于是 $\boldsymbol{v}_1+\boldsymbol{v}_2+W=\boldsymbol{v}_1'+\boldsymbol{v}_2'+\boldsymbol{w}_1+\boldsymbol{w}_2+W=\boldsymbol{v}_1'+\boldsymbol{v}_2'+W$.

$\boldsymbol{v}+W=\boldsymbol{v}'+W \Longrightarrow \boldsymbol{v}=\boldsymbol{v}'+\boldsymbol{w},\boldsymbol{w}\in W$, 于是 $a\boldsymbol{v}+W=a\boldsymbol{v}'+a\boldsymbol{w}+W$, 因 W 是子空间, $a\boldsymbol{w}\in W$, 所以 $a\boldsymbol{v}'+a\boldsymbol{w}+W=a\boldsymbol{v}'+W$, 即 $a\boldsymbol{v}+W=a\boldsymbol{v}'+W$.

(3) 由命题 1.8 可以得到. □

定义 1.12. 称 V/W 为 $V \bmod W$ 的**商空间**.

命题 1.13. 定义 $p:V\to V/W:\boldsymbol{v}\mapsto\boldsymbol{v}+W$, 则 p 是线性满射, 称 p 为**自然投射**.

证明. 容易验证

$$\begin{aligned}p(\boldsymbol{v}_1+\boldsymbol{v}_2)&=\boldsymbol{v}_1+\boldsymbol{v}_2+W=\boldsymbol{v}_1+W+\boldsymbol{v}_2+W\\&=p(\boldsymbol{v}_1)+p(\boldsymbol{v}_2),\\ p(a\boldsymbol{v})&=a\boldsymbol{v}+W=a(\boldsymbol{v}+W)\\&=ap(\boldsymbol{v}).\end{aligned}$$

取 $\boldsymbol{v}+W\in V/W$, 则 $p(\boldsymbol{v})=\boldsymbol{v}+W$, 因此 p 是线性满射. □

1.3.3 映射空间

设 V 和 W 是域 K 上的线性空间, 从 V 至 W 的全体 K 线性映射组成的集记为 $\mathrm{Hom}_K(V,W)$, 可以证明它在如下定义的加法和纯量乘法下构

成线性空间, 称为从 V 至 W 的映射空间, 常记 $\mathrm{Hom}_K(V,V)$ 为 $\mathrm{End}_K(V)$. 对 $f,g\in\mathrm{Hom}_K(V,W)$, $a\in K$, 用以下公式定义 $f+g$ 和 af : 取 $\boldsymbol{v}\in V$,

$$\begin{aligned}(f+g)(\boldsymbol{v})&=f(\boldsymbol{v})+g(\boldsymbol{v}),\\(af)(\boldsymbol{v})&=a(f(\boldsymbol{v})).\end{aligned}$$

命题 1.14. 记号如上, 则

(1) $f+g\in\mathrm{Hom}_K(V,W)$;

(2) $af\in\mathrm{Hom}_K(V,W)$;

(3) $\mathrm{Hom}_K(V,W)$ 是 K 线性空间.

证明. (1) 取 $a\in K$, $\boldsymbol{u},\boldsymbol{v}\in V$ 则

$$\begin{aligned}(f+g)(\boldsymbol{u}+\boldsymbol{v})&=f(\boldsymbol{u}+\boldsymbol{v})+g(\boldsymbol{u}+\boldsymbol{v}),\\&=f(\boldsymbol{u})+f(\boldsymbol{v})+g(\boldsymbol{u})+g(\boldsymbol{v}),\\&=(f(\boldsymbol{u})+g(\boldsymbol{u}))+(f(\boldsymbol{v})+g(\boldsymbol{v})),\\&=(f+g)(\boldsymbol{u})+(f+g)(\boldsymbol{v}).\\(f+g)(a\boldsymbol{v})&=f(a\boldsymbol{v})+g(a\boldsymbol{v}),\\&=a(f(\boldsymbol{v}))+a(g(\boldsymbol{v})),\\&=a(f(\boldsymbol{v})+g(\boldsymbol{v})),\\&=a(f+g)(\boldsymbol{v}).\end{aligned}$$

因此知 $f+g\in\mathrm{Hom}_K(V,W)$.

(2) 其证明类似于 (1).

(3) 我们需要验证 K 线性空间定义中的条件 [I] 和 [II]. 任取 $f,g,h\in\mathrm{Hom}_K(V,W)$, 任取 $a,b\in K$, 对任意 $\boldsymbol{v}\in V$, 有如下结论.

[I](1): $(f+g)(\boldsymbol{v})=f(\boldsymbol{v})+g(\boldsymbol{v})=g(\boldsymbol{v})+f(\boldsymbol{v})=(g+f)(\boldsymbol{v})$, 于是 $f+g=g+f$.

[I](2):

$$\begin{aligned}((f+g)+h)(\boldsymbol{v})&=(f+g)(\boldsymbol{v})+h(\boldsymbol{v})=(f(\boldsymbol{v})+g(\boldsymbol{v}))+h(\boldsymbol{v})\\&=f(\boldsymbol{v})+(g(\boldsymbol{v})+h(\boldsymbol{v}))=f(\boldsymbol{v})+(g+h)(\boldsymbol{v})\\&=(f+(g+h))(\boldsymbol{v}),\end{aligned}$$

于是 $(f+g)+h=f+(g+h)$.

[I](3): 以 $\theta:V\to W$ 记零映射, 有 $\theta(\boldsymbol{v})=\mathbf{0}$, $(f+\theta)(\boldsymbol{v})=f(\boldsymbol{v})+\mathbf{0}=f(\boldsymbol{v})$, 即 $f+\theta=f$.

[I](4): 定义 $(-f): V \to W$ 如下: 任取 $\boldsymbol{v} \in V$, 有 $(-f)(\boldsymbol{v}) = -(f(\boldsymbol{v}))$, 容易证明 $(-f) \in \mathrm{Hom}_K(V, W)$, 并且对任意 $\boldsymbol{v} \in V$ 有 $(f + (-f))(\boldsymbol{v}) = f(\boldsymbol{v}) + (-(f(\boldsymbol{v}))) = \mathbf{0} = \theta(\boldsymbol{v})$, 即 $f + (-f) = \theta$.

[II](1)(2): $1f = f$; $a(bf) = (ab)f$ 是显然的.

[II](3): $((a+b)f)(\boldsymbol{v}) = (a+b)(f(\boldsymbol{v})) = af(\boldsymbol{v}) + bf(\boldsymbol{v}) = ((af)+(bf))(\boldsymbol{v})$, 即 $(a+b)f = af + bf$.

[II](4):

$$\begin{aligned}(a(f+g))(\boldsymbol{v}) &= a((f+g)(\boldsymbol{v})) = a(f(\boldsymbol{v}) + g(\boldsymbol{v})) \\ &= af(\boldsymbol{v}) + ag(\boldsymbol{v}) = (af + ag)(\boldsymbol{v}),\end{aligned}$$

即 $a(f+g) = af + ag$.

验证完毕. 因此, $\mathrm{Hom}_K(V, W)$ 是 K 线性空间. □

1.3.4 对偶空间

定义 1.15. K 是域, 一个 K 线性空间 V 的**对偶空间**是指由 V 到 K 的所有线性映射构成的空间 $V^* := \mathrm{Hom}_K(V, K)$.

常称线性映射 $V \to K$ 为**线性函数**. V^* 的 K 线性空间结构是由命题 1.14 给出的.

定义 K 线性映射 $f: V \to W$ 的**对偶映射**为

$$f^*: W^* \to V^*: \phi \mapsto \phi \circ f.$$

命题 1.16. 设映射 $T: \mathrm{Hom}_K(V, W) \to \mathrm{Hom}_K(W^*, V^*): f \mapsto f^*$, 则 T 为 K 线性映射.

证明. 取 $f, g \in \mathrm{Hom}_K(V, W)$, $\phi \in W^*$, $\boldsymbol{w} \in W$, $a \in K$, 有

(1)

$$\begin{aligned}T(f+g)(\phi)(\boldsymbol{w}) &= (\phi \circ (f+g))(\boldsymbol{w}) = \phi(f(\boldsymbol{w}) + g(\boldsymbol{w})) \\ &= \phi(f(\boldsymbol{w})) + \phi(g(\boldsymbol{w})) = Tf(\phi)(\boldsymbol{w}) + Tg(\phi)(\boldsymbol{w}).\end{aligned}$$

于是 $T(f+g)(\phi) = Tf(\phi) + Tg(\phi)$, 因此 $T(f+g) = Tf + Tg$.

(2)

$$\begin{aligned}T(af)(\phi)(\boldsymbol{w}) &= (\phi \circ (af))(\boldsymbol{w}) = \phi(af(\boldsymbol{w})) \\ &= a\phi(f(\boldsymbol{w})) = (aTf)(\phi)(\boldsymbol{w}).\end{aligned}$$

于是 $T(af)(\phi) = (aTf)(\phi)$, 因此 $T(af) = aTf$. □

问: T 会是同构吗? 如果不是, 请构造反例.

1.4 线性映射的结构

定义 1.17. 设 K 为域, U,V 为 K 线性空间, $f:U\to V$ 为 K 线性映射. 定义 f 的**核** (Kernel) 为 U 的子集

$$\operatorname{Ker} f := \{\boldsymbol{u}\in U : f(\boldsymbol{u})=\boldsymbol{0}\}.$$

定义 f 的**像** (Image) 为 V 的子集

$$\operatorname{Img} f := \{f(\boldsymbol{u}) : \boldsymbol{u}\in U\}.$$

命题 1.18. 设 U, V 为 K 线性空间, $f:U\to V$ 为 K 线性映射, 则 $\operatorname{Ker} f$ 是 U 的 K 子空间, $\operatorname{Img} f$ 是 V 的 K 子空间.

证明. (1) 取 $\boldsymbol{u},\boldsymbol{v}\in\operatorname{Ker} f$, $a\in K$, 则由 $f(\boldsymbol{u}+\boldsymbol{v})=f(\boldsymbol{u})+f(\boldsymbol{v})=\boldsymbol{0}$ 知 $\boldsymbol{u}+\boldsymbol{v}\in\operatorname{Ker} f$. 又由 $f(a\boldsymbol{u})=af(\boldsymbol{u})=\boldsymbol{0}$ 知 $a\boldsymbol{u}\in\operatorname{Ker} f$.

(2) 取 $\boldsymbol{v},\boldsymbol{w}\in\operatorname{Img} f$, 则有 $\boldsymbol{u},\boldsymbol{x}\in U$ 使得 $\boldsymbol{v}=f(\boldsymbol{u})$, $\boldsymbol{w}=f(\boldsymbol{x})$, 于是 $f(\boldsymbol{u}+\boldsymbol{x})=f(\boldsymbol{u})+f(\boldsymbol{x})=\boldsymbol{v}+\boldsymbol{w}$, 因此 $\boldsymbol{v}+\boldsymbol{w}\in\operatorname{Img} f$. 又取 $a\in K$, 则 $f(a\boldsymbol{u})=af(\boldsymbol{u})=a\boldsymbol{v}$, 于是 $a\boldsymbol{v}\in\operatorname{Img} f$.

由上可知, $\operatorname{Ker} f$ 是 U 的 K 子空间, $\operatorname{Img} f$ 是 V 的 K 子空间. □

定义 1.19. 令 U, V, W 为 K 线性空间, 设 $f:U\to V$ 和 $g:V\to W$ 是 K 线性映射, 称

$$U \xrightarrow{f} V \xrightarrow{g} W$$

为 K 线性映射的一个**正合序列**, 如果

$$\operatorname{Img} f = \operatorname{Ker} g.$$

如下图所示.

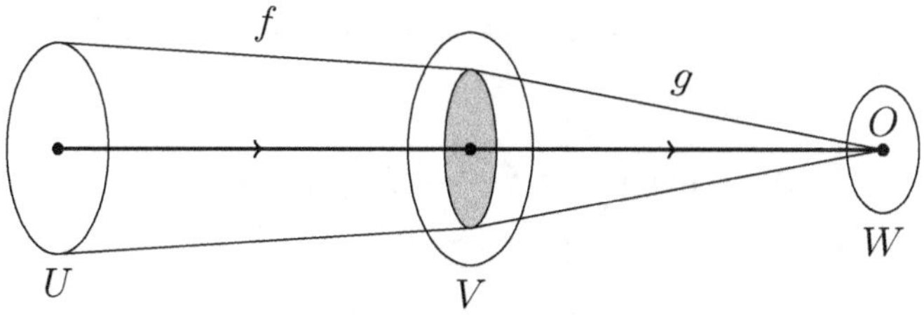

命题 1.20. 设 U, V 为 K 线性空间, $f:U\to V$ 为 K 线性映射.

(1) f 是线性单射 $\Longleftrightarrow \operatorname{Ker} f=\{\boldsymbol{0}\} \Longleftrightarrow 0\longrightarrow U\xrightarrow{f} V$ 为正合序列.

(2) f 是线性满射 $\Longleftrightarrow \operatorname{Img} f=V \Longleftrightarrow U\xrightarrow{f} V\longrightarrow 0$ 为正合序列.

(3) f 是线性同构 $\Longleftrightarrow 0\to U\xrightarrow{f} V\to 0$ 为正合序列.

证明. (1) $\boldsymbol{u} \in \operatorname{Ker} f \Longrightarrow f(\boldsymbol{u}) = \mathbf{0} = f(\mathbf{0})$, 若 f 是线性单射 $\Longrightarrow \boldsymbol{u} = \mathbf{0}$, 于是 f 是线性单射 $\Longrightarrow \operatorname{Ker} f = \{\mathbf{0}\}$.

设有 $\boldsymbol{u}, \boldsymbol{u}' \in U$ 使得 $f(\boldsymbol{u}) = f(\boldsymbol{u}')$, 则 $f(\boldsymbol{u} - \boldsymbol{u}') = \mathbf{0}$, 于是 $\boldsymbol{u} - \boldsymbol{u}' \in \operatorname{Ker} f$. 若 $\operatorname{Ker} f = \{\mathbf{0}\}$, 则 $\boldsymbol{u} = \boldsymbol{u}'$, 于是 $\operatorname{Ker} f = \{\mathbf{0}\} \Longrightarrow f$ 是线性单射.

$0 \xrightarrow{h} U \xrightarrow{f} V$ 为正合序列 $\Longleftrightarrow 0 = \operatorname{Img} h = \operatorname{Ker} f$.

(2) 按满射定义, f 是线性满射 $\Longleftrightarrow \operatorname{Img} f = V$,

$U \xrightarrow{f} V \xrightarrow{g} 0$ 为正合序列 $\Longleftrightarrow \operatorname{Img} f = \operatorname{Ker} g = V$. □

一般来说, 称以下线性空间 V_i 的线性映射序列

$$\cdots \longrightarrow V_{i-1} \xrightarrow{f_{i-1}} V_i \xrightarrow{f_i} V_{i+1} \xrightarrow{f_{i+1}} V_{i+2} \xrightarrow{f_{i+2}} \cdots$$

是**正合序列**, 若对所有的 i, 有 $\operatorname{Img} f_{i-1} = \operatorname{Ker} f_i$.

定义 1.21. 设 $f: V \to W$ 为 K 线性空间的线性映射, 我们用商空间定义 f 的**余核** (cokernel) 为

$$\operatorname{Cok} f = W / \operatorname{Img} f,$$

定义 f 的**余像** (coimage) 为

$$\operatorname{Coim} f = V / \operatorname{Ker} f.$$

构造一个从线性空间 V 到线性空间 W 的线性映射的目的, 是比较 V 和 W 的线性结构. 当两个线性空间同构时, 我们可以说从线性结构的观点来看这两个空间是一样的. 于是我们就要问: 怎样从已有的线性映射得到线性同构? 以下**线性映射的基本定理**就来回答这个问题.

定理 1.22. 设 $f: V \to W$ 为 K 线性空间的线性映射, 则有以下交换图, 其中行和列是正合序列.

$$\begin{array}{ccccccccccc}
0 & \longrightarrow & \operatorname{Ker} f & \longrightarrow & V & \xrightarrow{f} & W & \longrightarrow & \operatorname{Cok} f & \longrightarrow & 0 \\
 & & & & \downarrow & & \uparrow & & & & \\
 & & 0 & \longrightarrow & \operatorname{Coim} f & \xrightarrow{\bar{f}} & \operatorname{Img} f & \longrightarrow & 0 & & \\
 & & & & \downarrow & & \uparrow & & & & \\
 & & & & 0 & & 0 & & & &
\end{array}$$

证明. $\operatorname{Ker} f \to V$ 是包含映射, 所以 $0 \to \operatorname{Ker} f \to V$ 是正合序列.

$\operatorname{Img}(\operatorname{Ker} f \to V)$ 是 $\operatorname{Ker} f$, 所以 $\operatorname{Ker} f \to V \xrightarrow{f} W$ 是正合序列.

$W \to \operatorname{Cok} f$ 是商空间投射, 是满射, 因此 $W \to \operatorname{Cok} f \to 0$ 是正合序列.

$\operatorname{Ker}(W \to \operatorname{Cok} f = W/\operatorname{Img} f)$ 是 $\operatorname{Img} f$, 所以 $V \xrightarrow{f} W \to \operatorname{Cok} f$ 是正合序列.

$V \to \operatorname{Coim} f$ 是商空间投射, 是满射. $\operatorname{Img} f \to W$ 是包含映射, 是单射.

因为 $f(\operatorname{Ker} f) = 0$, 所以取 $\boldsymbol{v} + \operatorname{Ker} f \in \operatorname{Coim} f = V/\operatorname{Ker} f$ 可以定义

$$\bar{f}(\boldsymbol{v} + \operatorname{Ker} f) = f(\boldsymbol{v}).$$

于是 $V \xrightarrow{f} W$ 诱导 $\bar{f} : \operatorname{Coim} f \to \operatorname{Img} f$, 显然 $\operatorname{Ker} \bar{f} = 0$ 和 $\operatorname{Img} \bar{f} = \operatorname{Img} f$, 于是 $0 \to \operatorname{Coim} f \to \operatorname{Img} f \to 0$ 是正合序列. □

我们可以把线性映射 $f : V \to W$ 看作比较 K 线性空间 V 和 W 的线性结构的工具, 当 f 是线性同构时我们可以说 V 和 W 是 "一样" 的. 于是我们可以把所有 K 线性空间分类, 就是把相互同构的空间放在一起成为一类.

定理是说: 从任何线性映射 f 都可以得到一个同构 $\bar{f}$, 但是这是要付出代价的. f 把 $\operatorname{Ker} f$ 映为 0, 也就是说, 所有在 $\operatorname{Ker} f$ 里的资料都消失了. 而从 $\operatorname{Coim} f = V/\operatorname{Ker} f$ 出发的 $\bar{f}$ 是 "假装" 看不见已消失了的 $\operatorname{Ker} f$ 才会有 $\bar{f}$ 是单射. 另一方面, $\bar{f}$ 是映入 $\operatorname{Img} f$, 也就是说, 它只可以看到 f 在 W 里看见的东西, $\operatorname{Img} f$ 之外的就由 $\operatorname{Cok} f = W/\operatorname{Img} f$ 告诉我们还差多少.

设 $F : V \to V$ 为 K 线性空间的线性映射, 称 V 的子空间 W 为 F **不变子空间**, 若 $F(W) \subset W$. 以 $i : W \to V$ 记包含映射, 设 $F|_W := F \circ i$, 则 $F|_W : W \to W$ 是 W 的线性映射, 称 $F|_W$ 为 F 限制至 W 的映射; 又说 $F|_W$ 是由 F 所诱导的映射.

另外, 若 $\boldsymbol{v} + W = \boldsymbol{v}' + W$, 则 $F(\boldsymbol{v}) + W = F(\boldsymbol{v}') + W$. 于是可以定义映射

$$\bar{F} : V/W \to V/W : \boldsymbol{v} + W \mapsto F(\boldsymbol{v}) + W.$$

显然 $\bar{F}$ 是线性映射; 说 $\bar{F}$ 是由 F 所**诱导的映射**. 取自然投射 $p : V \to V/W$ (命题 1.13), 则容易验证以下是交换图:

$$\begin{array}{ccc} V & \xrightarrow{F} & V \\ {\scriptstyle p}\downarrow & & \downarrow{\scriptstyle p} \\ V/W & \xrightarrow{\bar{F}} & V/W \end{array}$$

"诱导" 是一个常见的数学术语, 不过它有很多不同的意义, 这里的用法只是一个例子.

1.5 怎样构造线性空间 (二)

这是比较难的一节. 因为我们用了一个你从未见过的方法: 用一组映射的性质来决定一个结构. 你也许认为这是不必要的. 请你留意, 在这个小节之前我们的定义和证明基本是使用一个集 V 的"元素": 空间的向量, 域的纯量. 半世纪前范畴学家提出一个观点: 发展一套没有"元素"的数学, 只有对象 V 和映射. 本节的方法就是受这种思想的影响. 事实上, 这是一种非常有力的方法, 对数学, 特别是代数学的了解是不可缺的工具. 如果你看完这一节之后觉得"莫明", 可以先放下, 转战下一章, 日后再回来重念这一节.

1.5.1 有限直积

我们打算从有限个 K 线性空间 $V_1,\ldots,V_N$ 造出一个新的 K 线性空间, 办法是简单的. 第一步, 先不考虑 V_n 的线性结构, 就是说只把 V_n 看作集, 取这些集的积 $\prod_{n=1}^N V_n$. 第二步, 对于这个积集的元素, 作以下定义:

$$(\boldsymbol{x}_1,\ldots,\boldsymbol{x}_N)+(\boldsymbol{y}_1,\ldots,\boldsymbol{y}_N)=(\boldsymbol{x}_1+\boldsymbol{y}_1,\ldots,\boldsymbol{x}_N+\boldsymbol{y}_N),$$

$$a(\boldsymbol{x}_1,\ldots,\boldsymbol{x}_N)=(a\boldsymbol{x}_1,\ldots,a\boldsymbol{x}_N),\quad a\in K.$$

第三步, 在 $\prod_{n=1}^N V_n$ 中取以上向量加法和纯量乘法, 验证 $\prod_{n=1}^N V_n$ 是 K 线性空间.

命题 1.23. 我们定义

$$p_n:\prod_{n=1}^N V_n\to V_n:(\boldsymbol{x}_1,\ldots,\boldsymbol{x}_n,\ldots,\boldsymbol{x}_N)\mapsto\boldsymbol{x}_n,\qquad 1\leqslant n\leqslant N,$$

则 p_n 是 K 线性映射. 并且对于任意的 K 线性空间 V 和任意的一组 K 线性映射 $\{f_n:V\to V_n:1\leqslant n\leqslant N\}$, 都存在唯一的 K 线性映射 $f:V\to\prod_{n=1}^N V_n$, 使得 $p_n\circ f=f_n$ 对所有的 n 都成立.

证明. 显见

$$\begin{aligned}&p_n((\boldsymbol{x}_1,\ldots,\boldsymbol{x}_N)+(\boldsymbol{y}_1,\ldots,\boldsymbol{y}_N))\\&=p_n(\boldsymbol{x}_1+\boldsymbol{y}_1,\ldots,\boldsymbol{x}_N+\boldsymbol{y}_N)=\boldsymbol{x}_n+\boldsymbol{y}_n\\&=p_n(\boldsymbol{x}_1,\ldots,\boldsymbol{x}_N)+p_n(\boldsymbol{y}_1,\ldots,\boldsymbol{y}_N).\end{aligned}$$

同样证 $p_n(a(\boldsymbol{x}_1,\ldots,\boldsymbol{x}_N))=ap_n(\boldsymbol{x}_1,\ldots,\boldsymbol{x}_N)$, 于是证得 p_n 是 K 线性映射.

定义 $f:V\to\prod_{n=1}^N V_n:\boldsymbol{v}\mapsto(f_1(\boldsymbol{v}),\ldots,f_N(\boldsymbol{v}))$, 则 f 显然满足所求. □

我们称 $(\prod_{n=1}^N V_n, p_n)$ 为 K 线性空间组 $\{V_n : 1 \leqslant n \leqslant N\}$ 的**直积**.

命题 1.24. 当 $\boldsymbol{v} \in V_n$, 设 $i_n(\boldsymbol{v}) = (\mathbf{0}, \ldots, \mathbf{0}, \boldsymbol{v}, \mathbf{0}, \ldots, \mathbf{0})$, 其中第 n 个位置的元素为 $\boldsymbol{v}$, 其他位置的元素为 $\mathbf{0}$, 则

$$i_n : V_n \to \prod_{n=1}^N V_n$$

是 K 线性映射. 并且对于任意的一组 K 线性映射 $\{V_n \xrightarrow{g_n} V : 1 \leqslant n \leqslant N\}$, 存在唯一的 K 线性映射 $\prod_{n=1}^N V_n \xrightarrow{g} V$, 使得 $g \circ i_n = g_n$ 对所有的 n 成立.

证明. 容易验证 i_n 是 K 线性映射. 定义

$$g : \prod_{n=1}^N V_n \to V : (\boldsymbol{x}_1, \ldots, \boldsymbol{x}_N) \mapsto g_1(\boldsymbol{x}_1) + \cdots + g_N(\boldsymbol{x}_N),$$

显然 g 满足所求. □

称 $(\prod_{n=1}^N V_n, i_n)$ 为 K 线性空间组 $\{V_n : 1 \leqslant n \leqslant N\}$ 的**直和**.

$\prod_{n=1}^N V_n$ 中同时有直积与直和结构, 使用后面证明的命题 1.30 和命题 1.36, 我们可以得到结论: 有限个 K 线性空间的直和与直积是同构的.

命题 1.25. 给定有限个 K 线性空间 $V_1, \ldots, V_N$, 则 K 线性空间 V 是 $V_1, \ldots, V_N$ 的直积, 当且仅当存在 K 线性映射

$$p_j^V : V \to V_j, \quad i_j^V : V_j \to V, \quad 1 \leqslant j \leqslant N,$$

满足

$$p_j^V i_j^V = 1_{V_j}, \quad p_k^V i_j^V = 0 \ \ (j \neq k), \quad \sum_1^N i_j^V p_j^V = 1_V.$$

证明. (1) 命题 1.23 和命题 1.24 中的映射 $p_j : \prod_{j=1}^N V_j \to V_j$, $i_j : V_j \to \prod_{j=1}^N V_j$ 满足

$$p_j i_j = 1_{V_j}, \quad p_k i_j = 0 \ \ (j \neq k), \quad \sum_1^N i_j p_j = 1,$$

其中 1 是 $\prod_{j=1}^N V_j$ 的恒等映射.

(2) 若 K 线性空间 V 是 $V_1, \ldots, V_N$ 的直积, 则有同构 $\phi : V \to \prod_{j=1}^N V_j$. 设 $p_j^V = p_j \circ \phi : V \to V_j$, $i_j^V = \phi^{-1} \circ i_j : V_j \to V$, 则

$$p_j^V i_j^V = 1_{V_j}, \quad p_k^V i_j^V = 0 \ \ (j \neq k), \quad \sum_1^N i_j^V p_j^V = 1_V,$$

其中

$$\sum_1^N i_j^V p_j^V = \sum_1^N \phi^{-1} i_j p_j \phi = \phi^{-1}\left(\sum_1^N i_j p_j\right)\phi = \phi^{-1} 1 \phi = 1_V.$$

(3) 反之, 若有 (V, p_j^V, i_j^V) 满足命题条件, 设

$$\theta^V = \sum_1^N i_j p_j^V, \qquad \theta = \sum_1^N i_j^V p_j,$$

则 $\theta^V : V \to \prod_{j=1}^N V_j$ 和 $\theta : \prod_{j=1}^N V_j \to V$. 由 p_j, i_j 和 p_j^V, i_j^V 满足的等式得 $\theta^V\theta = 1$, $\theta\theta^V = 1_V$. 于是 θ^V 和 θ 是同构的, 并且 $\theta i_j = i_j^V : V_j \to V$, (V, i_j^V) 是直和, $p_j\theta^V = p_j^V : V \to V_j$, (V, p_j^V) 是直积. □

设有 K 线性空间 V_1, V_2, W, 称映射

$$F : V_1 \times V_2 \to W$$

为**双线性映射**, 若以下条件成立:

- 对任意 $a \in K$, $\boldsymbol{u}, \boldsymbol{v} \in V_1$, $\boldsymbol{y} \in V_2$, 有

$$F(a\boldsymbol{u} + \boldsymbol{v}, \boldsymbol{y}) = aF(\boldsymbol{u}, \boldsymbol{y}) + F(\boldsymbol{v}, \boldsymbol{y});$$

- 对任意 $a \in K$, $\boldsymbol{x} \in V_1$, $\boldsymbol{u}, \boldsymbol{v} \in V_2$, 有

$$F(\boldsymbol{x}, a\boldsymbol{u} + \boldsymbol{v}) = aF(\boldsymbol{x}, \boldsymbol{u}) + F(\boldsymbol{x}, \boldsymbol{v}).$$

即, F 对每个变量是线性的.

以下是一个重要的例子. 取 $\boldsymbol{v} \in V$, $\boldsymbol{v}^* \in V^*$, 引入记号 $\langle \boldsymbol{v}, \boldsymbol{v}^* \rangle = \boldsymbol{v}^*(\boldsymbol{v})$, 称以下映射为**对偶配对**

$$\langle\ ,\ \rangle : V \times V^* \to K : (\boldsymbol{v}, \boldsymbol{v}^*) \mapsto \langle \boldsymbol{v}, \boldsymbol{v}^* \rangle.$$

容易验证 $\langle\ ,\ \rangle$ 是双线性映射.

也许看到这个配对 (pairing) 会容易一点接受称 V^* 为 V 的对偶 (dual), 历史上, 对偶是指平面投射空间点与线的一种关系.

定义 1.26. 对任意子集 $S \subseteq V$, 定义 S 的**零化子** (annihilator) 如下

$$\text{Annih}\, S := \{\boldsymbol{v}^* \in V^* : \langle \boldsymbol{v}, \boldsymbol{v}^* \rangle = 0, \forall \boldsymbol{v} \in S\}.$$

命题 1.27. 设 $\dim_K V < \infty$, S 是 V 的一个子空间, 则有如下同构:

(1) $S^* \approx V^*/\mathrm{Annih}\, S$;

(2) $(V/S)^* \approx \mathrm{Annih}\, S$.

证明. (1) 设 $f \in V^*$, 把映射 $f : V \to K$ 限制在子空间 S 上, 便得映射 $\mathrm{res}\,(f) : S \to K$. 这样便可定义限制映射:

$$V^* \longrightarrow S^* : f \longmapsto \mathrm{res}\,(f).$$

容易验证映射 res 是一个 K 线性满射, 并且 $\mathrm{Ker(res)}$ 即为零化子 $\mathrm{Annih}\, S$, 故由线性映射同构定理可得 (1).

(2) 首先引入投影映射

$$\pi : V \longrightarrow V/S : \boldsymbol{v} \longmapsto \boldsymbol{v} + S,$$

然后取其对偶映射

$$\pi^t : (V/S)^* \longrightarrow V^* : f \longmapsto \pi^t(f) := (f \circ \pi),$$

则有

$$\begin{array}{ccc} V/S & \xrightarrow{\ f\ } & K \\ {\scriptstyle\pi}\big\uparrow & \nearrow{\scriptstyle\pi^t(f)} & \\ V & & \end{array}$$

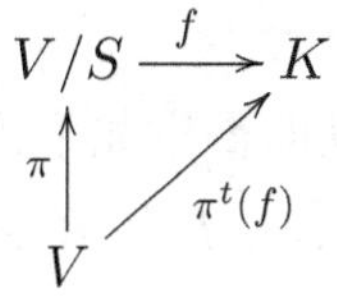

可以证明如下结论:

(a) π^t 是单射, 即 $\mathrm{Ker}(\pi^t) = 0$;

(b) $\mathrm{Img}(\pi^t) = \mathrm{Annih}\, S$.

然后利用线性映射同构定理完成 (2) 的证明如下:

$$(V/S)^* = (V/S)^*/\mathrm{Ker}(\pi^t) \approx \mathrm{Img}(\pi^t) = \mathrm{Annih}\, S. \qquad \square$$

1.5.2 直积

I 是集, 若对每个 $\alpha \in I$, 都已给定一个 K 线性空间 V_α, 则我们说已给定一组 (或族) 以 I 为指标集的 K 线性空间, 并记此为 $\{V_\alpha : \alpha \in I\}$. I 可以是有限集, 如 $\{1, 2, \ldots, N\}$; 或者是无限集, 如正整数集 $\{1, 2, \ldots\}$ 或实数集.

定义 1.28. 称一个 K 线性空间 P 是一组 K 线性空间 $\{V_\alpha : \alpha \in I\}$ 的一个**直积**, 如果存在一组 K 线性映射 $\{p_\alpha : P \to V_\alpha : \alpha \in I\}$, 使得对于任意的 K 线性空间 V 和任意的一组 K 线性映射 $\{f_\alpha : V \to V_\alpha : \alpha \in I\}$, 都存在唯一的 K 线性映射 $f : V \to P$, 使得 $p_\alpha \circ f = f_\alpha$ 对所有的 $\alpha \in I$ 都成立.

就是说, 我们要求以下的图是交换的:

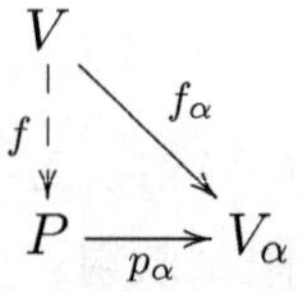

例 1.29. 设 $I=\{1,2\}$, 称一个 K 线性空间 P 是两个 K 线性空间 V_1 和 V_2 的直积, 是指存在两个 K 线性映射 $p_1:P\to V_1$ 和 $p_2:P\to V_2$, 使得对于任意的一对 K 线性映射 $f_1:V\to V_1$, $f_2:V\to V_2$, 存在唯一的 K 线性映射 $f:V\to P$, 使得

$$p_1\circ f=f_1 \quad 和 \quad p_2\circ f=f_2.$$

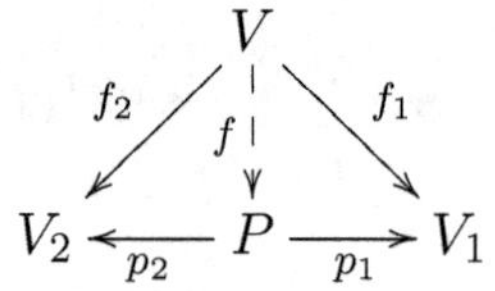

关于这个定义, 我们可以立即得出如下评论: 如果 $\{p_\alpha:P\to V_\alpha\}$ 定义了 $\{V_\alpha\}$ 上的一个直积, 并且 $\forall\alpha\in I$ 有 K 线性映射的交换图

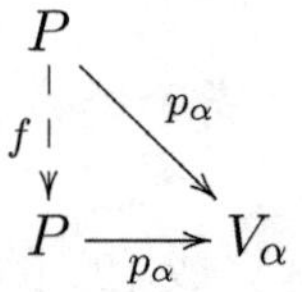

则 f 是恒等映射 1. 这是因为, 对于恒等映射 1, 我们显然有交换图表

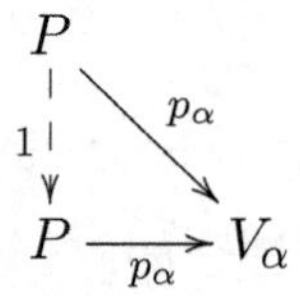

$\forall\alpha\in I.$

而定义中的 "唯一性" 要求迫使 $f=1$, 这个评论也可以在下面的命题中加以阐明.

命题 1.30. 一组 K 线性空间 $\{V_\alpha\}$ 的直积 $\{p_\alpha:P\to V_\alpha\}$ 在同构意义下是唯一的. 就是说, 如果有 $\{p'_\alpha:P'\to V_\alpha\}$ 对于所有的 α 满足 $p'_\alpha\circ f=f_\alpha$, 则 P' 与 P 同构.

证明. 首先, 取 $(P,\{p_\alpha\})$ 是直积, $\{p'_\alpha\}$ 是一个同态族, 则由直积的定义, 我们可得唯一的同态 $p' : P' \to P$, 使得 $p'_\alpha = p_\alpha p'$,

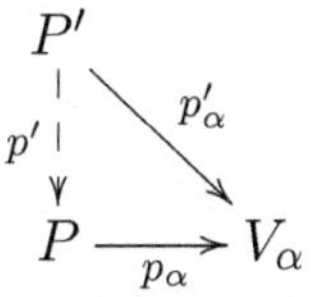

$\forall\, \alpha \in I.$

下面将 $(P',\{p'_\alpha\})$ 作为直积的定义用于族 $\{p_\alpha\}$, 我们可得唯一的同态 $p : P \to P'$, 使得 $p_\alpha = p'_\alpha p$,

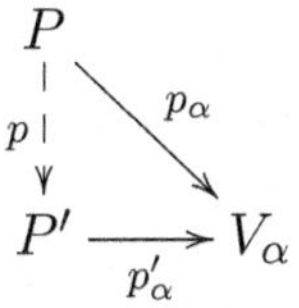

$\forall\, \alpha \in I.$

现在再将这些交换图表合在一起

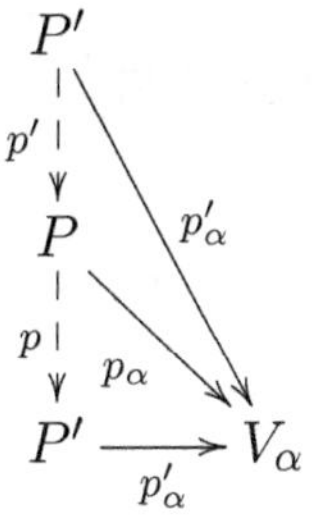

或

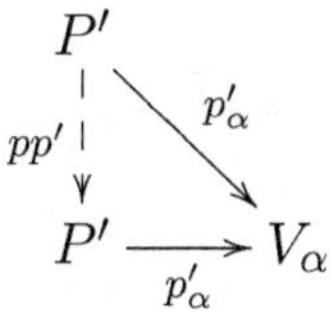

则由前面的评论知道 $pp' = 1$, 类似地可以证明 $p'p = 1$. 因此, p 是一个同构, 且 p' 为其逆. □

说明 1.31. (1) 在以上命题中, 我们用了如下术语: **在同构意义下是唯一的**或说**唯一的同构**.

(2) 命题 1.30 说明为什么在定义 1.28 中, 我们说 P 是一组 K 线性空间的 "一个" 直积, 这是因为定义只保证 P 在同构的意义下是唯一的.

下面我们来构造线性空间的直积. 给定一组 K 线性空间 $\{V_\alpha : \alpha \in I\}$, 先不考虑 V_α 的线性空间结构, 就是把每一个 V_α 看作集, 然后构造这些集的积. 也就是说, 令

$$\prod_{\alpha\in I} V_\alpha = \left\{ I \xrightarrow{x} \bigcup_{\alpha\in I} V_\alpha : x(\alpha) \in V_\alpha \right\},$$

接着在这个映射集上构造线性空间结构.

设 x, y 属于 $\prod\limits_{\alpha \in I} V_\alpha$, 定义 $x+y$ 为映射

$$x+y:\ I \longrightarrow \bigcup_{\alpha \in I} V_\alpha:\ (x+y)(\alpha) = x(\alpha) + y(\alpha).$$

零元取为映射

$$O:\ I \longrightarrow \bigcup_{\alpha \in I} V_\alpha:\ O(\alpha) = 0,$$

其中 0 是 V_α 的零元.

x 的 "负" 元是

$$-x:\ I \longrightarrow \bigcup_{\alpha \in I} V_\alpha:\ (-x)(\alpha) = -(x(\alpha)).$$

对于 $a \in K$, $x \in \prod\limits_{\alpha \in I} V_\alpha$, 定义 $ax:\ I \longrightarrow \bigcup\limits_{\alpha \in I} V_\alpha$ 为

$$(ax)(\alpha) = a(x(\alpha)).$$

对于以上定义的运算: $x+y$ 和 ax 容易验证 $\prod_\alpha V_\alpha$ 是 K 线性空间, 并且投影映射

$$p_\alpha:\ \prod_{\alpha \in I} V_\alpha \to V_\alpha:\ x \mapsto x(\alpha)$$

是 K 线性映射.

命题 1.32. $\left(\prod\limits_{\alpha \in I} V_\alpha, \{p_\alpha\}\right)$ 是 $\{V_\alpha : \alpha \in I\}$ 的一个直积.

证明. 需要验证: $\{p_\alpha\}$ 满足直积的定义. 设有一组 K 线性映射 $\{f_\alpha : V \longrightarrow V_\alpha\}_{\alpha \in I}$, 对于 $x \in V$, 令 $f(x)$ 为映射

$$I \longrightarrow \bigcup_{\alpha \in I} V_\alpha:\ \alpha \mapsto f_\alpha(x).$$

这给出一个映射

$$f : V \longrightarrow \prod_{\alpha \in I} V_\alpha : x \mapsto f(x).$$

下面验证 f 是 K 线性映射.

取 $\alpha \in I$ 和 $\boldsymbol{x}, \boldsymbol{y} \in V$, 则由 f_α 是 K 线性映射, 我们得到

$$\begin{aligned} f(\boldsymbol{x}+\boldsymbol{y})(\alpha) &= f_\alpha(\boldsymbol{x}+\boldsymbol{y}) = f_\alpha(\boldsymbol{x}) + f_\alpha(\boldsymbol{y}) \\ &= f(\boldsymbol{x})(\alpha) + f(\boldsymbol{y})(\alpha) = (f(\boldsymbol{x}) + f(\boldsymbol{y}))(\alpha), \end{aligned}$$

其中最后一行使用 $\prod V_\alpha$ 中加法的定义. 这说明, 在 $\prod V_\alpha$ 中, 有

$$f(\boldsymbol{x}+\boldsymbol{y}) = f(\boldsymbol{x}) + f(\boldsymbol{y}).$$

下面我们来验证 f 是 K 线性的. 为此, 取 $\alpha \in I$, $a \in K$ 和 $\boldsymbol{x} \in V$, 则 $f(a\boldsymbol{x})$ 是一个映射 $\alpha \mapsto f_\alpha(a\boldsymbol{x})$. 由 f_α 是一个同态可得 $f_\alpha(a\boldsymbol{x}) = af_\alpha(\boldsymbol{x})$, 这意味着 $f(a\boldsymbol{x})$ 是一个映射

$$\alpha \mapsto af_\alpha(\boldsymbol{x}).$$

并且根据 $\prod V_\alpha$ 的纯量乘的定义, 可得

$$f(a\boldsymbol{x}) = a(f(\boldsymbol{x})).$$

由

$$p_\alpha f(\boldsymbol{x}) = f(\boldsymbol{x})(\alpha) = f_\alpha(\boldsymbol{x})$$

我们得出 $p_\alpha \circ f = f_\alpha$:

$$\begin{array}{ccc} V & & \\ {\scriptstyle f}\downarrow & \searrow^{f_\alpha} & \\ \prod V_\alpha & \xrightarrow[p_\alpha]{} & V_\alpha \end{array} \qquad \forall \alpha \in I.$$

剩下还需验证 f 是唯一的, 这可通过计算 f 在元素上的作用结果来完成. □

记号 1.33. 既然在同构的意义下, 直积是唯一的, 以后用 $\prod\limits_{\alpha \in I} V_\alpha$ 表示一组 K 线性空间 $\{V_\alpha : \alpha \in I\}$ 的直积.

给定一组 K 线性空间 $\{V_\alpha : \alpha \in I\}$ 和一个 K 线性空间 V, 可得另一组 K 线性空间 $\{\mathrm{Hom}(V, V_\alpha) : \alpha \in I\}$, 然后取直积 $\prod\limits_{\alpha \in I} \mathrm{Hom}(V, V_\alpha)$. 如果 $f \in \prod \mathrm{Hom}(V, V_\alpha)$, 则 f 是一个映射

$$I \longrightarrow \bigcup \mathrm{Hom}(V, V_\alpha) \ : \ \alpha \longrightarrow f(\alpha),$$

其中 $f(\alpha) : V \to V_\alpha$. 我们也用 f_α 表示 $f(\alpha)$, 用 f 的像 (f_α) 表示 f.

命题 1.34. 给定 K 线性空间 V 和 V_α, $\alpha \in I$, 设

$$p_\alpha : \prod V_\alpha \to V_\alpha$$

是直积的投影. 取 $f \in \mathrm{Hom}(V, \prod V_\alpha)$, 则 $p_\alpha \circ f \in \mathrm{Hom}(V, V_\alpha)$. 以 $(p_\alpha f)$ 表示映射

$$I \longrightarrow \bigcup \mathrm{Hom}(V, V_\alpha) : \alpha \mapsto p_\alpha \circ f,$$

则 $(p_\alpha f) \in \prod \mathrm{Hom}(V, V_\alpha)$. 我们断言: 映射

$$\Theta : \mathrm{Hom}\left(V, \prod_{\alpha \in I} V_\alpha\right) \longrightarrow \prod_{\alpha \in I} \mathrm{Hom}(V, V_\alpha) : f \longrightarrow (p_\alpha f)$$

是 K 线性同构.

证明. 容易验证 Θ 是 K 线性映射, 余下证 Θ 是双射.

(1) 证明 Θ 是满射. 取 $(f_\alpha) \in \prod \mathrm{Hom}(V, V_\alpha)$, 则从直积 $\prod V_\alpha$ 的定义可知, 存在 $f : V \longrightarrow \prod V_\alpha$, 使得对所有的 $\alpha \in I$, 有 $p_\alpha f = f_\alpha$:

$$\begin{array}{ccc} V & & \\ {\scriptstyle f}\downarrow & \searrow^{f_\alpha} & \\ \prod V_\alpha & \xrightarrow[p_\alpha]{} & V_\alpha \end{array} \qquad \forall \alpha \in I.$$

由 Θ 的定义, 我们可得 $\Theta(f) = (p_\alpha f)$. 这样我们证明了: 给定 $(f_\alpha) \in \prod \mathrm{Hom}(V, V_\alpha)$, 存在一个 $f : V \longrightarrow \prod V_\alpha$ 使得 $\Theta(f) = (f_\alpha)$.

(2) 证明 Θ 是单射. 设 $f \in \mathrm{Hom}(V, V_\alpha)$ 和 $\Theta(f) = 0$, 这意味着 $(p_\alpha f) = 0$, 就是说, $p_\alpha f = O_\alpha$ 对所有的 $\alpha \in I$ 成立, 其中 O_α 表示零映射 $V \xrightarrow{O_\alpha} V_\alpha$. 把这些结果放在一个图表中

$$\begin{array}{ccc} V & & \\ {\scriptstyle f}\downarrow & \searrow^{0_\alpha} & \\ \prod V_\alpha & \xrightarrow[p_\alpha]{} & V_\alpha \end{array} \qquad \forall \alpha \in I.$$

但是, 零映射 $0 : V \to \prod V_\alpha$ 也给出 $p_\alpha 0 = 0_\alpha$ 和下面的图表

$$\begin{array}{ccc} V & & \\ {\scriptstyle 0}\downarrow & \searrow^{0_\alpha} & \\ \prod V_\alpha & \xrightarrow[p_\alpha]{} & V_\alpha \end{array} \qquad \forall \alpha \in I.$$

因此, 由直积的唯一性, 可得 $f = 0$. □

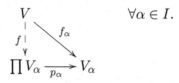

1.5.3 和

设 V 是 K 线性空间, 对于 $j = 1, \ldots, k$, 设 V_j 是 V 的子空间. 如果对每个 j, 取一个元 $\boldsymbol{x}_j \in V_j$, 我们在 V 中把它们加起来

$$\boldsymbol{x}_1 + \cdots + \boldsymbol{x}_k,$$

用 $V_1 + \cdots + V_k$ 表示由所有这样的元素和所组成的集合.

我们可以推广这样的做法. 设有集合 I, 对每个 $\alpha \in I$, 都有 V 的一个子空间 V_α, 我们可以在 V 中构造**有限和**

$$\boldsymbol{x}_{\alpha_1} + \cdots + \boldsymbol{x}_{\alpha_k},$$

其中 $\boldsymbol{x}_{\alpha_j} \in V_{\alpha_j}$. 把由所有这样的有限和所组成的集合记为 $\sum\limits_{\alpha \in I} V_\alpha$, 则显见 $\sum\limits_{\alpha \in I} V_\alpha$ 是所有以下的有限和

$$V_{\alpha_1} + V_{\alpha_2} + \cdots + V_{\alpha_k}, \qquad \{\alpha_1, \alpha_2, \ldots, \alpha_k\} \subset I$$

的并集. 不难证明 $\sum\limits_{\alpha \in I} V_\alpha$ 是 V 的子空间.

我们称 $\sum\limits_{\alpha \in I} V_\alpha$ 为子空间组 $\{V_\alpha : \alpha \in I\}$ 的**和**.

1.5.4 直和

定义 1.35. 我们称 K 线性空间 S 是给定的一组 K 线性空间 $\{V_\alpha : \alpha \in I\}$ 的**直和**, 如果有一组 K 线性映射 $\{V_\alpha \xrightarrow{i_\alpha} S : \alpha \in I\}$, 使得对于任意的一组 K 线性映射 $\{V_\alpha \xrightarrow{g_\alpha} V : \alpha \in I\}$, 存在唯一的 K 线性映射 $S \xrightarrow{g} V$, 使得 $g \circ i_\alpha = g_\alpha$ 对所有的 $\alpha \in I$ 成立, 即有交换图

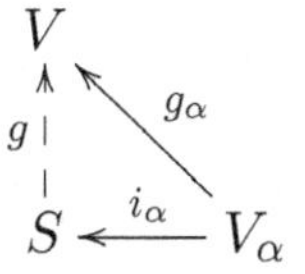

$$
\begin{array}{ccc}
V & & \forall \alpha \in I. \\
g \uparrow \nwarrow {\scriptstyle g_\alpha} & & \\
S \xleftarrow{\ i_\alpha\ } V_\alpha & &
\end{array}
$$

把此定义应用到同态族 $\{g_\beta : g_\alpha = 1_{V_\alpha}, g_\beta = 0\ \beta \neq \alpha\}$ 上, 便得同态 $p_\alpha : S \longrightarrow V_\alpha$ 使 $p_\alpha i_\alpha = 1_{V_\alpha}$.

注意: 直和与直积是 "对偶" 概念. 意思是指, 通过反转所有的箭头可以从直积的性质得到直和的性质. 作为一个例子, 读者可以用这个方法去证明以下关于直和的性质.

命题 1.36. K 线性空间组 $\{V_\alpha : \alpha \in I\}$ 的直和, 在同构的意义下是唯一的. 这就是说, 如果两个 K 线性空间 S 和 S' 满足 $\{V_\alpha : \alpha \in I\}$ 的直和定义, 则 S 和 S' 是 K 线性同构的.

下面我们来构造直和. 给定一组 K 线性空间 $\{V_\alpha : \alpha \in I\}$, 取直积 $\prod\limits_{\alpha\in I} V_\alpha$, 引入记号

$$\delta_{\alpha\beta} = \begin{cases} 1, & 若\ \alpha = \beta; \\ 0, & 若\ \alpha \neq \beta. \end{cases}$$

取 $\boldsymbol{x} \in V_\alpha$, 设

$$i_\alpha \boldsymbol{x} : I \longrightarrow \bigcup_\alpha V_\alpha : \beta \mapsto \delta_{\alpha\beta}\boldsymbol{x},$$

则 $i_\alpha \boldsymbol{x} \in \prod_\alpha V_\alpha$. 显然

$$i_\alpha :\ V_\alpha \longrightarrow \prod_{\alpha\in I} V_\alpha$$

是 K 线性映射, 并且 $i_\alpha V_\alpha$ 是 $\prod V_\alpha$ 的子空间. 我们以 $\bigoplus_\alpha V_\alpha$ 记 $\prod V_\alpha$ 的子空间组 $\{i_\alpha V_\alpha : \alpha \in I\}$ 的直和.

命题 1.37. $\left(\bigoplus\limits_{\alpha\in I} V_\alpha, i_\alpha\right)$ 是 $\{V_\alpha : \alpha \in I\}$ 的一个直和.

证明. 取任意一组 K 线性映射 $\{g_\alpha : V_\alpha \to V : \alpha \in I\}$, 我们需要找到一个 K 线性映射 $g : \bigoplus\limits_{\alpha\in I} V_\alpha \longrightarrow V$.

任一 $\boldsymbol{x} \in \bigoplus_\alpha V_\alpha$ 可以表示为一个和

$$\boldsymbol{x} = i_{\alpha_1}\boldsymbol{x}_{\alpha_1} + \cdots + i_{\alpha_n}\boldsymbol{x}_{\alpha_n},$$

其中 $\boldsymbol{x}_{\alpha_j} \in V_{\alpha_j}$, 并且可以假设所有的 $\alpha_1, \ldots, \alpha_n$ 是互不相同的 (这是因为可以把属于同一个 V_{α_j} 的项加起来). 若 $\alpha \neq \beta$, 则 $i_\alpha V_\alpha \bigcap i_\beta V_\beta = 0$, 因此 $\boldsymbol{x}$ 的这个表示是唯一的. 于是, 我们可以定义

$$g(\boldsymbol{x}) = g_{\alpha_1}(\boldsymbol{x}_{\alpha_1}) + \cdots + g_{\alpha_n}(\boldsymbol{x}_{\alpha_n}).$$

现在容易验证 g 是唯一的 K 线性映射, 使得 $g \circ i_\alpha = g_\alpha$ 对所有的 $\alpha \in I$ 成立, 从而证得 $\bigoplus_\alpha V_\alpha$ 是直和. □

下面用 $\bigoplus_{\alpha\in I} V_\alpha$ 表示 K 线性空间组 $\{V_\alpha : \alpha \in I\}$ 的直和.

最常见的无限直和是指标集 I 取为正整数集的情形. 设对每个正整数 n, 有一个向量空间 V_n, 令 S 为满足如下性质的无穷序列 $v = (\boldsymbol{v}_n)$ 的集合:

(1) $\boldsymbol{v}_n \in V_n$;

(2) 除了有限个 n 之外, $\boldsymbol{v}_n = \boldsymbol{0}$.

如果按分量方式定义运算:

$$(\boldsymbol{u}_n) + (\boldsymbol{v}_n) := (\boldsymbol{u}_n + \boldsymbol{v}_n),$$

则集合 S 构成一个域 K 上的线性空间. 另外, 如果把向量 $\boldsymbol{v} \in V_n$ 看作无穷序列 $(\boldsymbol{v}_j)$, 其中当 $j \neq n$ 时, $\boldsymbol{v}_j = \boldsymbol{0}$ 且 $\boldsymbol{v}_n = \boldsymbol{v}$, 则有自然线性映射 $i_n : V_n \to S$. 线性空间 S 称为线性空间组 $\{V_n\}$ 的直和, 记作 $\bigoplus_n^\infty V_n$.

不要忘记看习题啊!

习　　题

K 是域.

1. 设 K 是有限特征的域, p 是使得 $\underbrace{1+1+\cdots+1}_{p} = 0$ 的最小正整数, 证明: p 为素数.

2. 设有线性映射 $U \xrightarrow{g} V$, $V \xrightarrow{f} W$, 证明: 映射合成 $f \circ g : U \to W$ 是线性映射.

3. 设有线性映射 $T \xrightarrow{h} U$, $U \xrightarrow{g} V$, $V \xrightarrow{f} W$, 证明: 从 T 到 W 的线性映射满足等式
$$f \circ (g \circ h) = (f \circ g) \circ h.$$

4. 以 (x, y), $x, y \in \mathbb{R}$ 为元素的集 $\mathbb{R}^2$ 是 $\mathbb{R}$ 线性空间. 我们常把 $\mathbb{R}^2$ 看作实平面: 就是把数对 (x, y) 看作以 x, y 为坐标的点. 进一步甚至把数对 (x, y) 看作从原点 $(0,0)$ 至点 (x, y) 的一支箭, 用 $\overrightarrow{(x, y)}$ 记这支箭. 就是因为这个想法, 我们把一般的 K 线性空间的元素称为向量. 证明: $\mathbb{R}$ 线性空间 $\mathbb{R}^2$ 的加法 $(x_1, y_1) + (x_2, y_2) = (x_1 + x_2, y_1 + y_2)$ 是对应于平面箭的平行四边形的加法, 如下图所示.

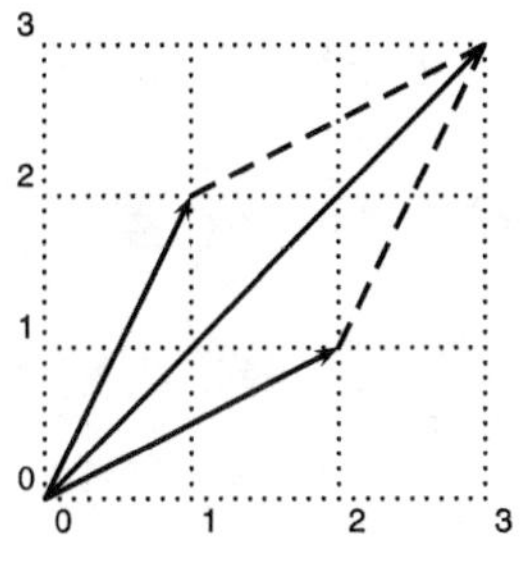

5. $\mathbb{R}^n$ 的元素是 $\boldsymbol{x}=(x_1,\ldots,x_n)$, $x_i\in\mathbb{R}$, 定义 $\boldsymbol{x}+\boldsymbol{y}$ 为 $(x_1+y_1,\ldots,x_n+y_n)$, 定义 $a\boldsymbol{x}$ 为 $(ax_1,\ldots,ax_n)$, $a\in K$, 证明: $\mathbb{R}^n$ 是 $\mathbb{R}$ 线性空间.

6. 以 $\mathbb{N}$ 记整数 $n\geqslant 1$ 组成的集合, 我们可以把无穷序列 $(x_n)_1^\infty=(x_1,\ldots,x_n,\ldots)$ 看作映射 $x:\mathbb{N}\to\mathbb{R}:n\mapsto x_n$, 全体实数无穷序列记为 $\mathbb{R}^\infty$, 定义 $(x_n)_1^\infty+(y_n)_1^\infty=(x_n+y_n)_1^\infty$, $a(x_n)_1^\infty=(ax_n)_1^\infty$, 证明: $\mathbb{R}^\infty$ 是 $\mathbb{R}$ 线性空间.

   定义映射

$$\mathbb{R}^n\to\mathbb{R}^\infty:(x_1,\ldots,x_n)\mapsto(x_1,\ldots,x_n,0,0,0,\ldots).$$

   证明: (1) 以上映射是线性单射, 并且 $\mathbb{R}^n$ 是 $\mathbb{R}^\infty$ 的子空间;
   (2) $\mathbb{R}^\infty=\cup_{n=1}^\infty\mathbb{R}^n$, 并且 $\mathbb{R}^\infty$ 不是有限维线性空间.

   用以下公式定义映射 $L,R:\mathbb{R}^\infty\to\mathbb{R}^\infty$

$$L(x_1,x_2,\ldots)=(x_2,x_3,\ldots),\qquad R(x_1,x_2,\ldots)=(0,x_1,x_2,\ldots).$$

   证明: (1) L,R 是 $\mathbb{R}$ 线性映射;
   (2) L 是满射, 但不是单射, 计算 $\operatorname{Ker}L$;
   (3) R 是单射, 但不是满射, 计算 $\operatorname{Cok}R$.

7. 以 X 为变元, 系数属于 K 次数 $\leqslant n$ 的多项式是 $a_0+a_1X+\cdots+a_nX^n$, $a_i\in K$, 全体这样的多项式的集记为 $K[X]_n$, 注意 $K[X]_0=K$. 定义

$$\begin{aligned}(a_0+a_1X+\cdots+a_nX^n)&+(b_0+b_1X+\cdots+b_nX^n)\\&=(a_0+b_0)+(a_1+b_1)X+\cdots+(a_n+b_n)X^n,\\a(a_0+a_1X+\cdots+a_nX^n)&=aa_0+aa_1X+\cdots+aa_nX^n.\end{aligned}$$

   证明: (1) $K[X]_n$ 是 K 线性空间;
   (2) 映射 $K[X]_n\to K^{n+1}:a_0+a_1X+\cdots+a_nX^n\mapsto(a_0,a_1,\ldots,a_n)$ 是线性同构.

8. 全体系数属于 K 的多项式记为 $K[X]$, 证明: $K[X]=\cup_{n=0}^\infty K[X]_n$, 并且 $K[X]$ 是 K 线性空间.

9. 以 X 为变元, 系数属于 K 的形式无穷幂级数是

$$\sum_{n=0}^\infty a_nX^n=a_0+a_1X+\cdots+a_nX^n+\cdots,$$

   全体系数属于 K 的形式无穷幂级数记为 $K[\![X]\!]$, 证明: $K[\![X]\!]$ 是 K 线性空间.

10. 证明: $\{(x,y,z)\in\mathbb{R}^3 : x+2y+3z=0\}$ 是 $\mathbb{R}^3$ 的子空间. 问:
(1) $\{(x,y,z)\in\mathbb{R}^3 : x+2y+3z=6\}$;
(2) $\{(x,y,z)\in\mathbb{R}^3 : y=x^2\}$;
(3) $\{(x,y,z)\in\mathbb{R}^3 : xy=0\}$;
(4) $\{(x,y,z)\in\mathbb{R}^3 : x\geqslant 0\}$
是否为 $\mathbb{R}^3$ 的子空间?

11. (1) 证明: $W_0=\{(a_1,\dots,a_n)\in K^n : a_1+\cdots+a_n=0\}$ 是 K^n 的子空间. (2) 问: $W_1=\{(a_1,\dots,a_n)\in K^n : a_1+\cdots+a_n=1\}$ 是否为 K^n 的子空间? (3) 问: $W_2=\{(a_1,\dots,a_n)\in K^n : a_1+\cdots+a_n>1\}$ 是否为 K^n 的子空间?

12. 设 U_i, $i\in I$ 是线性空间 V 的子空间, 证明: $\cap_{i\in I}U_i$ 是 V 的子空间.

13. 设 U_1, U_2 是线性空间 V 的子空间, 证明: $U_1\cup U_2$ 是 V 的子空间当且仅当 $U_1\subseteq U_2$ 或 $U_1\supseteq U_2$.

14. 设 $f: V\to W$ 为 K 线性空间的线性映射, U 是 V 的子空间, 证明: $f(U)$ 是 W 的子空间.

15. 设 V, W 是 K 线性空间, S 是 V 的子集, 定义

$$S^0=\{f\in \mathrm{Hom}_K(V,W) : f(\boldsymbol{v})=\mathbf{0},\ \forall \boldsymbol{v}\in S\}.$$

证明: (1) S^0 是 $\mathrm{Hom}_K(V,W)$ 的子空间;
(2) 若 S_1, S_2 是 V 的子集, 且 $S_1\subseteq S_2$, 则 $S_1^0\supseteq S_2^0$;
(3) 若 U_1, U_2 是 V 的子空间, 则 $(U_1+U_2)^0=U_1^0\cap U_2^0$.

16. 设 V 是 K 线性空间, 记映射空间 $\mathrm{Hom}_K(V,V)$ 为 $\mathrm{End}_K V$, 取 $f,g\in\mathrm{End}_K V$, 定义乘法 fg 为映射合成 $f\circ g$. 证明: 若 $f,g,h\in\mathrm{End}_K V$, 则 $(fg)h=f(gh)$; $f1_V=f=1_Vf$; 对 $a\in K$ 有 $f(ag)=(af)g$, $f(g+h)=fg+fh$, $(g+h)f=gf+hf$. 问: 对任意的 $f,g\in\mathrm{End}_K V$, 必然有 $fg=gf$ 吗?

17. 设 $f: V\to W$ 为 K 线性空间的线性同构, 证明: 以下映射为线性同构

$$\mathrm{End}_K V\to\mathrm{End}_K W : g\mapsto fgf^{-1}.$$

18. 设 W 是线性空间 V 的子空间, $i: W\hookrightarrow V$ 是包含映射, $p: V\to V/W$ 是商空间的投射, 证明: $0\to W\xrightarrow{i}V\xrightarrow{p}V/W\to 0$ 是正合序列.

19. 设 U, W 为 V 的子空间, U 为 W 的子空间. 定义 $i: W/U \hookrightarrow V/U$ 为包含映射, $p: V/U \to V/W$ 为 $p(\boldsymbol{v}+U)=\boldsymbol{v}+W$. 证明: $0 \to W/U \xrightarrow{i} V/U \xrightarrow{p} V/W \to 0$ 是正合序列.

20. 在以下交换图中行与列均正合

$$\begin{array}{ccccccccc} & & 0 & & & & 0 & & \\ & & \downarrow & & & & \downarrow & & \\ 0 & \longrightarrow & U & \xrightarrow{\phi} & V & \xrightarrow{\psi} & W & \longrightarrow & 0 \\ & & {\scriptstyle\alpha}\downarrow & & {\scriptstyle\beta}\downarrow & & \downarrow{\scriptstyle\gamma} & & \\ 0 & \longrightarrow & U' & \xrightarrow[\phi']{} & V' & \xrightarrow[\psi']{} & W' & \longrightarrow & 0 \\ & & \downarrow & & & & \downarrow & & \\ & & 0 & & & & 0 & & \end{array}$$

证明: $0 \to V \xrightarrow{\beta} V' \to 0$ 是正合的.

21. 在以下线性空间的线性映射交换图中行均正合

$$\begin{array}{ccccccccc} & & U & \xrightarrow{i} & V & \xrightarrow{p} & W & \longrightarrow & 0 \\ & & {\scriptstyle\alpha}\downarrow & & {\scriptstyle\beta}\downarrow & & \downarrow{\scriptstyle\gamma} & & \\ 0 & \longrightarrow & U' & \xrightarrow[i']{} & V' & \xrightarrow[p']{} & W' & & \end{array}$$

构造线性映射 $\Delta: \operatorname{Ker}\gamma \to \operatorname{Cok}\alpha$, 使得有正合序列

$$\operatorname{Ker}\alpha \xrightarrow{i_*} \operatorname{Ker}\beta \xrightarrow{p_*} \operatorname{Ker}\gamma \xrightarrow{\Delta} \operatorname{Cok}\alpha \xrightarrow{i'_*} \operatorname{Cok}\beta \xrightarrow{p'_*} \operatorname{Cok}\gamma.$$

22. 在以下线性空间的线性映射交换图中行均正合

$$\begin{array}{ccccccccc} A & \xrightarrow{f} & B & \xrightarrow{g} & C & \xrightarrow{h} & D & \xrightarrow{k} & E \\ \downarrow{\scriptstyle\alpha} & & \downarrow{\scriptstyle\beta} & & \downarrow{\scriptstyle\gamma} & & \downarrow{\scriptstyle\delta} & & \downarrow{\scriptstyle\varepsilon} \\ A' & \xrightarrow{f'} & B' & \xrightarrow{g'} & C' & \xrightarrow{h'} & D' & \xrightarrow{k'} & E' \end{array}$$

证明: (1) α 是满射, β, δ 是单射 $\Longrightarrow \gamma$ 是单射;

(2) β, δ 是满射, ε 是单射 $\Longrightarrow \gamma$ 是满射.

23. 设有正合序列 $U \xrightarrow{f} V \xrightarrow{g} W$ 和 V 有子空间 V_1 使得 $V = V_1 \oplus \operatorname{Img} f$, 证明: 把 g 限制到 V_1 是同构 $V_1 \xrightarrow{\cong} \operatorname{Img} f$.

24. 设 $f: U \to V$, $g: V \to W$ 为线性映射, 假设: (1) $\operatorname{Img} f = \operatorname{Ker} g$;

(2) $\forall \boldsymbol{v} \in V$, $\exists\, \boldsymbol{u} \in U$ 使得 $gf\boldsymbol{u} = g\boldsymbol{v}$. 证明: f 是满射.

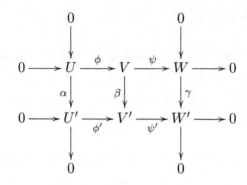

25. 设 $f,g,h\in \mathrm{Hom}_K(V,V)$ 使得 $fg=gh$, 证明: $f(\mathrm{Img}\,g)\subset \mathrm{Img}\,g$, $h(\mathrm{Ker}\,g)\subset \mathrm{Ker}\,g$.

26. 证明: $\mathbb{R}^3$ 是子空间 $Z=\{(x,y,z):x=0=y\}$ 和 $P=\{(x,y,z):z=0\}$ 的直和.

27. 设 W_1,W_2 是 V 的子空间, 使得 (1) $V=W_1+W_2$; (2) $W_1\cap W_2=\{\mathbf{0}\}$. 证明: $\forall \boldsymbol{v}\in V$, $\exists$ 唯一的 $\boldsymbol{w}_1\in W_1$, $\boldsymbol{w}_2\in W_2$, 使得 $\boldsymbol{v}=\boldsymbol{w}_1+\boldsymbol{w}_2$.

28. 设 V_1,V_2,W 是 K 线性空间, 直和决定 K 线性映射 $i_1:V_1\to V_1\oplus V_2$, $i_2:V_2\to V_1\oplus V_2$.
(1) 若 $f:V_1\oplus V_2\to W$ 是 K 线性映射, 定义 $f_1=f\circ i_1$, $f_2=f\circ i_2$. 证明: 以下是同构

$$\mathrm{Hom}_K(V_1\oplus V_2,W)\to \mathrm{Hom}_K(V_1,W)\times \mathrm{Hom}_K(V_2,W),\ f\mapsto (f_1,f_2).$$

(2) 若有 K 线性映射 $f_1,f_2:W\to V_j$, 定义 $f(\boldsymbol{x})=(f_1(\boldsymbol{x}),f_2(\boldsymbol{x}))$. 证明: $f\in \mathrm{Hom}_K(W,V_1\times V_2)$, 而且以下是同构

$$\mathrm{Hom}_K(W,V_1)\oplus \mathrm{Hom}_K(W,V_2)\to \mathrm{Hom}_K(W,V_1\times V_2),\ (f_1,f_2)\mapsto f.$$

29. 给定集 S, 全体从 S 至 K 的函数所组成的集记为 $\mathfrak{F}$. 取 $a\in K$, $f,g\in\mathfrak{F}$. 用以下公式定义 $f+g$ 和 af:

$$(f+g)(s)=f(s)+g(s),\qquad (af)(s)=a(f(s)),\qquad s\in S.$$

证明: $\mathfrak{F}$ 是 K 线性空间.

30. 全体从 $\mathbb{R}$ 至 $\mathbb{R}$ 的函数所组成的 $\mathbb{R}$ 线性空间记为 V, 取 $f\in V$, 称 f 为偶函数, 若 $f(-x)=f(x)$; 称 f 为奇函数, 若 $f(-x)=-f(x)$. 由全体偶函数组成的子集记为 V_e, 由全体奇函数组成的子集记为 V_o. 证明: (1) V_e,V_o 是 V 的子空间; (2) $V=V_e+V_o$; (3) $V_e\cap V_o=\{0\}$.

31. 设有线性映射 $f:V\to V$, 证明: $\mathrm{Img}\,f\cap \mathrm{Ker}\,f=\{\mathbf{0}\}$ 当且仅当 $f(f(\boldsymbol{v}))=\mathbf{0}\Longrightarrow f(\boldsymbol{v})=\mathbf{0}$.

32. 全体从开区间 $(0,1)=\{x\in\mathbb{R}:0<x<1\}$ 至 $\mathbb{R}$ 的连续函数所组成的集记为 $C(0,1)$, 取 $a\in\mathbb{R}$, $f,g\in C(0,1)$, 用以下公式定义 $f+g$ 和 af:

$$(f+g)(x)=f(x)+g(x),\qquad (af)(x)=a(f(x)),\qquad x\in\mathbb{R}.$$

证明: (1) $f+g$, af 是 $(0,1)$ 上的连续函数;

(2) $C(0,1)$ 是 $\mathbb{R}$ 线性空间.

33. 称 $f:(0,1)\to\mathbb{R}$ 为 $(0,1)$ 上的可微函数, 若对任意 $0<x<1$, 任意 $n\geqslant 0$, 存在导数 $\dfrac{\mathrm{d}^n f}{\mathrm{d}x^n}(x)$. 全体从开区间 $(0,1)$ 至 $\mathbb{R}$ 的可微函数所组成的集记为 $C^\infty(0,1)$, 取 $a\in\mathbb{R}$, $f,g\in C^\infty(0,1)$. 证明:

(1) $f+g$, af 是 $(0,1)$ 上的可微函数;

(2) $C^\infty(0,1)$ 是 $\mathbb{R}$ 线性空间.

34. 称从闭区间 $[0,1]=\{x\in\mathbb{R}:0\leqslant x\leqslant 1\}$ 至 $\mathbb{R}$ 的函数 f 为可积函数, 若 $\int_0^1|f(x)|^2\mathrm{d}x$ 存在并且是有限的, 全体在 $[0,1]$ 上的可积函数记为 $L^1([0,1])$. 证明: $L^1([0,1])$ 是 $\mathbb{R}$ 线性空间.

第2章　基和矩阵

线性结构会产生一个特异的现象, 就是, 一个线性结构可能会有一组我们称为“基”的元素, 使得所有其他元素可以由基的元素表达, 这样要知道结构的某个性质, 便简化为对“基”研究这个性质. 例如, 我们如果想知道某个线性映射实际是怎样作用的, 只要知道这个线性映射实际是怎样作用在基上的即可, 这便会产生矩阵. 如此, 我们明白矩阵不单是一个数的排阵, 而且是一个线性映射关于某个“基”的数值表示, 这一切都是“线性”的后果. 这个过程是我们必须要花时间深思体会的. 课本只能告诉你事实, 你想通了, 这才是你的宝贵的学问.

2.1　线性相关

我们知道, 在平面解析几何的直角坐标系 OXY 中, 一个平面点 P 可以用坐标表示为 (x,y), 其中 x,y 分别是有向线段 $\overrightarrow{OP}$ 在 X,Y 轴上投影的长度. 如果把 X,Y 轴上单位有向线段分别记为 $\overrightarrow{OA}$, $\overrightarrow{OB}$, 则 $\overrightarrow{OP}=x\overrightarrow{OA}+y\overrightarrow{OB}$. 把 $\overrightarrow{OP}$, $\overrightarrow{OA}$, $\overrightarrow{OB}$ 看成向量, 记 $\boldsymbol{\alpha}=\overrightarrow{OP}$, $\boldsymbol{\varepsilon}_1=\overrightarrow{OA}$, $\boldsymbol{\varepsilon}_2=\overrightarrow{OB}$, 用向量的语言表示为 $\boldsymbol{\alpha}=x\boldsymbol{\varepsilon}_1+y\boldsymbol{\varepsilon}_2$. 当把向量用与其对应的有向线段的终点坐标表示时, 即 $\boldsymbol{\alpha}=(x,y)$, $\boldsymbol{\varepsilon}_1=(1,0)$, $\boldsymbol{\varepsilon}_2=(0,1)$, 上式则可以写成 $(x,y)=x(1,0)+y(0,1)$. 这些是向量空间中概念的基本来源.

定义 2.1. K 是域, 设 S 是 K 向量空间 V 的一个子集, S 的一个有限**线性组合**是指 V 中的一个如下形式的向量: $\sum\limits_{i=1}^{n}a_i\boldsymbol{v}_i$, 其中 n 是一个正整数, $a_i\in K$, $\boldsymbol{v}_i\in S$. 所有 S 的有限线性组合构成的集记作 $\langle S\rangle$, 称为 S 的线性**生成空间**.

说明 2.2. (1) 当 $\boldsymbol{\alpha}=\sum\limits_{i=1}^{n}a_i\boldsymbol{v}_i$, 称 $\boldsymbol{\alpha}$ 是 $\boldsymbol{v}_1,\dots,\boldsymbol{v}_n$ 的**线性组合**, 或称 $\boldsymbol{\alpha}$ 可由 $\{\boldsymbol{v}_1,\dots,\boldsymbol{v}_n\}$ **线性表出**, 称满足条件的 $a_1,\dots,a_n$ 是相应组合的**系数**. 若满足条件的 $a_1,\dots,a_n$ 是唯一的, 称 $\boldsymbol{\alpha}$ 可由 $\{\boldsymbol{v}_1,\dots,\boldsymbol{v}_n\}$ 唯一线性表出.

(2) 对 $V=\langle S\rangle$, 称 V 是由 S **生成的**, 称 S 是 V 的**生成元集**. 此时若 $S=\{\boldsymbol{v}_1,\dots,\boldsymbol{v}_n\}$, 也记 $V=\langle S\rangle=\langle\boldsymbol{v}_1,\dots,\boldsymbol{v}_n\rangle$, 称 V 是**有限生成的**.

命题 2.3. 设 S 是 K 向量空间 V 的一个子集, 则

(1) $\langle S\rangle$ 是 V 的一个子空间;

(2) $S\subseteq T\subseteq V$, 则 $\langle S\rangle\subseteq\langle T\rangle\subseteq V$.

证明. (1) 根据子空间的等价条件, 只要证明任给 $\boldsymbol{\alpha},\boldsymbol{\beta}\in\langle S\rangle$, 都有 $\boldsymbol{\alpha}-\boldsymbol{\beta}\in\langle S\rangle$. 设

$$\boldsymbol{\alpha}=\sum_{i=1}^{n}a_i\boldsymbol{v}_i,\qquad \boldsymbol{\beta}=\sum_{i=1}^{n}b_i\boldsymbol{v}_i,$$

则

$$\boldsymbol{\alpha}-\boldsymbol{\beta}=\sum_{i=1}^{n}a_i\boldsymbol{v}_i-\sum_{i=1}^{n}b_i\boldsymbol{v}_i=\sum_{i=1}^{n}(a_i-b_i)\boldsymbol{v}_i.$$

注意到 K 是域, 因此每个 $a_i-b_i\in K$, 按照 $\langle S\rangle$ 的定义, 有 $\boldsymbol{\alpha}-\boldsymbol{\beta}\in\langle S\rangle$.

(2) S 的线性组合当然是 T 的线性组合, 所以 $\langle S\rangle\subseteq\langle T\rangle\subseteq V$. □

例 2.4. 设 V 是 $\mathbb{R}$ 上立体几何空间 $\mathbb{R}^3$, X,Y,Z 轴上单位向量分别为 $\boldsymbol{v}_1,\boldsymbol{v}_2,\boldsymbol{v}_3$, 平面 XOY 内另有一个与 $\boldsymbol{v}_1,\boldsymbol{v}_2$ 不平行的向量 $\boldsymbol{v}_4$, 则 $\langle\boldsymbol{v}_3\rangle$ 是 Z 轴所在直线, $\langle\boldsymbol{v}_1,\boldsymbol{v}_2\rangle=\langle\boldsymbol{v}_1,\boldsymbol{v}_4\rangle=\langle\boldsymbol{v}_2,\boldsymbol{v}_4\rangle=\langle\boldsymbol{v}_1,\boldsymbol{v}_2,\boldsymbol{v}_4\rangle$ 为 XOY 平面.

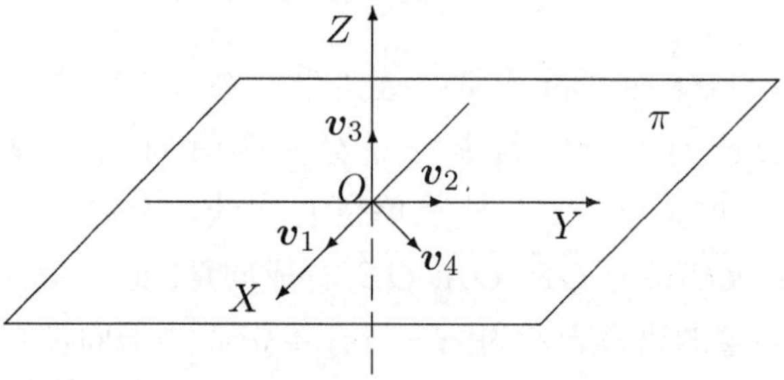

对于有限生成的 K 向量空间 $V=\langle S\rangle$, 希望找到“最小”的生成元集 S, 以便将 V 中向量表示成 S 中向量的线性组合. 这样至少要求 S 中的一个向量不能被除此之外的其他向量线性表出, 也就是 S 中不能存在有线性关系的子集.

定义 2.5. K 向量空间 V 的一个子集 S 称为**线性相关的**, 如果存在集 S 的一个有限子集 $\{\boldsymbol{v}_1,\dots,\boldsymbol{v}_n\}$ 和 $a_1,\dots,a_n\in K\setminus\{0\}$ (K 中的非零元素), 使得

$$\sum_{i=1}^{n}a_i\boldsymbol{v}_i=\boldsymbol{0}.$$

如果 S 不是线性相关的, 则称它是**线性无关的**.

命题 2.6. 设 S 是 K 向量空间 V 的一个子集, 则

(1) S 是线性相关的充要条件是: 存在有限个 $\boldsymbol{v}_1, \ldots, \boldsymbol{v}_n \in S$ 和不全为 0 的 $a_1, \ldots, a_n \in K$, 使得

$$\sum_{i=1}^{n} a_i \boldsymbol{v}_i = \boldsymbol{0};$$

(2) S 是线性无关的充要条件是: 对于任意有限个 $\boldsymbol{v}_1, \ldots, \boldsymbol{v}_n \in S$, 若有 $a_1, \ldots, a_n \in K$, 使得

$$\sum_{i=1}^{n} a_i \boldsymbol{v}_i = \boldsymbol{0},$$

则必然有 $a_1 = \cdots = a_n = 0$.

证明. (1) 必要性是当然的, 只要证明充分性.

若对于 $\boldsymbol{v}_1, \ldots, \boldsymbol{v}_n \in S$, 有不全为 0 的 $a_1, \ldots, a_n \in K$, 使得 $\sum\limits_{i=1}^{n} a_i \boldsymbol{v}_i = \boldsymbol{0}$, 剔除 $a_1, \ldots, a_n$ 中的 0, 设有 m 个 $a_{j_1}, \ldots, a_{j_m} \in K \setminus \{0\}$, 那么对于 S 的有限子集 $\{\boldsymbol{v}_{j_1}, \ldots, \boldsymbol{v}_{j_m}\}$ 和 $a_{j_1}, \ldots, a_{j_m} \in K \setminus \{0\}$, 有 $\sum\limits_{i=1}^{n} a_{j_i} \boldsymbol{v}_{j_i} = \boldsymbol{0}$. 因此根据线性相关的定义 2.5, 有 S 线性相关.

(2) 根据线性无关的定义和已证的线性相关的充要条件 (1), S 线性无关等价于: 对于任何有限个 $\boldsymbol{v}_1, \ldots, \boldsymbol{v}_n \in S$, 不存在不全为 0 的 $a_1, \ldots, a_n \in K$, 使得

$$\sum_{i=1}^{n} a_i \boldsymbol{v}_i = \boldsymbol{0};$$

进而等价于: 对于任何有限个 $\boldsymbol{v}_1, \ldots, \boldsymbol{v}_n \in S$, 若有 $a_1, \ldots, a_n \in K$, 使得

$$\sum_{i=1}^{n} a_i \boldsymbol{v}_i = \boldsymbol{0},$$

则必有 $a_1, \ldots, a_n$ 全为 0. $\qquad\square$

定义 2.7. 设 S 是 K 向量空间 V 的一个子集, 若 $\boldsymbol{v}_1, \ldots, \boldsymbol{v}_n \in S$ 和 $a_1, \ldots, a_n \in K$, 使得

$$\diamond \qquad \sum_{i=1}^{n} a_i \boldsymbol{v}_i = \boldsymbol{0},$$

则称 $\diamond$ 为 $\boldsymbol{v}_1, \ldots, \boldsymbol{v}_n$ 的一个**线性关系**. 若此时 $a_1 = \cdots = a_n = 0$, 则称 $\diamond$ 为 $\boldsymbol{v}_1, \ldots, \boldsymbol{v}_n$ 的一个**平凡 (线性) 关系**.

说明 2.8. 按照定义 2.5、命题 2.6 和定义 2.7 容易得到如下结论.

(1) 单个向量线性相关的充要条件是: 这个向量是 $\mathbf{0}$. 从而单个非零向量线性无关.

(2) 含有零向量的子集是线性相关的. 两个非零向量线性相关的充要条件是: 两个向量互为倍数.

(3) S 是线性相关的充要条件是: S 中存在非平凡的线性关系; S 是线性无关的充要条件是: S 中只有平凡的线性关系.

例 2.9. 设如例 2.4. Z 轴上任何向量 $\boldsymbol{\alpha}$ 与 $\boldsymbol{v}_3$ 线性相关, 因为 $\boldsymbol{\alpha}$ 总是 $\boldsymbol{v}_3$ 的倍数. $\boldsymbol{v}_1, \boldsymbol{v}_2$ 线性无关, 因为 $\boldsymbol{v}_1, \boldsymbol{v}_2$ 不在一条直线上, 因此互相不是倍数关系. $\boldsymbol{v}_1, \boldsymbol{v}_2, \boldsymbol{v}_4$ 线性相关, 因为 $\boldsymbol{v}_4$ 可以分解成在 X 轴上的投影和 Y 轴上的投影之和. 因此, 存在 a, b 使得 $\boldsymbol{v}_4 = a\boldsymbol{v}_1 + b\boldsymbol{v}_2$, 于是有不全为 0 的数 $a, b, -1$ 使得 $a\boldsymbol{v}_1 + b\boldsymbol{v}_2 + (-1)\cdot\boldsymbol{v}_4 = \mathbf{0}$.

推论 2.10. 设 S 是 K 向量空间 V 的一个子集, S 中元素的个数 $\#S \geqslant 2$, 则 S 是线性相关的充要条件是: 存在有限个 $\boldsymbol{v}, \boldsymbol{v}_1, \ldots, \boldsymbol{v}_n \in S$, 使得 $\boldsymbol{v}$ 是 $\boldsymbol{v}_1, \ldots, \boldsymbol{v}_n \in S$ 的线性组合.

证明. 必要性. 设 S 是线性相关的. 若 S 中有零向量, 则任给 $n \geqslant 1$ 个向量 $\boldsymbol{v}_1, \ldots, \boldsymbol{v}_n \in S$, 取 $a_i = 0$, 有

$$\mathbf{0} = \sum_{i=1}^{n} 0 \cdot \boldsymbol{v}_i,$$

即 $\mathbf{0}$ 是 $\boldsymbol{v}_1, \ldots, \boldsymbol{v}_n \in S$ 的线性组合. 若 S 中没有零向量, 由命题 2.6, 存在 $\boldsymbol{v}_1, \ldots, \boldsymbol{v}_{m-1}, \boldsymbol{v}_m \in S$ 和不全为 0 的 $b_1, \ldots, b_{m-1}, b_m \in K$, 使得

$$\sum_{i=1}^{m} b_i \boldsymbol{v}_i = \mathbf{0}.$$

此处有 $m \geqslant 2$, 否则 $m = 1$, 有 $b_1\boldsymbol{v}_1 = \mathbf{0}$, $b_1 \neq 0$, $v_1 \neq \mathbf{0}$, 不可能. 不妨设 $b_m \neq 0$, 就有

$$\boldsymbol{v}_m = \sum_{i=1}^{m-1} \frac{-b_i}{b_m} \boldsymbol{v}_i,$$

改变一下记号, 记 $n = m - 1$, $\boldsymbol{v} = \boldsymbol{v}_m$, $a_i = \frac{-b_i}{b_m}$, 就有

$$\boldsymbol{v} = \sum_{i=1}^{n} a_i \boldsymbol{v}_i$$

是 $\boldsymbol{v}_1, \ldots, \boldsymbol{v}_n \in S$ 的线性组合.

充分性. 设 $\boldsymbol{v}, \boldsymbol{v}_1, \ldots, \boldsymbol{v}_n \in S$, $a_1, \ldots, a_n \in K$, 使得

$$\boldsymbol{v} = \sum_{i=1}^{n} a_i \boldsymbol{v}_i.$$

就有

$$a_1\boldsymbol{v}_1 + \cdots + a_n\boldsymbol{v}_n + (-1)\boldsymbol{v} = \mathbf{0},$$

显然 $a_1, \ldots, a_n, -1$ 不全为 0, 因此由命题 2.6, S 线性相关. □

推论 2.11. 设 V 是 K 向量空间, $\boldsymbol{v}_1, \ldots, \boldsymbol{v}_n \in S$, 则

(1) $\boldsymbol{v}_1, \ldots, \boldsymbol{v}_n$ 线性相关的充要条件是: 存在某个 $\boldsymbol{v}_i$, 比如 $\boldsymbol{v}_1$ 可以由其他 $\boldsymbol{v}_i$ $(i \neq 1)$ 线性表出, 即存在 $a_i \in K$ $(i \neq 1)$, 使得 $\boldsymbol{v}_1 = \sum\limits_{i=2}^{n} a_i \boldsymbol{v}_i$;

(2) $\boldsymbol{v}_1, \ldots, \boldsymbol{v}_n$ 线性无关的充要条件是: $\sum\limits_{i=1}^{n} a_i \boldsymbol{v}_i = \mathbf{0}$ 在 K 中只有唯一解 $a_1 = \cdots = a_n = 0$.

证明. (1) 由推论 2.10 得. (2) 由命题 2.6 中 (2) 得. □

引理 2.12. 设 V 是一个 K 向量空间, $S_1 \subseteq S_2 \subseteq V$. 若 S_1 线性相关, 则 S_2 线性相关.

证明. 因为 S_1 线性相关, 由命题 2.6, 存在 $\boldsymbol{v}_1, \ldots, \boldsymbol{v}_n \in S_1$ 和不全为 0 的 $a_1, \ldots, a_n \in K$, 使得

$$\sum_{i=1}^{n} a_i \boldsymbol{v}_i = \mathbf{0}.$$

注意到 $\boldsymbol{v}_1, \ldots, \boldsymbol{v}_n \in S_2$, 再由命题 2.6, 有 S_2 线性相关. □

推论 2.13. 设 V 是一个 K 向量空间, $S_1 \subseteq S_2 \subseteq V$. 若 S_2 线性无关, 则 S_1 线性无关.

推论 2.14. 设 S 是 K 向量空间 V 的一个线性无关子集, $\boldsymbol{v} \in V \setminus S$, 则 $S \cup \{\boldsymbol{v}\}$ 线性相关的充要条件是 $\boldsymbol{v} \in \langle S \rangle$.

证明. 用此处的 $S \cup \{\boldsymbol{v}\}$ 替代推论 2.10 中的 S, 即得结论. □

推论 2.15. 设 $V = \langle S \rangle \neq 0$, 则 S 线性无关的充要条件是: 没有 S 的真子集生成 V.

证明. 设 S 的真子集 T 生成 V, 则有 $\boldsymbol{v} \in V \setminus T$, 使得 $\boldsymbol{v} \in \langle T \rangle$. 由推论 2.14, $T \cup \{\boldsymbol{v}\}$ 线性相关, 再由推论 2.13, S 线性相关. 因此, 若 S 线性无关, 则 S 没有真子集生成 V.

若 S 线性相关, 则由推论 2.10, 存在 $\boldsymbol{v} \in S$ 使得 $\boldsymbol{v}$ 可以由 $T = S \setminus \{\boldsymbol{v}\}$ 线性表出, 则 $\langle T \rangle = \langle S \rangle = V$. 因此, 若 S 没有真子集生成 V, 则 S 线性无关. □

说明 2.16. 由推论 2.15 可知, 任何一个有限生成的非零线性空间, 总有一个线性无关的生成子集, 而这个生成子集正是 "最小" 的, 下面会发现这种 "最小" 在数量上具有唯一性.

定理 2.17 (Steinitz 定理). 设 $\{\boldsymbol{x}_1, \ldots, \boldsymbol{x}_r\}$ 是 K 向量空间 V 的一个生成子集, $\{\boldsymbol{y}_1, \ldots, \boldsymbol{y}_s\}$ 是 V 的一个线性无关子集, 则 $s \leqslant r$, 且 $\{\boldsymbol{x}_1, \ldots, \boldsymbol{x}_r\}$ 有子集 $\{\boldsymbol{x}_{\ell_1}, \ldots, \boldsymbol{x}_{\ell_{r-s}}\}$, 使得 $\{\boldsymbol{y}_1, \ldots, \boldsymbol{y}_s, \boldsymbol{x}_{\ell_1}, \ldots, \boldsymbol{x}_{\ell_{r-s}}\}$ 生成 V.

证明. 记 $S = \{x_1, \ldots, x_r\}$, $T = \{y_1, \ldots, y_s\}$. 对 s 进行归纳.

若 $s = 0$, 结论当然成立, 此时 $T = \emptyset$, $T \cup S = S$ 生成 V.

假设结论对 s 成立, 下面证明结论对 $s+1$ 成立.

设 $T = \{\boldsymbol{y}_1, \ldots, \boldsymbol{y}_s, \boldsymbol{y}_{s+1}\}$ 是 $V = \langle \boldsymbol{x}_1, \ldots, \boldsymbol{x}_r \rangle$ 的一个线性无关子集, 由推论 2.13 可知, $W = \{\boldsymbol{y}_1, \ldots, \boldsymbol{y}_s\}$ 是一个线性无关子集. 由归纳假设, 有 $s \leqslant r$, 且有

$$U = \{\boldsymbol{x}_{\ell_1}, \ldots, \boldsymbol{x}_{\ell_{r-s}}\} \subseteq S,$$

使得

$$V = \langle W \cup U \rangle = \langle \boldsymbol{y}_1, \ldots, \boldsymbol{y}_s, \boldsymbol{x}_{\ell_1}, \ldots, \boldsymbol{x}_{\ell_{r-s}} \rangle.$$

注意到 $\boldsymbol{y}_{s+1} \in V$, 所以存在 $a_i, b_j \in K$, $i = 1, \ldots, s$, $j = 1, \ldots, r-s$, 使得

$$\boldsymbol{y}_{s+1} = a_1\boldsymbol{y}_1 + \cdots + a_s\boldsymbol{y}_s + b_1\boldsymbol{x}_{\ell_1} + \cdots + b_{r-s}\boldsymbol{x}_{\ell_{r-s}}.$$

此时 $r - s \neq 0$, 否则 $\boldsymbol{y}_{s+1} \in \langle W \rangle$, 根据推论 2.14, 有 T 线性相关, 与题设条件不符, 因此 $r \geqslant s+1$. 同样根据推论 2.14, 还得到存在 $b_j \neq 0$, $1 \leqslant j \leqslant r-s$. 不妨设 $b_1 \neq 0$, 有

$$\boldsymbol{x}_{\ell_1} = \frac{-a_1}{b_1}\boldsymbol{y}_1 + \cdots + \frac{-a_s}{b_1}\boldsymbol{y}_s + \frac{1}{b_1}\boldsymbol{y}_{s+1} + \frac{-b_2}{b_1}\boldsymbol{x}_{\ell_2} + \cdots + \frac{-b_{r-s}}{b_1}\boldsymbol{x}_{\ell_{r-s}}.$$

记 $M = \{\boldsymbol{x}_{\ell_2}, \ldots, \boldsymbol{x}_{\ell_{r-s}}\}$, 则有 $\boldsymbol{x}_{\ell_1} \in \langle T \cup M \rangle$. 注意到 $W \subseteq T$, $M \subseteq U$, 由命题 2.3, 有

$$V = \langle W \cup U \rangle = \langle W \cup M \cup \{\boldsymbol{x}_{\ell_1}\} \rangle \subseteq \langle T \cup M \cup \{\boldsymbol{x}_{\ell_1}\} \rangle = \langle T \cup M \rangle \subseteq V.$$

此即有

$$V=\langle T\cup M\rangle=\langle \boldsymbol{y}_1,\dots,\boldsymbol{y}_s,\boldsymbol{y}_{s+1},\boldsymbol{x}_{\ell_2},\dots,\boldsymbol{x}_{\ell_{r-s}}\rangle.$$

完成了归纳法. □

推论 2.18. 设 S 是 K 向量空间 V 的一个生成元集, $\#S=n$, T 是 V 的线性无关的 m 元子集, 则 $m\leqslant n$.

证明. 由定理 2.17 直接可得. □

命题 2.19. 设 K 向量空间 V 存在一个线性无关的有限子集 S, 使得 $V=\langle S\rangle$. S 中元素的个数 $\#S$ 由 V 唯一决定, 即如果 S' 是另外一个生成 V 的线性无关的有限子集, 则 $\#S=\#S'$.

证明. 由推论 2.18 得 $\#S\leqslant\#S'$, $\#S'\leqslant\#S$, 即 $\#S=\#S'$. □

推论 2.20. 设 S 是 K 向量空间 V 的有限子集, 则 S 中存在线性无关的子集 T, 使得 $\langle S\rangle=\langle T\rangle$, 而且 $\#T$ 由 S 唯一决定.

证明. 由命题 2.19 直接可得. □

定义 2.21. K 线性空间 V 的有限子集 S 中, 生成 $\langle S\rangle$ 的线性无关子集 T, 称为 S 的一个**极大无关子集**. T 的基数称为 S 的**秩**, 记为 $r(S)$.

定义 2.22. 生成 K 线性空间 V 的一个线性无关的子集 S 称为 V 的一个**基**. S 的基数称为 V 的**维数**, 记为 $\dim_K V$.

说明 2.23. (1) 对于零线性空间, 因为其中没有线性无关的向量子集, 所以没有基, 也可以说基为空集 $\emptyset$. 称为 0 维的, 记 $\dim_K V=0$.

(2) 若非零线性空间 V 是有限生成的, 则由推论 2.15, 必由有限个线性无关向量生成, 根据命题 2.19, 这个线性空间的维数是个唯一确定的非负整数, 称 V 为**有限维**空间. 0 维空间也是有限维的.

(3) 若非零线性空间不能由有限个线性无关向量生成, 则称为**无限维**空间, 记为 $\dim_K V=\infty$.

例 2.24. 在域 K 上次数小于 n 的多项式空间 $K[x]_n$ 中, $1,x,\dots,x^{n-1}$ 线性无关, 且生成 $K[x]_n$, 因此 $\dim_K K[x]_n=n$.

而对于 K 上全体多项式的空间 $K[x]$, 由于任给有限个多项式 $f_i(x)$, $i=1,\dots,m$, 假设其中次数最高的是 $f_m(x)$, 其次数是 n_m, 那么 n_m+1 次多项式 $x^{n_m+1}\in K[x]$ 不可能是 $f_i(x)$, $i=1,\dots,m$ 的线性组合, 因此 $\dim_K K[x]=\infty$.

说明 2.25. 由推论 2.18, 若 V 是有限维的, 比如是 n 维的, 那么其任一个线性无关的向量子集的基数 $\leqslant n$. 因此 V 是无限维的, 等价于对于任意 n, V 中都有 n 个线性无关的向量. 比如, 可以这样来说明 $\dim_K K[x]=\infty$, 因为任给 n, 都有 $1,x,\ldots,x^{n-1}$ 线性无关.

对于基的存在性, 或者说如何在线性空间中找到一个基, 可以有下面的结论.

命题 2.26. 设 V 是 K 向量空间, $\dim_K V=n$, $s\leqslant n$, 则 V 中任何一个基数为 s 的线性无关向量子集, 都可以扩充为 V 的基.

证明. 设 $\{\boldsymbol{x}_1,\ldots,\boldsymbol{x}_n\}$ 是 V 的一个基, $\{\boldsymbol{y}_1,\ldots,\boldsymbol{y}_s\}$ 是 V 的一个线性无关子集, 由 Steinitz 定理 2.17, 有 $\{\boldsymbol{x}_1,\ldots,\boldsymbol{x}_n\}$ 的子集 $\{\boldsymbol{x}_{\ell_1},\ldots,\boldsymbol{x}_{\ell_{r-s}}\}$, 使得 $\{\boldsymbol{y}_1,\ldots,\boldsymbol{y}_s,\boldsymbol{x}_{\ell_1},\ldots,\boldsymbol{x}_{\ell_{n-s}}\}$ 是 V 的生成元集.

此时若 $\{\boldsymbol{y}_1,\ldots,\boldsymbol{y}_s,\boldsymbol{x}_{\ell_1},\ldots,\boldsymbol{x}_{\ell_{n-s}}\}$ 是线性相关的, 则由推论 2.15, 其中有线性无关真子集且生成 V. 而由推论 2.18, V 中线性无关的子集的基数小于 n, 但 $\{\boldsymbol{x}_1,\ldots,\boldsymbol{x}_n\}$ 是线性无关的, 这是一个矛盾.

因此必有 $\{\boldsymbol{y}_1,\ldots,\boldsymbol{y}_s,\boldsymbol{x}_{\ell_1},\ldots,\boldsymbol{x}_{\ell_{n-s}}\}$ 是线性无关的, 是 V 的一个基, 相当于将 $\{\boldsymbol{y}_1,\ldots,\boldsymbol{y}_s\}$ 扩充为 V 的一个基. □

推论 2.27. 设 V 是 K 向量空间, $\dim_K V=n$, 则 V 中任何一个基数为 n 的线性无关向量子集, 都是 V 的一个基.

证明. 由命题 2.26 直接可得. □

例 2.28. $V=\mathbb{R}^4$ 中向量

$$\boldsymbol{e}_1=(1,0,0,0),\quad \boldsymbol{e}_2=(0,1,0,0),\quad \boldsymbol{e}_3=(0,0,1,0),\quad \boldsymbol{e}_4=(0,0,0,1)$$

是 V 的一个基. 由例 3.21,

$$\boldsymbol{v}_1=(1,3,-4,2),\quad \boldsymbol{v}_2=(2,2,-4,0)$$

是 V 中线性无关的向量, 容易验证 $\{\boldsymbol{v}_1,\boldsymbol{v}_2,\boldsymbol{e}_3,\boldsymbol{e}_4\}$ 线性无关, 由推论 2.27, 可以看成是由 $\{\boldsymbol{v}_1,\boldsymbol{v}_2\}$ 扩充得到, 同样 $\{\boldsymbol{v}_1,\boldsymbol{v}_2,\boldsymbol{e}_1,\boldsymbol{e}_2\}$ 也是 V 的基.

命题 2.29. 设 V 是 K 线性空间, $\boldsymbol{v}_i\in V$, $i=1,\ldots,n$, 则 $\{\boldsymbol{v}_1,\ldots,\boldsymbol{v}_n\}$ 是 V 的基的充要条件是: 任给 $\boldsymbol{v}\in V$, $\boldsymbol{v}$ 由 $\boldsymbol{v}_1,\ldots,\boldsymbol{v}_n$ 唯一线性表出.

证明. 若 $\{\boldsymbol{v}_1,\ldots,\boldsymbol{v}_n\}$ 是 V 的基, 则任给 $\boldsymbol{v}\in V=\langle\boldsymbol{v}_1,\ldots,\boldsymbol{v}_n\rangle$, 存在 $a_i\in K$, $i=1,\ldots,n$, 使得 $\boldsymbol{v}=\sum\limits_{i=1}^n a_i\boldsymbol{v}_i$. 若另有 b_i, $i=1,\ldots,n\in K$, 使得 $\boldsymbol{v}=\sum\limits_{i=1}^n b_i\boldsymbol{v}_i$, 则 $\sum\limits_{i=1}^n a_i\boldsymbol{v}_i=\sum\limits_{i=1}^n b_i\boldsymbol{v}_i$, 即 $\sum\limits_{i=1}^n (a_i-b_i)\boldsymbol{v}_i=\mathbf{0}$. 由于 $\{\boldsymbol{v}_1,\ldots,\boldsymbol{v}_n\}$ 线性无关, 有 $a_i-b_i=0$, $a_i=b_i$, $i=1,\ldots,n$, 即 $\boldsymbol{v}$ 由 $\boldsymbol{v}_1,\ldots,\boldsymbol{v}_n$ 唯一线性表出.

反之, 若任给 $\boldsymbol{v}\in V$ 可由 $\boldsymbol{v}_1,\ldots,\boldsymbol{v}_n$ 唯一线性表出, 则 $\{\boldsymbol{v}_1,\ldots,\boldsymbol{v}_n\}$ 是 V 的生成元集. 若 $\{\boldsymbol{v}_1,\ldots,\boldsymbol{v}_n\}$ 线性相关, 则由推论 2.11知, 存在 $\boldsymbol{v}_i$, 例如 $\boldsymbol{v}_1$ 可由 $\boldsymbol{v}_2,\ldots,\boldsymbol{v}_n$ 线性表出, 设 $\boldsymbol{v}_1=\sum\limits_{i=2}^n a_i\boldsymbol{v}_i$, 即 $\boldsymbol{v}_1=\boldsymbol{v}_1$ 与 $\boldsymbol{v}_1=\sum\limits_{i=2}^n a_i\boldsymbol{v}_i$ 是 $\boldsymbol{v}_1$ 用 $\boldsymbol{v}_1,\ldots,\boldsymbol{v}_n$ 线性表出的两种方式, 这与已知矛盾. 因此 $\boldsymbol{v}_1,\ldots,\boldsymbol{v}_n$ 必是线性无关的, 即 $\{\boldsymbol{v}_1,\ldots,\boldsymbol{v}_n\}$ 是 V 的线性无关的生成元集, 因此是一个基. □

命题 2.30. W 是有限维 K 线性空间 V 的子空间, 则 W 是有限维的, 且 $\dim_K W\leqslant\dim_K V$. 进一步, 若 $\dim_K W=\dim_K V$, 则 $W=V$.

证明. 设 $\dim_K V=n$. 若 $W=0$, 则当然有 $0\leqslant n$; 若 $W\neq 0$, 取 W 的基 $\{\boldsymbol{w}_1,\ldots,\boldsymbol{w}_r\}$, 则由推论 2.18 后面的说明知 $r\leqslant n$.

若 $\dim_K W=n$, 取 W 的基 $\{\boldsymbol{w}_1,\ldots,\boldsymbol{w}_n\}$, 根据推论 2.27, 这就是 V 的一个基, 因此 $W=\langle\boldsymbol{w}_1,\ldots,\boldsymbol{w}_n\rangle=V$. □

例 2.31. 设 $V=\mathbb{R}^5$,

$$W=\{(x_1,x_2,x_3,x_4,x_5)\in\mathbb{R}^5: x_1+x_2+x_3=0=x_4+x_5\},$$

则 $\dim_K W=3$, W 有一个基

$$\{(1,-1,0,0,0),\ (1,0,-1,0,0),\ (0,0,0,1,-1)\}.$$

这个基可以扩充为 V 的基

$$\{(1,-1,0,0,0),\ (1,0,-1,0,0),\ (0,0,0,1,-1),\ (0,0,0,0,1)\}.$$

对于子空间与对应商空间的维数, 有如下明确的结论.

命题 2.32. W 是有限维 K 线性空间 V 的子空间, 则

$$\dim_K(V/W)=\dim_K V-\dim_K W.$$

证明. 设 $\dim_K V = n$, $\dim_K W = r$, 取 W 的基 $\{\boldsymbol{w}_1, \ldots, \boldsymbol{w}_r\}$, 由命题 2.26, 可取 $\boldsymbol{v}_1, \ldots, \boldsymbol{v}_{n-r} \in V$, 使得 $\{\boldsymbol{w}_1, \ldots, \boldsymbol{w}_r, \boldsymbol{v}_1, \ldots, \boldsymbol{v}_{n-r}\}$ 是 V 的基, 则任给 $\boldsymbol{\alpha} \in V$ 有 $\boldsymbol{\alpha} \in \langle \boldsymbol{w}_1, \ldots, \boldsymbol{w}_r, \boldsymbol{v}_1, \ldots, \boldsymbol{v}_{n-r} \rangle$, 所以

$$\begin{aligned}\boldsymbol{\alpha} + W &\in \langle \boldsymbol{w}_1 + W, \ldots, \boldsymbol{w}_r + W, \boldsymbol{v}_1 + W, \ldots, \boldsymbol{v}_{n-r} + W \rangle \\ &= \langle \boldsymbol{v}_1 + W, \ldots, \boldsymbol{v}_{n-r} + W \rangle,\end{aligned}$$

即 $\{\boldsymbol{v}_1 + W, \ldots, \boldsymbol{v}_{n-r} + W\}$ 生成商空间 V/W.

下面证明 $\boldsymbol{v}_1 + W, \ldots, \boldsymbol{v}_{n-r} + W$ 线性无关. 设有 $c_j \in K, j = 1, \ldots, n-r$, 使得在 V/W 内有 $c_1(\boldsymbol{v}_1 + W) + \cdots + c_{n-r}(\boldsymbol{v}_{n-r} + W) = 0$, 即 $c_1\boldsymbol{v}_1 + \cdots + c_{n-r}\boldsymbol{v}_{n-r} \in W$, 于是有 $a_i \in K$, $i = 1, \ldots, r$, 使得

$$c_1\boldsymbol{v}_1 + \cdots + c_{n-r}\boldsymbol{v}_{n-r} + a_1\boldsymbol{w}_1 + \cdots + a_r\boldsymbol{w}_r = \mathbf{0}.$$

因为 $\{\boldsymbol{w}_1, \ldots, \boldsymbol{w}_r, \boldsymbol{v}_1, \ldots, \boldsymbol{v}_{n-r}\}$ 是 V 的基, 所以 $c_1 = \cdots = c_{n-r} = 0$. 这证明了 $\{\boldsymbol{v}_1 + W, \ldots, \boldsymbol{v}_{n-r} + W\}$ 是线性无关的, 是 V/W 的基. 考虑维数就有

$$\dim_K (V/W) = \dim_K V - \dim_K W. \qquad \square$$

我们知道, 从 V 到 V/W 有一个自然的映射

$$\varphi : V \to V/W, \quad \varphi(\boldsymbol{v}) = \boldsymbol{v} + W,$$

这是个线性满映射使得 $\operatorname{Ker}\varphi = W$, $\operatorname{Img}\varphi = V/W$. 因此上面的命题 2.32 就是下述定理 2.33 的特殊情况.

定理 2.33 (线性映射维数定理). V, W 是有限维 K 线性空间, 设 $\varphi \in \operatorname{Hom}_K(V, W)$, 则 $\dim_K V = \dim_K \operatorname{Img}\varphi + \dim_K \operatorname{Ker}\varphi$.

证明. 按线性映射的基本定理 1.22, 我们有同构 $V/\operatorname{Ker}\varphi \cong \operatorname{Img}\varphi$. 用命题 2.32 得

$$\dim_K V - \dim_K \operatorname{Ker}\varphi = \dim_K V/\operatorname{Ker}\varphi = \dim_K \operatorname{Img}\varphi. \qquad \square$$

从定理立刻推出: 如果 $\varphi : V \to V$ 是线性单射, 则 $\dim_K \operatorname{Ker}\varphi = 0$, $\dim_K \operatorname{Img}\varphi = \dim_K \operatorname{Img} V$. 由命题 2.30, $\operatorname{Img}\varphi = V$, 故 φ 是线性同构.

推论 2.34. 设 $\varphi : V \to V$ 是 V 有限维 K 线性空间上线性映射, 则 φ 是单射当且仅当它是满射.

线性空间 K^n 见说明 1.4. K^n 的元素可以记为行向量 $[v_1,\ldots,v_n]$, 其中 $v_1,\ldots,v_n\in K$. 又可以记为列向量 $\begin{bmatrix} v_1 \\ \vdots \\ v_n \end{bmatrix}$; 为了节省纸张, 我们常把这个列向量写为 $[v_1,\ldots,v_n]^{\mathrm{T}}$. 此外, 为了叙述方便, 当把 K^n 的所有元素记为行向量时我们会把 K^n 写作 $K^{1\times n}$; 同样若把 K^n 的所有元素记为列向量, 我们会把 K^n 写作 $K^{n\times 1}$. 应当留意 $K^{1\times n}$ 和 $K^{n\times 1}$ 均是 K^n 而已.

以下证明 n 维 K 线性空间与 K^n 同构.

定理 2.35. 设 K 向量空间 V 有一个给定的基 $\{\boldsymbol{e}_1,\ldots,\boldsymbol{e}_n\}$, 则可以定义一个 K 线性同构映射:

$$\varphi: V\to K^n:\boldsymbol{v}\mapsto[\boldsymbol{v}]:=[v_1,\ldots,v_n]^{\mathrm{T}},$$

其中 v_i 由下式决定 $\boldsymbol{v}=\sum\limits_{i=1}^{n}v_i\boldsymbol{e}_i$.

证明. 需要证明 φ 是线性映射, 而且是既单且满的映射.

首先, 由命题 2.29, 每个 $\boldsymbol{v}\in V$ 唯一确定 $[v_1,\ldots,v_n]^{\mathrm{T}}\in K^n$, 所以 φ 确是一个映射. 其次, 任给 $\boldsymbol{u},\boldsymbol{v}\in V$, $a,b\in K$, 设

$$\boldsymbol{u}=\sum_{i=1}^{n}u_i\boldsymbol{e}_i,\qquad \boldsymbol{v}=\sum_{i=1}^{n}v_i\boldsymbol{e}_i,$$

则有

$$a\boldsymbol{u}+b\boldsymbol{v}=\sum_{i=1}^{n}(au_i+bv_i)\boldsymbol{e}_i.$$

所以

$$\begin{aligned}\varphi(a\boldsymbol{u}+b\boldsymbol{v})&=[au_1+bv_1,\ldots,au_n+bv_n]^{\mathrm{T}}\\&=a[u_1,\ldots,u_n]^{\mathrm{T}}+b[v_1,\ldots,v_n]^{\mathrm{T}},\end{aligned}$$

因此

$$\varphi(a\boldsymbol{u}+b\boldsymbol{v})=a\varphi(\boldsymbol{u})+b\varphi(\boldsymbol{v}),$$

即 φ 是线性映射. 注意到

$$\varphi(\boldsymbol{v})=\mathbf{0}\iff v_1=\cdots=v_n=0\iff\boldsymbol{v}=\mathbf{0}.$$

由推论 2.34, φ 是线性同构映射. □

根据定理 2.35, 所有维数为 n 的 K 线性空间都同构于 K^n.

我们称 $[\boldsymbol{v}]=[v_1,\ldots,v_n]^{\mathrm{T}}$ 为 $\boldsymbol{v}$ 在基 $e=\{\boldsymbol{e}_1,\ldots,\boldsymbol{e}_n\}$ 下的**坐标**, 或者说在用 $\{\boldsymbol{e}_1,\ldots,\boldsymbol{e}_n\}$ 为基时 $\boldsymbol{v}$ 的坐标. 在需要的时候, 我们把 $[\boldsymbol{v}]$ 记为 $[\boldsymbol{v}]_e$. 为了表示每个坐标分量与基向量之间的对应, 常常把基看成一个有序的集, 也叫作**有序基**.

到此你或许明白了本章开始的一段话, 利用基和坐标, 任何 n 维 K 向量空间 V 与 K^n 同构; 也就是说, 对应于一个非负整数 n 是一个唯一的 K 向量空间同构类, K^n 是这个同构类的元素.

例 2.36. 设域 K 的特征是 0, 则以下均为从 $K[x]_n$ 至 K^n 的线性同构:

$$f(x)=\sum_{i=0}^{n-1}a_ix^i\longmapsto[a_0,a_1,\ldots,a_{n-1}]^{\mathrm{T}},$$

$$f(x)=\sum_{i=0}^{n-1}a_i\frac{x^i}{i!}\longmapsto[a_0,a_1,\ldots,a_{n-1}]^{\mathrm{T}},$$

$$f(x)=\sum_{i=0}^{n-1}f(1)^{(i)}\frac{(x-1)^i}{i!}\longmapsto[f(1),f'(1),\ldots,f^{(n-1)}(1)]^{\mathrm{T}}.$$

命题 2.37. 设 V_1,V_2 是 K 向量空间 V 的子空间, 定义

(1) $V_1\cap V_2=\{\boldsymbol{v}\in V:\boldsymbol{v}\in V_1 \text{ 和 } \boldsymbol{v}\in V_2\}$;

(2) $V_1+V_2=\{\boldsymbol{v}_1+\boldsymbol{v}_2:\boldsymbol{v}_1\in V_1,\boldsymbol{v}_2\in V_2\}$,

则 $V_1\cap V_2$, V_1+V_2 是 V 的子空间.

证明. 取 $a\in K$.

(1) 设 $\boldsymbol{u},\boldsymbol{v}\in V_1\cap V_2$, 则 $\boldsymbol{u},\boldsymbol{v}\in V_i$ $(i=1,2)$, 由 $a\boldsymbol{u}+\boldsymbol{v}\in V_i$ 可得 $a\boldsymbol{u}+\boldsymbol{v}\in V_1\cap V_2$.

(2) 设 $\boldsymbol{u}_1+\boldsymbol{u}_2,\boldsymbol{v}_1+\boldsymbol{v}_2\in V_1+V_2$, 则 $\boldsymbol{u}_i,\boldsymbol{v}_i\in V_i$ $(i=1,2)$, 由 $a\boldsymbol{u}_i+\boldsymbol{v}_i\in V_i$ 可得 $(a\boldsymbol{u}_1+\boldsymbol{v}_1)+(a\boldsymbol{u}_2+\boldsymbol{v}_2)\in V_1+V_2$, 即 $a(\boldsymbol{u}_1+\boldsymbol{u}_2)+(\boldsymbol{v}_1+\boldsymbol{v}_2)\in V_1+V_2$. □

定理 2.38 (交集维数定理). 设 V_1, V_2 是 K 向量空间 V 的子空间, 则

$$\dim_K(V_1\cap V_2)+\dim_K(V_1+V_2)=\dim_K V_1+\dim_K V_2.$$

证明. 设 $\dim_K(V_1\cap V_2)=i$, $\dim_K(V_1+V_2)=j$, $\dim_K V_1=n$, $\dim_K V_2=m$, $\boldsymbol{u}_1,\ldots,\boldsymbol{u}_i$ 是 $V_1\cap V_2$ 的基, 用 Steinitz 定理可得 V_1 的基 $\boldsymbol{u}_1,\ldots,\boldsymbol{u}_i$, $\boldsymbol{v}_1,\ldots,\boldsymbol{v}_{n-i}$ 和 V_2 的基 $\boldsymbol{u}_1,\ldots,\boldsymbol{u}_i,\boldsymbol{w}_1,\ldots,\boldsymbol{w}_{m-i}$.

现设有线性关系

$$a_1\boldsymbol{u}_1+\cdots+a_i\boldsymbol{u}_i+b_1\boldsymbol{v}_1+\cdots+b_{n-i}\boldsymbol{v}_{n-i}+c_1\boldsymbol{w}_1+\cdots+c_{m-i}\boldsymbol{w}_{m-i}=\mathbf{0},$$

则 $a_1\boldsymbol{u}_1+\cdots+a_i\boldsymbol{u}_i+b_1\boldsymbol{v}_1+\cdots+b_{n-i}\boldsymbol{v}_{n-i}=-c_1\boldsymbol{w}_1-\cdots-c_{m-i}\boldsymbol{w}_{m-i}$. 此式左边属于 V_1, 右边属于 V_2, 于是 $\sum_1^{m-i}c_j\boldsymbol{w}_j\in V_1\cap V_2$. 但 $\boldsymbol{u}_1,\ldots,\boldsymbol{u}_i$, $\boldsymbol{w}_1,\ldots,\boldsymbol{w}_{m-i}$ 线性无关, 所以在 $V_1\cap V_2$ 内的 $\boldsymbol{w}_1,\ldots,\boldsymbol{w}_{m-i}$ 的线性组合是零, 即 $\sum_1^{m-i}c_j\boldsymbol{w}_j=\mathbf{0}$. 因为 $\boldsymbol{w}_1,\ldots,\boldsymbol{w}_{m-i}$ 线性无关, 所以 $c_1=\cdots=c_{m-i}=0$. 同样证明 $b_1=\cdots=b_{n-i}=0$. 于是原给的线性关系剩下 $a_1\boldsymbol{u}_1+\cdots+a_i\boldsymbol{u}_i=\mathbf{0}$; 因为 $\boldsymbol{u}_1,\ldots,\boldsymbol{u}_i$ 线性无关, 所以 $a_1=\cdots=a_i=0$. 结论: $\boldsymbol{u}_1,\ldots,\boldsymbol{u}_i,\boldsymbol{v}_1,\ldots,\boldsymbol{v}_{n-i},\boldsymbol{w}_1,\ldots,\boldsymbol{w}_{m-i}$ 线性无关. 显然 V_1+V_2 的任何向量是这组向量的线性组合, 于是知这组向量是 V_1+V_2 的基, 因此得 $j=i+(n-i)+(m-i)$. □

命题 2.39. 设 $V_1,\ldots,V_k$ 是有限维 K 向量空间 V 的子空间, 假设对 $i=1,\ldots,k$ 有

$$V_i\cap(V_1+\cdots+V_{i-1}+V_{i+1}+\cdots+V_k)=0,$$

则 $V=V_1+\cdots+V_k$ 当且仅当 $\dim_K V=\dim_K V_1+\cdots+\dim_K V_k$.

证明. $k=2$. 假设是 $V_1\cap V_2=0$, 则按交集维数定理, $\dim_K(V_1+V_2)=\dim_K V_1+\dim_K V_2$. 但 V_1+V_2 是 V 的子空间, 于是 $V=V_1+V_2\Longleftrightarrow\dim_K V=\dim_K V_1+\dim_K V_2$.

其余用归纳证明. □

2.2 矩阵

由域 K 的 mn 个元素排成 m 行 n 列的一张表称为一个 $m\times n$ **矩阵**. 在第 i 行与第 j 列交叉位置的元素称为这个矩阵的 (i,j) 元, 常以 $[a_{ij}]$ 记矩阵; 在此 a_{ij} 便是这个矩阵的 (i,j) 元, 又称 a_{ij} 为这个矩阵的系数. 我们又说 $[a_{ij}]$ 是域 K 上的矩阵. 当我们写 $\boldsymbol{A}=[a_{ij}]$ 时亦会把 a_{ij} 记为 A_{ij}.

若所有 $a_{ij}=0$, 便称这个矩阵为零矩阵, 常将零矩阵记为 $\boldsymbol{O}$.

记 $M_{m\times n}(K)$ 或 $K^{m\times n}$ 为域 K 上 $m\times n$ 矩阵所组成的集, 即

$$M_{m\times n}(K)=\left\{\begin{bmatrix}a_{11}&\ldots&a_{1n}\\ \vdots&\ddots&\vdots\\ a_{m1}&\ldots&a_{mn}\end{bmatrix}:a_{ij}\in K\right\}.$$

常称 $n\times n$ 矩阵为 n 阶方阵, 记 $M_{n\times n}(K)$ 为 $M_n(K)$. 除了对角线上的元素 a_{ii} 之外, 其他元素为 0 的方阵称为**对角矩阵**, 并记为 $\delta(a_{11},\ldots,a_{nn})$, 称 $\delta(1,\ldots,1)$ 为**单位矩阵**.

把一个 $m\times n$ 矩阵 $\boldsymbol{A}$ 的行换写为列, 得到的 $n\times m$ 矩阵记为 $\boldsymbol{A}^{\mathrm{T}}$ 或 $\boldsymbol{A}^{\mathrm{t}}$ 或 $\boldsymbol{A}'$, 并称 $\boldsymbol{A}^{\mathrm{T}}$ 为 $\boldsymbol{A}$ 的**转置矩阵**.

例如,

$$\boldsymbol{A}=\begin{bmatrix} a_{11} & \dots & a_{1n} \\ \vdots & \ddots & \vdots \\ a_{m1} & \dots & a_{mn} \end{bmatrix},\qquad \boldsymbol{A}^{\mathrm{T}}=\begin{bmatrix} a_{11} & \dots & a_{m1} \\ \vdots & \ddots & \vdots \\ a_{1n} & \dots & a_{mn} \end{bmatrix}.$$

$$\begin{bmatrix} a_{11} \\ \vdots \\ a_{n1} \end{bmatrix}^{\mathrm{T}}=[a_{11},\dots,a_{n1}].$$

显然, 对任何 $m\times n$ 矩阵 A, 都有 $(\boldsymbol{A}^{\mathrm{T}})^{\mathrm{T}}=\boldsymbol{A}$.

对矩阵 $\boldsymbol{A}=[a_{ij}]_{m\times n}$, 称 $[a_{i1},\dots,a_{in}]$ 为 $\boldsymbol{A}$ 的第 i 行, 称 $[a_{1j},\dots,a_{mj}]^{\mathrm{T}}$ 为 $\boldsymbol{A}$ 的第 j 列.

把域 K 的元素排成阵当然是有趣的事, 但这跟线性结构有什么关系呢? 我们从有限维向量空间的线性映射的运算发现矩阵的运算, 包括: 加、纯量乘、乘.

2.2.1 映射的矩阵

设 V, W 是 K 向量空间, $\dim_K V=n$, $\dim_K W=m$. $e=\{\boldsymbol{e}_1,\dots,\boldsymbol{e}_n\}$ 是 V 的一个有序基, 并且 $f=\{\boldsymbol{f}_1,\dots,\boldsymbol{f}_m\}$ 是 W 的一个有序基, 取 K 线性映射 $\varphi: V\to W$, 对 $1\leqslant i\leqslant n$, $\varphi(\boldsymbol{e}_j)\in W$, 于是可以表示为 $\{\boldsymbol{f}_1,\dots,\boldsymbol{f}_m\}$ 的 K 线性组合, 即有 $a_{ij}\in K$, 使得

$$\varphi(\boldsymbol{e}_j)=\sum_{i=1}^{m}a_{ij}\boldsymbol{f}_i.$$

这样从 φ 我们得矩阵 $[a_{ij}]\in M_{m\times n}(K)$, 以 $[\varphi]$ 记矩阵 $[a_{ij}]$, 我们得映射

$$M:\mathrm{Hom}_K(V,W)\to M_{m\times n}(K):\varphi\longmapsto[\varphi],$$

称 $[\varphi]$ 为用基 e, f 计算得到的线性映射 φ 的矩阵.

2.2.2 加和纯量乘

在第 1 章映射空间 1.3.3 小节, 我们知道从 V 至 W 的全体 K 线性映射组成的集 $\mathrm{Hom}_K(V,W)$ 是 K 上线性空间. 我们现在用映射 M 把 $\mathrm{Hom}_K(V,W)$ 的线性结构平移至矩阵集 $M_{m\times n}(K)$.

取 $\varphi, \psi \in \mathrm{Hom}_K(V, W)$, 设对每个 j 有

$$\varphi(\boldsymbol{e}_j) = \sum_{i=1}^{m} a_{ij} \boldsymbol{f}_i, \qquad \psi(\boldsymbol{e}_j) = \sum_{i=1}^{m} b_{ij} \boldsymbol{f}_i,$$

即 $[\varphi] = [a_{ij}]$, $[\psi] = [b_{ij}]$. 按照映射的“加”法

$$\begin{aligned}(\varphi + \psi)(\boldsymbol{e}_j) = \varphi(\boldsymbol{e}_j) + \psi(\boldsymbol{e}_j) &= \sum_{i=1}^{m} a_{ij} \boldsymbol{f}_i + \sum_{i=1}^{m} b_{ij} \boldsymbol{f}_i \\ &= \sum_{i=1}^{m} (a_{ij} + b_{ij}) \boldsymbol{f}_i.\end{aligned}$$

按计算映射的矩阵的方法, 我们应当得到

$$[\varphi + \psi] = [a_{ij} + b_{ij}].$$

这是说矩阵 $[\varphi + \psi]$ 的 (i, j) 是 $a_{ij} + b_{ij}$. 这是建议我们:

若有 $M_{m \times n}(K)$ 内的矩阵 $[a_{ij}]$ 和 $[b_{ij}]$, 则定义矩阵的加为

$$[a_{ij}] + [b_{ij}] = [c_{ij}], \text{ 其中 } c_{ij} = a_{ij} + b_{ij}.$$

如此定义便得

$$M(\varphi + \psi) = M(\varphi) + M(\psi).$$

现取 $a \in K$ 和 $\varphi \in \mathrm{Hom}_K(V, W)$, 据 $\mathrm{Hom}_K(V, W)$ 的线性结构来计算 $a\varphi$:

$$(a\varphi)(\boldsymbol{e}_j) = a\left(\sum_{i=1}^{m} a_{ij} \boldsymbol{f}_i\right) = \sum_{i=1}^{m} (a a_{ij}) \boldsymbol{f}_i.$$

于是知 $(a\varphi)$ 的矩阵是 $[a a_{ij}]$, 和 φ 的矩阵 $[a_{ij}]$ 比较, 我们便知应当定义矩阵的纯量乘法为 $a[a_{ij}] = [a a_{ij}]$. 如此定义便得

$$M(a\varphi) = aM(\varphi).$$

我们把以上讨论重新写为命题.

命题 2.40. 设 $a \in K$ 和 $[a_{ij}], [b_{ij}] \in M_{m \times n}(K)$, 定义

$$\begin{aligned}[a_{ij}] + [b_{ij}] &= [c_{ij}], \text{ 其中 } c_{ij} = a_{ij} + b_{ij}, \\ a[a_{ij}] &= [a a_{ij}],\end{aligned}$$

则 $M_{m \times n}(K)$ 是 mn 维 K 向量空间.

证明. 容易验证命题所定义的加和纯量乘满足向量空间的定义.

记 $\boldsymbol{E}_{ij}$ 为 i 行 j 列位置为 1 其余位置都为 0 的矩阵, 因为对 i 行 j 列位置为 a_{ij} 的矩阵 $\boldsymbol{A}$,

$$\boldsymbol{A}=\sum_{i=1}^{m}\sum_{j=1}^{n}a_{ij}\boldsymbol{E}_{ij}$$

的表示是由 $\boldsymbol{A}$ 唯一确定的. 则由命题 2.29, $\{\boldsymbol{E}_{ij},1\leqslant i\leqslant m,1\leqslant j\leqslant n\}$ 是 $M_{m\times n}(K)$ 的一个基,

$$\dim_K M_{m\times n}(K)=mn.$$ □

例 2.41. 对 $V=M_{m\times n}(K)$, 记 $\widehat{\boldsymbol{E}}_{ij}$ 为 i 行 j 列位置为 0 其余位置都为 1 的矩阵, 则可证 $\{\widehat{\boldsymbol{E}}_{ij},1\leqslant i\leqslant m,1\leqslant j\leqslant n\}$ 线性无关, 由推论 2.27, $\{\widehat{\boldsymbol{E}}_{ij},1\leqslant i\leqslant m,1\leqslant j\leqslant n\}$ 是 $M_{m\times n}(K)$ 的一个基.

2.2.3 映射空间与矩阵空间

命题 2.42. 设 V, W 是 K 向量空间, $\dim_K V=n$, $\dim_K W=m$, $e=\{\boldsymbol{e}_1,\ldots,\boldsymbol{e}_n\}$ 是 V 的一个有序基, 并且 $f=\{\boldsymbol{f}_1,\ldots,\boldsymbol{f}_m\}$ 是 W 的一个有序基, 则如下定义的映射是一个 K 线性同构:

$$M:\mathrm{Hom}_K(V,W)\to M_{m\times n}(K):\varphi\longmapsto[\varphi]=[a_{ij}],$$

其中映射 φ 在基 e,f 下的矩阵 $[\varphi]$ 由下式决定:

$$\varphi(\boldsymbol{e}_j)=\sum_{i=1}^{m}a_{ij}\boldsymbol{f}_i.$$

证明. 证明 M 是双射并且是线性的.

首先, 任给 $\varphi\in\mathrm{Hom}_K(V,W)$, V 的基 e 中每个向量 $\boldsymbol{e}_j$ 的像 $\varphi(\boldsymbol{e}_j)$, 可以由 W 的基 f 唯一线性表示为

$$\varphi(\boldsymbol{e}_j)=\sum_{i=1}^{m}a_{ij}\boldsymbol{f}_i,$$

因此 $(a_{1j},\ldots,a_{mj})^{\mathrm{T}}$ 是唯一确定的, $j=1,\ldots,n$. 于是 $[\varphi]=[a_{ij}]$ 是由 φ 唯一确定的, 即 M 是一个映射, 且 $\phi(\varphi)=[a_{ij}]$.

其次, 若 $\varphi,\psi\in\mathrm{Hom}_K(V,W)$, 使得 $[\varphi]=[\psi]=[a_{ij}]$, 则对每个 j 有

$$\varphi(\boldsymbol{e}_j)=\sum_{i=1}^{m}a_{ij}\boldsymbol{f}_i=\psi(\boldsymbol{e}_j).$$

因此 $\varphi = \psi$, 即 M 是单射.

又, 任给 $\boldsymbol{A} = [a_{ij}] \in M_{m\times n}(K)$, 令 $\varphi \in \mathrm{Hom}_K(V, W)$, 使得对每个 j 有

$$\varphi(\boldsymbol{e}_j) = \sum_{i=1}^{m} a_{ij}\boldsymbol{f}_i,$$

则 φ 由 $[a_{ij}]$ 唯一确定, 且满足 $\phi(\varphi) = [a_{ij}]$, 因此 M 是满射.

最后, 任给 $a, b \in K$, 任给 $\varphi, \psi \in \mathrm{Hom}_K(V, W)$, 设对每个 j 有

$$\varphi(\boldsymbol{e}_j) = \sum_{i=1}^{m} a_{ij}\boldsymbol{f}_i, \qquad \psi(\boldsymbol{e}_j) = \sum_{i=1}^{m} b_{ij}\boldsymbol{f}_i,$$

则

$$(a\varphi + b\psi)(\boldsymbol{e}_j) = a\sum_{i=1}^{m} a_{ij}\boldsymbol{f}_i + b\sum_{i=1}^{m} b_{ij}\boldsymbol{f}_i = \sum_{i=1}^{m}(aa_{ij} + bb_{ij})\boldsymbol{f}_i,$$

因此 $[a\varphi + b\psi] = a[\varphi] + b[\psi]$, 即 $M(a\varphi + b\psi) = aM(\varphi) + bM(\psi)$, 于是 M 是线性映射.

由上证得 $M : \mathrm{Hom}_K(V, W) \to M_{m\times n}(K)$ 是线性同构. □

定义 2.43. 称命题 2.42 中的 $[\varphi]$ 为用基 e, f 计算得的线性映射 φ 的矩阵. 为了显示矩阵 $[\varphi]$ 对基 e, f 的依赖性, 常把 $[\varphi]$ 记作 $[\varphi]_{e,f}$.

例 2.44. 设 $V = M_{2\times 2}(K)$, $W = \{\delta(a, d) : a, d \in K\}$, $e = \{\boldsymbol{E}_{11}, \boldsymbol{E}_{12}, \boldsymbol{E}_{21}, \boldsymbol{E}_{22}\}$ 是 V 的一个基, $f = \{\boldsymbol{E}_{11}, \boldsymbol{E}_{22}\}$ 是 W 的一个基, $\rho : V \longrightarrow W$ 是投影映射, $\phi : W \longrightarrow V$ 是包含映射, 则任给 $\boldsymbol{v} \in V$, 有

$$\begin{aligned}\boldsymbol{v} = \begin{bmatrix} a & b \\ c & d \end{bmatrix} &= a\boldsymbol{E}_{11} + b\boldsymbol{E}_{12} + c\boldsymbol{E}_{21} + d\boldsymbol{E}_{22} \\ &= [\boldsymbol{E}_{11}, \boldsymbol{E}_{12}, \boldsymbol{E}_{21}, \boldsymbol{E}_{22}]\begin{bmatrix} a \\ b \\ c \\ d \end{bmatrix},\end{aligned}$$

$$\rho(\boldsymbol{v}) = \begin{bmatrix} a & 0 \\ 0 & d \end{bmatrix} = a\boldsymbol{E}_{11} + d\boldsymbol{E}_{22} = [\boldsymbol{E}_{11}, \boldsymbol{E}_{22}]\begin{bmatrix} a \\ d \end{bmatrix},$$

所以

$$[\rho]_{e,f} = \begin{bmatrix} 1 & 0 & 0 & 0 \\ 0 & 0 & 0 & 1 \end{bmatrix}, \qquad \begin{bmatrix} 1 & 0 & 0 & 0 \\ 0 & 0 & 0 & 1 \end{bmatrix}\begin{bmatrix} a \\ b \\ c \\ d \end{bmatrix} = \begin{bmatrix} a \\ d \end{bmatrix}.$$

类似地, 任给 $\boldsymbol{w} \in W$, 有

$$\boldsymbol{w} = \begin{bmatrix} a & 0 \\ 0 & d \end{bmatrix} = [\boldsymbol{E}_{11}, \boldsymbol{E}_{22}] \begin{bmatrix} a \\ d \end{bmatrix},$$

$$\phi(\boldsymbol{w}) = \begin{bmatrix} a & 0 \\ 0 & d \end{bmatrix} = [\boldsymbol{E}_{11}, \boldsymbol{E}_{12}, \boldsymbol{E}_{21}, \boldsymbol{E}_{22}] \begin{bmatrix} a \\ 0 \\ 0 \\ d \end{bmatrix},$$

所以

$$[\phi]_{f,e} = \begin{bmatrix} 1 & 0 \\ 0 & 0 \\ 0 & 0 \\ 0 & 1 \end{bmatrix}, \qquad \begin{bmatrix} 1 & 0 \\ 0 & 0 \\ 0 & 0 \\ 0 & 1 \end{bmatrix} \begin{bmatrix} a \\ d \end{bmatrix} = \begin{bmatrix} a \\ 0 \\ 0 \\ d \end{bmatrix}.$$

2.2.4 矩阵乘法

考虑 K 向量空间 V, W, U 如前, $\dim_K V = n$, $\dim_K W = m$, $\dim_K U = \ell$, 设 $e = \{\boldsymbol{e}_1, \ldots, \boldsymbol{e}_n\}$ 是 V 的一个有序基, $f = \{\boldsymbol{f}_1, \ldots, \boldsymbol{f}_m\}$ 是 W 的一个有序基, $g = \{\boldsymbol{g}_1, \ldots, \boldsymbol{g}_\ell\}$ 是 U 的一个有序基. 若有线性映射 $\varphi : V \to W$, $\psi : W \to U$, 则可作映射合成 $\chi = \psi \circ \varphi : V \to U$:

$$V \xrightarrow{\varphi} W \xrightarrow{\psi} U, \qquad \chi : V \to U$$

假设映射 φ, ψ, χ 的矩阵是如下决定:

$$\varphi(\boldsymbol{e}_j) = \sum_{i=1}^{m} a_{ij} \boldsymbol{f}_i, \quad [\varphi] = [a_{ij}];$$

$$\psi(\boldsymbol{f}_i) = \sum_{k=1}^{\ell} b_{ki} \boldsymbol{g}_k, \quad [\psi] = [b_{ki}];$$

$$\chi(\boldsymbol{e}_j) = \sum_{k=1}^{\ell} c_{kj} \boldsymbol{g}_k, \quad [\chi] = [c_{kj}].$$

我们问是否可以从 a_{ij}, b_{ki} 算出 c_{kj}? 从定义 $\chi = \psi \circ \varphi$ 做计算

$$\chi(\boldsymbol{e}_j) = \psi(\varphi(\boldsymbol{e}_j)) = \psi\left(\sum_{i=1}^{m} a_{ij} \boldsymbol{f}_i \right) = \sum_{i=1}^{m} a_{ij} \psi(\boldsymbol{f}_i)$$

$$= \sum_{i=1}^{m} a_{ij} \left(\sum_{k=1}^{\ell} b_{ki} \boldsymbol{g}_k \right) = \sum_{k=1}^{\ell} \left(\sum_{i=1}^{m} b_{ki} a_{ij} \right) \boldsymbol{g}_k.$$

即有

$$\chi(\boldsymbol{e}_j)=\sum_{k=1}^{\ell} c_{kj}\boldsymbol{g}_k=\sum_{k=1}^{\ell}\left(\sum_{i=1}^{m} b_{ki}a_{ij}\right)\boldsymbol{g}_k.$$

因为 g 是 U 的基, 所以

$$\heartsuit \qquad c_{kj}=\sum_{i=1}^{m} b_{ki}a_{ij}.$$

因为这个神奇的公式, 我们便可以引进以下的定义.

定义 2.45. 设有 $\ell\times m$ 矩阵 $\boldsymbol{B}=[b_{ki}]$ 和 $m\times n$ 矩阵 $\boldsymbol{A}=[a_{ij}]$, 用以上公式 $\heartsuit$ 定义一个矩阵 $\boldsymbol{C}=[c_{kj}]$, 称矩阵 $\boldsymbol{C}$ 是矩阵 $\boldsymbol{B}$ 与矩阵 $\boldsymbol{A}$ 的乘积, 记为

$$\boldsymbol{C}=\boldsymbol{B}\boldsymbol{A}.$$

我们重申, 矩阵乘积的公式不是我们随便想出来的, 以上的解释说明这个公式是映射合成的必然结果.

为了方便记忆, 我们说矩阵的乘积是"行"乘"列"的, 因为 $\boldsymbol{C}=\boldsymbol{B}\boldsymbol{A}$ 的第 k 行第 j 列位置的元 c_{kj}, 恰好是 $\boldsymbol{B}$ 的第 k 行 $[b_{k1},\dots,b_{km}]$, 与 $\boldsymbol{A}$ 的第 j 列 $[a_{1j},\dots,a_{mj}]^{\mathrm{T}}$ 的乘积, 即

$$c_{kj}=\sum_{i=1}^{m} b_{ki}a_{ij}=[b_{k1},\dots,b_{km}]\begin{bmatrix}a_{1j}\\ \vdots\\ a_{mj}\end{bmatrix}.$$

回到映射的角度, 以上的讨论证明了下述命题.

命题 2.46. 设 V, W 是 K 向量空间, $\dim_K V=n$, $\dim_K W=m$, 若有线性映射 $\varphi: V\longrightarrow W$, $\psi: W\longrightarrow U$, 则有矩阵公式

$$[\psi\varphi]=[\psi][\varphi].$$

例 2.47. 在例 2.44 中, 有

$$[\rho]_{e,f}=\begin{bmatrix}1&0&0&0\\0&0&0&1\end{bmatrix},\qquad [\phi]_{f,e}=\begin{bmatrix}1&0\\0&0\\0&0\\0&1\end{bmatrix}.$$

显然 $[\phi]_{f,e}=[\rho]_{e,f}^{\mathrm{T}}$, 进一步有

$$[\phi\rho]=[\phi]_{f,e}[\rho]_{e,f}=\begin{bmatrix}1&0&0&0\\0&0&0&0\\0&0&0&0\\0&0&0&1\end{bmatrix},\qquad [\rho]_{e,f}[\phi]_{f,e}=\begin{bmatrix}1&0\\0&1\end{bmatrix}.$$

以后可以看到, 这些结论是有一般性的.

定义 2.48. 以 $\boldsymbol{I}$ 记单位矩阵, 称矩阵 $\boldsymbol{A}\in M_n(K)$ 为**可逆矩阵**, 若 $\exists\, \boldsymbol{B}\in M_n(K)$ 使得 $\boldsymbol{AB}=\boldsymbol{I}=\boldsymbol{BA}$, 称 $\boldsymbol{B}$ 为 $\boldsymbol{A}$ 的**逆矩阵**并记为 $\boldsymbol{A}^{-1}$.

命题 2.49. 设 $\varphi: V\to V$ 是有限维 K 向量空间的线性映射, 则 φ 是同构当且仅当 φ 的矩阵是可逆的.

证明. φ 是同构 $\iff \exists$ 线性映射 $\psi: V\to V$ 使得 $\varphi\psi=\iota=\psi\varphi$, ι 是恒等映射; $[\iota]=\boldsymbol{I}$. 由命题 2.46 可得 φ 是同构 $\iff [\varphi][\psi]=\boldsymbol{I}=[\psi][\varphi]$. □

2.2.5 基变换矩阵

设 V, W 为域 K 上的有限维向量空间, 给定 V 的一个基 $e=\{\boldsymbol{e}_1,\dots,\boldsymbol{e}_n\}$, 以及 W 的一个基 $f=\{\boldsymbol{f}_1,\dots,\boldsymbol{f}_m\}$, 由命题 2.42 知, 线性映射 $\varphi\in\mathrm{Hom}_K(V,W)$ 在基 e,f 下的矩阵 $[\varphi]_{e,f}$ 是依赖于基 e,f 的. 下面讨论线性空间中两个基之间的关系.

定义 2.50. 设 $e=\{\boldsymbol{e}_1,\dots,\boldsymbol{e}_n\}$ 和 $e'=\{\boldsymbol{e}_1',\dots,\boldsymbol{e}_n'\}$ 为 V 的两个基, 根据基的定义, 存在某个矩阵 $\boldsymbol{P}=(p_{ij})$, 使得

$$\boldsymbol{e}_j'=\sum_{i=1}^n p_{ij}\boldsymbol{e}_i.$$

$\boldsymbol{P}$ 称为从基 e 到 e' 的**基变换矩阵**, 或**基过渡矩阵**.

命题 2.51. K 线性空间 V 的基 $e=\{\boldsymbol{e}_1,\dots,\boldsymbol{e}_n\}$ 到基 $e'=\{\boldsymbol{e}_1',\dots,\boldsymbol{e}_n'\}$ 的变换矩阵 $\boldsymbol{P}$ 是可逆的, 而且其逆矩阵是基 $e'=\{\boldsymbol{e}_1',\dots,\boldsymbol{e}_n'\}$ 到基 $e=\{\boldsymbol{e}_1,\dots,\boldsymbol{e}_n\}$ 的变换矩阵.

证明. 设 e' 到 e 的变换矩阵为 $\boldsymbol{T}=(t_{ij})$, 即 $\boldsymbol{e}_j=\sum\limits_{i=1}^n t_{ij}\boldsymbol{e}_i'$; 由 e 到 e' 的变换矩阵为 $\boldsymbol{P}=(p_{ij})$, 即 $\boldsymbol{e}_j'=\sum\limits_{i=1}^n p_{ij}\boldsymbol{e}_i$, 于是

$$\boldsymbol{e}_j'=\sum_{i=1}^n p_{ij}\boldsymbol{e}_i=\sum_{i=1}^n p_{ij}\left(\sum_{k=1}^n t_{ki}\boldsymbol{e}_k'\right)=\sum_{k=1}^n\left(\sum_{i=1}^n t_{ki}p_{ij}\right)\boldsymbol{e}_k'.$$

由此可见 e' 到 e' 的变换矩阵为 $\left(\sum\limits_{i=1}^{n} t_{ki}p_{ij}\right) = \boldsymbol{TP}$, 显然 e' 到 e' 的变换矩阵应该是单位矩阵 $\boldsymbol{I}$, 于是 $\boldsymbol{I} = \boldsymbol{TP}$, $\boldsymbol{P}$ 是可逆矩阵, $\boldsymbol{P}^{-1} = \boldsymbol{T}$. □

说明 2.52.

(1) 对于基 e 到基 e' 的变换公式

$$\boldsymbol{e}'_j = \sum_{i=1}^{n} p_{ij}\boldsymbol{e}_i,$$

即向量 $\boldsymbol{e}'_j$ 是向量 $\boldsymbol{e}_1, \ldots, \boldsymbol{e}_n$ 逐个与矩阵 $\boldsymbol{P}$ 的第 j 列 $\boldsymbol{P}_j = [p_{1j}, \ldots, p_{nj}]^{\mathrm{T}}$ 的每个分量相乘相加的线性组合, 即

$$\boldsymbol{e}'_j = [\boldsymbol{e}_1, \ldots, \boldsymbol{e}_n]\begin{bmatrix} p_{1j} \\ \vdots \\ p_{nj} \end{bmatrix} = [\boldsymbol{e}_1, \ldots, \boldsymbol{e}_n]\boldsymbol{P}_j.$$

因此, 如果记形式向量行矩阵

$$[e] = [\boldsymbol{e}_1, \ldots, \boldsymbol{e}_n], \qquad [e'] = [\boldsymbol{e}'_1, \ldots, \boldsymbol{e}'_n],$$

则基 e 到基 e' 的变换公式可以改写成矩阵形式

$$[e'] = [e]\boldsymbol{P}.$$

(2) 命题 2.51 的证明可以简化成如下矩阵形式

$$[e']\boldsymbol{I} = [e'] = [e]\boldsymbol{P} = [[e']\boldsymbol{T}]\boldsymbol{P} = [e']\boldsymbol{TP}.$$

这个简便写法可以使我们更容易看清向量集之间的整体结构关系.

(3) 向量

$$\boldsymbol{v} = \sum_{i=1}^{n} x_i\boldsymbol{e}_i$$

可以写成

$$\boldsymbol{v} = [e]\boldsymbol{x}, \qquad \boldsymbol{x} = [x_1, \ldots, x_n]^{\mathrm{T}} \in K^n.$$

(4) K 映射 φ 在基 e, f 下的矩阵 $[\varphi]_{e,f} = [a_{ij}]$ 决定公式

$$\varphi(\boldsymbol{e}_j) = \sum_{i=1}^{m} a_{ij}\boldsymbol{f}_i,$$

可以改写为

$$[\varphi(e)] = [f][\varphi]_{e,f}.$$

例 2.53. 设 $M_{3\times 2}(K)$ 的两个基

$$f=\{\boldsymbol{f}_1,\boldsymbol{f}_2,\boldsymbol{f}_3,\boldsymbol{f}_4,\boldsymbol{f}_5,\boldsymbol{f}_6\},\qquad g=\{\widehat{\boldsymbol{E}}_{11},\widehat{\boldsymbol{E}}_{12},\widehat{\boldsymbol{E}}_{21},\widehat{\boldsymbol{E}}_{22},\widehat{\boldsymbol{E}}_{31},\widehat{\boldsymbol{E}}_{32}\},$$

其中

$$\begin{aligned}
&\boldsymbol{f}_1=\boldsymbol{E}_{11},\quad \boldsymbol{f}_2=\boldsymbol{E}_{11}+\boldsymbol{E}_{12},\\
&\boldsymbol{f}_3=\boldsymbol{E}_{11}+\boldsymbol{E}_{12}+\boldsymbol{E}_{21},\quad \boldsymbol{f}_4=\boldsymbol{E}_{11}+\boldsymbol{E}_{12}+\boldsymbol{E}_{21}+\boldsymbol{E}_{22},\\
&\boldsymbol{f}_5=\boldsymbol{E}_{11}+\boldsymbol{E}_{12}+\boldsymbol{E}_{21}+\boldsymbol{E}_{22}+\boldsymbol{E}_{31},\\
&\boldsymbol{f}_6=\boldsymbol{E}_{11}+\boldsymbol{E}_{12}+\boldsymbol{E}_{21}+\boldsymbol{E}_{22}+\boldsymbol{E}_{31}+\boldsymbol{E}_{32},
\end{aligned}$$

$$\begin{aligned}
\widehat{\boldsymbol{E}}_{11}&=\boldsymbol{E}_{12}+\boldsymbol{E}_{21}+\boldsymbol{E}_{22}+\boldsymbol{E}_{31}+\boldsymbol{E}_{32},\\
\widehat{\boldsymbol{E}}_{12}&=\boldsymbol{E}_{11}+\boldsymbol{E}_{21}+\boldsymbol{E}_{22}+\boldsymbol{E}_{31}+\boldsymbol{E}_{32},\\
\widehat{\boldsymbol{E}}_{21}&=\boldsymbol{E}_{11}+\boldsymbol{E}_{12}+\boldsymbol{E}_{22}+\boldsymbol{E}_{31}+\boldsymbol{E}_{32},\\
\widehat{\boldsymbol{E}}_{22}&=\boldsymbol{E}_{11}+\boldsymbol{E}_{12}+\boldsymbol{E}_{21}+\boldsymbol{E}_{31}+\boldsymbol{E}_{32},\\
\widehat{\boldsymbol{E}}_{31}&=\boldsymbol{E}_{11}+\boldsymbol{E}_{12}+\boldsymbol{E}_{21}+\boldsymbol{E}_{22}+\boldsymbol{E}_{32},\\
\widehat{\boldsymbol{E}}_{32}&=\boldsymbol{E}_{11}+\boldsymbol{E}_{12}+\boldsymbol{E}_{21}+\boldsymbol{E}_{22}+\boldsymbol{E}_{31}.
\end{aligned}$$

显然有

$$\begin{aligned}
&\boldsymbol{E}_{11}=\boldsymbol{f}_1,\ \boldsymbol{E}_{12}=\boldsymbol{f}_2-\boldsymbol{f}_1,\ \boldsymbol{E}_{21}=\boldsymbol{f}_3-\boldsymbol{f}_2,\\
&\boldsymbol{E}_{22}=\boldsymbol{f}_4-\boldsymbol{f}_3,\ \boldsymbol{E}_{31}=\boldsymbol{f}_5-\boldsymbol{f}_4,\ \boldsymbol{E}_{32}=\boldsymbol{f}_6-\boldsymbol{f}_5.
\end{aligned}$$

这样有

$$\begin{aligned}
&\widehat{\boldsymbol{E}}_{11}=\boldsymbol{f}_6-\boldsymbol{f}_1,\ \widehat{\boldsymbol{E}}_{12}=\boldsymbol{f}_6-\boldsymbol{f}_2+\boldsymbol{f}_1,\ \widehat{\boldsymbol{E}}_{21}=\boldsymbol{f}_6-\boldsymbol{f}_3+\boldsymbol{f}_2,\\
&\widehat{\boldsymbol{E}}_{22}=\boldsymbol{f}_6-\boldsymbol{f}_4+\boldsymbol{f}_3,\ \widehat{\boldsymbol{E}}_{31}=\boldsymbol{f}_6-\boldsymbol{f}_5+\boldsymbol{f}_4,\ \widehat{\boldsymbol{E}}_{32}=\boldsymbol{f}_5.
\end{aligned}$$

这等于说

$$\begin{aligned}
&(\widehat{\boldsymbol{E}}_{11},\widehat{\boldsymbol{E}}_{12},\widehat{\boldsymbol{E}}_{21},\widehat{\boldsymbol{E}}_{22},\widehat{\boldsymbol{E}}_{31},\widehat{\boldsymbol{E}}_{32})\\
&=[\boldsymbol{f}_1,\boldsymbol{f}_2,\boldsymbol{f}_3,\boldsymbol{f}_4,\boldsymbol{f}_5,\boldsymbol{f}_6]\begin{bmatrix}-1&1&0&0&0&0\\0&-1&1&0&0&0\\0&0&-1&1&0&0\\0&0&0&-1&1&0\\0&0&0&0&-1&1\\1&1&1&1&1&0\end{bmatrix}.
\end{aligned}$$

记基 f 到基 g 的基变换矩阵为 $\boldsymbol{C}$, 即 $[g]=[f]\boldsymbol{C}$, 则

$$\boldsymbol{C}=\begin{bmatrix}-1&1&0&0&0&0\\0&-1&1&0&0&0\\0&0&-1&1&0&0\\0&0&0&-1&1&0\\0&0&0&0&-1&1\\1&1&1&1&1&0\end{bmatrix}.$$

还可以用另一个办法来求矩阵 $\boldsymbol{C}$. 记

$$e=\{\boldsymbol{E}_{11},\boldsymbol{E}_{12},\boldsymbol{E}_{21},\boldsymbol{E}_{22},\boldsymbol{E}_{31},\boldsymbol{E}_{32}\},$$

则基 e 到基 f 的基变换矩阵 $\boldsymbol{P}$ 为

$$\boldsymbol{P}=\begin{bmatrix}1&1&1&1&1&1\\0&1&1&1&1&1\\0&0&1&1&1&1\\0&0&0&1&1&1\\0&0&0&0&1&1\\0&0&0&0&0&1\end{bmatrix},$$

即 $[f]=[e]\boldsymbol{P}$. 而基 f 到基 e 的基变换矩阵为

$$\boldsymbol{P}^{-1}=\begin{bmatrix}1&-1&0&0&0&0\\0&1&-1&0&0&0\\0&0&1&-1&0&0\\0&0&0&1&-1&0\\0&0&0&0&1&-1\\0&0&0&0&0&1\end{bmatrix},$$

即 $[e]=[f]\boldsymbol{P}^{-1}$. 又, 基 e 到基 g 的基变换矩阵 $\boldsymbol{Q}$ 为

$$\boldsymbol{Q}=\begin{bmatrix}0&1&1&1&1&1\\1&0&1&1&1&1\\1&1&0&1&1&1\\1&1&1&0&1&1\\1&1&1&1&0&1\\1&1&1&1&1&0\end{bmatrix},$$

即 $[g]=[e]\boldsymbol{Q}$, 于是 $[g]=[e]\boldsymbol{Q}=[f]\boldsymbol{P}^{-1}\boldsymbol{Q}$. 因此,

$$\boldsymbol{C}=\boldsymbol{P}^{-1}\boldsymbol{Q}=\begin{bmatrix} -1 & 1 & 0 & 0 & 0 & 0 \\ 0 & -1 & 1 & 0 & 0 & 0 \\ 0 & 0 & -1 & 1 & 0 & 0 \\ 0 & 0 & 0 & -1 & 1 & 0 \\ 0 & 0 & 0 & 0 & -1 & 1 \\ 1 & 1 & 1 & 1 & 1 & 0 \end{bmatrix}.$$

引理 2.54. 考虑 V 上的恒等映射 $\mathrm{id}_V: V \longrightarrow V$, 对任意 $\boldsymbol{v} \in V$, 有 $\mathrm{id}_V(\boldsymbol{v})=\boldsymbol{v}$, 若基 e 到基 e' 的基变换矩阵为 $\boldsymbol{P}$, 则 id_V 在基 e', e 下的矩阵可以由基变换矩阵获得

$$[\mathrm{id}_V(e')]=[e']=[e]\boldsymbol{P}.$$

就是说, $\mathrm{id}_V: V \longrightarrow V$ 在基 e', e 下的矩阵 $[\mathrm{id}_V]_{e',e}$ 就是基变换矩阵 $\boldsymbol{P}$.

命题 2.55. 设 V, W 为有限维 K 线性空间, 设 V 有基 $e=\{\boldsymbol{e}_1, \ldots, \boldsymbol{e}_n\}$ 和基 $e'=\{\boldsymbol{e}_1', \ldots, \boldsymbol{e}_n'\}$, $\boldsymbol{P}$ 为从基 e 到 e' 的基变换矩阵. 设 W 有基 $f=\{\boldsymbol{f}_1, \ldots, \boldsymbol{f}_m\}$ 和基 $f'=\{\boldsymbol{f}_1', \ldots, \boldsymbol{f}_m'\}$, $\boldsymbol{Q}$ 为从基 f 到 f' 的基变换矩阵.

设 $\varphi: V \to W$ 为一个 K 线性映射, 则 φ 在基 e', f' 下的矩阵与在基 e, f 下的矩阵之间的关系为

$$[\varphi]_{e',f'}=\boldsymbol{Q}^{-1}[\varphi]_{e,f}\boldsymbol{P}.$$

证明. 由已知有

$$[\varphi(e')]=[f'][\varphi]_{e',f'}, \qquad [\varphi(e)]=[f][\varphi]_{e,f}.$$

而

$$[\varphi(e')]=[\varphi([e]\boldsymbol{P})]=[\varphi(e)]\boldsymbol{P}=[f][\varphi]_{e,f}\boldsymbol{P}=[f']\boldsymbol{Q}^{-1}[\varphi]_{e,f}\boldsymbol{P},$$

所以

$$[f'][\varphi]_{e',f'}=[f']\boldsymbol{Q}^{-1}[\varphi]_{e,f}\boldsymbol{P}, \qquad [\varphi]_{e',f'}=\boldsymbol{Q}^{-1}[\varphi]_{e,f}\boldsymbol{P}.$$ □

设 $\varphi: V \to V$ 为 K 线性映射, $\boldsymbol{P}$ 为从 V 的基 e 到 e' 的基变换矩阵, 则

$$[\varphi]_{e',e'}=\boldsymbol{P}^{-1}[\varphi]_{e,e}\boldsymbol{P}.$$

我们说矩阵 $\boldsymbol{P}^{-1}\boldsymbol{A}\boldsymbol{P}$ 与矩阵 $\boldsymbol{A}$ **相似**. 这样我们便可以说: 线性自同态在两个基下的矩阵是相似的.

在命题 2.55 的条件下, V 到 K^n 在基 e 下的坐标映射记为 $V, e \xrightarrow{e} K^n$, W 到 K^m 在基 f 下的坐标映射记为 $W, f \xrightarrow{f} K^m$, 利用 V 到 W 的映射 $V \xrightarrow{\varphi} W$ 在基 e, f 下的矩阵 $[\varphi]_{e,f}$, 可以诱导出 K^n 到 K^m 的一个映射:

$$K^n \xrightarrow{[\varphi]_{e,f}} K^m : \boldsymbol{x} \longmapsto [\varphi]_{e,f}\,\boldsymbol{x}.$$

考虑 $V, e \xrightarrow{e} K^n$ 与 $K^n \xrightarrow{[\varphi]_{e,f}} K^m$ 的复合. 任给 $\boldsymbol{v} \in V$, 设 $\boldsymbol{v}$ 在基 e 下的坐标列为 $\boldsymbol{x} \in K^n$, 即前面记号中 $[\boldsymbol{v}] = \boldsymbol{x}$, 则 $\boldsymbol{v} = [e]\boldsymbol{x}$, 有

$$\begin{array}{ccccc} V, e & \xrightarrow{\quad e \quad} & K^n & \xrightarrow{[\varphi]_{e,f}} & K^m \\ \boldsymbol{v} = [e]\boldsymbol{x} & \longmapsto & \boldsymbol{x} & \longmapsto & [\varphi]_{e,f}\,\boldsymbol{x}. \end{array}$$

由命题 3.2, 有 $[\varphi(\boldsymbol{v})] = [\varphi]_{e,f}[\boldsymbol{v}]$, 即对 $\boldsymbol{v} = [e]\boldsymbol{x}$ 有 $[\varphi(v)] = [\varphi]_{e,f}\,\boldsymbol{x}$, 也就是

$$\varphi([e]\boldsymbol{x}) = [f][\varphi]_{e,f}\,\boldsymbol{x}.$$

因此

$$\begin{array}{ccccc} V, e & \xrightarrow{\quad \varphi \quad} & W, f & \xrightarrow{\quad f \quad} & K^m \\ \boldsymbol{v} = [e]\boldsymbol{x} & \longmapsto & [f][\varphi]_{e,f}\,\boldsymbol{x} & \longmapsto & [\varphi]_{e,f}\,\boldsymbol{x}. \end{array}$$

所以, 复合 $V, e \xrightarrow{e} K^n \xrightarrow{[\varphi]_{e,f}} K^m$ 与复合 $V, e \xrightarrow{\varphi} W, f \xrightarrow{f} K^m$ 是相同的.

同样考察得

$$\begin{array}{ccccc} W, f' & \xrightarrow{\quad \mathrm{id}_W \quad} & W, f & \xrightarrow{f} & K^m \\ \boldsymbol{w} = [f']\boldsymbol{x} & \longmapsto & [f]\boldsymbol{Q}\boldsymbol{x} & \longmapsto & \boldsymbol{Q}\boldsymbol{x} \end{array}$$

与

$$\begin{array}{ccccc} W, f' & \xrightarrow{\quad f' \quad} & K^m & \xrightarrow{Q} & K^m \\ \boldsymbol{w} = [f']\boldsymbol{x} & \longmapsto & \boldsymbol{x} & \longmapsto & \boldsymbol{Q}\boldsymbol{x} \end{array}$$

两个复合相同. 再由命题 2.55, 有 $\boldsymbol{Q}[\varphi]_{e',f'} = [\varphi]_{e,f}\boldsymbol{P}$, 所以

$$\begin{array}{ccccc} K^n & \xrightarrow{\boldsymbol{P}} & K^n & \xrightarrow{[\varphi]_{e,f}} & K^m \\ \boldsymbol{x} & \longmapsto & \boldsymbol{P}\boldsymbol{x} & \longmapsto & [\varphi]_{e,f}\boldsymbol{P}\boldsymbol{x} \end{array}$$

与

$$\begin{array}{ccccc} K^n & \xrightarrow{[\varphi]_{e',f'}} & K^m & \xrightarrow{\quad \boldsymbol{Q} \quad} & K^m \\ \boldsymbol{x} & \longmapsto & [\varphi]_{e',f'}\,\boldsymbol{x} & \longmapsto & \boldsymbol{Q}[\varphi]_{e',f'}\,\boldsymbol{x} \end{array}$$

两个复合相同. 实际上我们证明了下述命题.

命题 2.56. 设 V, W 为有限维 K 线性空间, V 的基 $e=\{\boldsymbol{e}_1,\ldots,\boldsymbol{e}_n\}$ 到基 $e'=\{\boldsymbol{e}'_1,\ldots,\boldsymbol{e}'_n\}$ 的过渡矩阵为 $\boldsymbol{P}$, W 的基 $f=\{\boldsymbol{f}_1,\ldots,\boldsymbol{f}_m\}$ 到基 $f'=\{\boldsymbol{f}'_1,\ldots,\boldsymbol{f}'_m\}$ 的过渡矩阵为 $\boldsymbol{Q}$, $\varphi: V\to W$ 为一个 K 线性映射.

设有限维 K 线性空间 V 有一个基 e, 则下图是交换的, 即任意选取图中的两个顶点, 由连接这些顶点任意边序列所得到的全部映射都是相同的.

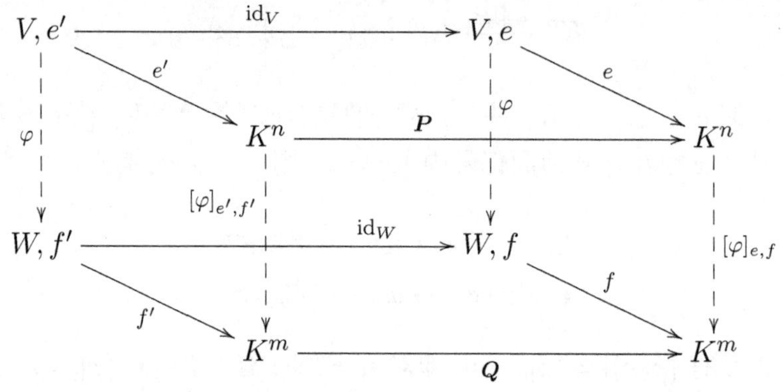

证明. 把要考虑的图看成一个正六面体. 命题前面的论述, 考察了右下角的 K^m 作为一个顶点所在的三个面, 分别在三个面上找到 K^m 的三个对顶点 V,e 和 W,f' 以及 K^n, 证明了从每个对顶点到 K^m 都有两条不同的映射复合路径具有相同的效果. 因此得到整个图交换.

我们还可以考察上面顶点 V,e' 所在的三个面, 从 V,e' 出发到它的三个对顶点 K^n 和 W,f 以及 K^m, 证明以下三对复合相同, 从而证明命题.

(1)

$$\begin{gathered}V,e' \xrightarrow{\mathrm{id}_V} V,e \xrightarrow{e} K^n\\ \boldsymbol{v}=[e']\boldsymbol{x}\longmapsto [e]\boldsymbol{P}\boldsymbol{x}\longmapsto \boldsymbol{P}\boldsymbol{x}\end{gathered}$$

与

$$\begin{gathered}V,e' \xrightarrow{e'} K^n \xrightarrow{P} K^n\\ \boldsymbol{v}=[e']\boldsymbol{x}\longmapsto \boldsymbol{x}\longmapsto \boldsymbol{P}\boldsymbol{x}\end{gathered}$$

相同;

(2)

$$\begin{gathered}V,e' \xrightarrow{\mathrm{id}_V} V,e \xrightarrow{\varphi} W,f\\ \boldsymbol{v}=[e']\boldsymbol{x}\longmapsto [e]\boldsymbol{P}\boldsymbol{x}\longmapsto [f][\varphi]_{e,f}\boldsymbol{P}\boldsymbol{x}\end{gathered}$$

与

$$\begin{gathered}V,e' \xrightarrow{\varphi} W,f' \xrightarrow{\mathrm{id}_W} W,f\\ \boldsymbol{v}=[e']\boldsymbol{x}\longmapsto [f'][\varphi]_{e',f'}\boldsymbol{x}\longmapsto [f]\boldsymbol{Q}[\varphi]_{e',f'}\boldsymbol{x}\end{gathered}$$

相同;

(3)

$$\begin{array}{ccccc} V, e' & \xrightarrow{e'} & K^n & \xrightarrow{[\varphi]_{e',f'}} & K^m \\ \boldsymbol{v} = [e']\boldsymbol{x} & \longmapsto & \boldsymbol{x} & \longmapsto & [\varphi]_{e',f'}\boldsymbol{x} \end{array}$$

与

$$\begin{array}{ccccc} V, e' & \xrightarrow{\varphi} & W, f' & \xrightarrow{f'} & K^m \\ \boldsymbol{v} = [e']\boldsymbol{x} & \longmapsto & [f'][\varphi]_{e',f'}\boldsymbol{x} & \longmapsto & [\varphi]_{e',f'}\boldsymbol{x} \end{array}$$

相同. □

2.3 对偶基

设 V 是 K 线性空间, 从 V 到 K 的 K 线性函数组成对偶空间 $V^* = \mathrm{Hom}_K(V, K)$, 见定义 1.15.

命题 2.57. 设 V 是 n 维 K 线性空间, V^* 是 V 的对偶空间, 设 $\dim_K V = n$, 而 $e = \{\boldsymbol{e}_1, \ldots, \boldsymbol{e}_n\}$ 是 V 的一个基, 则存在 V^* 中的一组向量 $\{\boldsymbol{e}_1^*, \ldots, \boldsymbol{e}_n^*\}$, 使得

$$\boldsymbol{e}_i^*(\boldsymbol{e}_j) = \delta_{ij},$$

并且 $e^* = \{\boldsymbol{e}_1^*, \ldots, \boldsymbol{e}_n^*\}$ 是 V^* 的一个基, 因此 $\dim_K V^* = \dim_K V$.

证明. 首先对于 $\boldsymbol{e}_i^* \in V^*$, 任给 $\boldsymbol{v} \in V$, 若

$$\boldsymbol{v} = \sum_{i=1}^n v_i \boldsymbol{e}_i,$$

则

$$\boldsymbol{e}_i^*(\boldsymbol{v}) = \boldsymbol{e}_i^*\left(\sum_{j=1}^n v_j \boldsymbol{e}_j\right) = \sum_{j=1}^n v_j \boldsymbol{e}_i^*(\boldsymbol{e}_j) = v_i,$$

所以 $\boldsymbol{v} = \sum\limits_{i=1}^n \boldsymbol{e}_i^*(\boldsymbol{v})\boldsymbol{e}_i$.

又任给 $f \in V^*$, 则

$$f(\boldsymbol{v}) = f\left(\sum_{i=1}^n v_i \boldsymbol{e}_i\right) = \sum_{i=1}^n v_i f(\boldsymbol{e}_i) = \sum_{i=1}^n f(\boldsymbol{e}_i)\boldsymbol{e}_i^*(\boldsymbol{v}),$$

所以 $f = \sum\limits_{i=1}^n f(\boldsymbol{e}_i)\boldsymbol{e}_i^*$, 即 $V^* = \langle \boldsymbol{e}_1^*, \ldots, \boldsymbol{e}_n^* \rangle$. 设若 $0 = \sum\limits_{i=1}^n a_i \boldsymbol{e}_i^*$, $a_i \in K$, 则对每一个 $\boldsymbol{e}_j$, 有

$$0 = 0(\boldsymbol{e}_j) = \sum_{i=1}^n a_i e_i^*(\boldsymbol{e}_j) = a_j,$$

所以 $\{\boldsymbol{e}_1^*, \ldots, \boldsymbol{e}_n^*\}$ 线性无关; 又是 V^* 的生成元集, 即为 V^* 的基, 当然有

$$\dim_K V^* = \dim_K V = n. \qquad \square$$

对于 V 的基 $e = \{\boldsymbol{e}_1, \ldots, \boldsymbol{e}_n\}$, 相应的 V^* 的基 $e^* = \{\boldsymbol{e}_1^*, \ldots, \boldsymbol{e}_n^*\}$ 称为 e 的**对偶基**.

由命题 2.57, V 与 V^* 有相同的维数, 因此是同构的, 同构映射为

$$\begin{aligned} *: \ V &\longrightarrow V^* \\ \boldsymbol{v} = [e]\boldsymbol{x} &\mapsto \boldsymbol{v}^* = [e^*]\boldsymbol{x}. \end{aligned}$$

例 2.58. 设 $V = \mathbb{R}_n[x]$, $a_i \in \mathbb{R}$, $i = 1, \ldots, n$ 为 n 个不同实数, 设

$$p(x) = \prod_{i=1}^{n}(x - a_i), \quad q_i(x) = \frac{p(x)}{(x - a_i)}, \quad p_i(x) = \frac{q_i(x)}{q_i(a_i)},$$

则 $p_i(a_j) = \delta_{ij}$, 因此 $\{p_1(x), \ldots, p_n(x)\}$ 线性无关, 为 V 的一个基. 设 $L_i \in V^*$, 使得

$$L_i(f(x)) = f(a_i),$$

则 $L_i(p_j(x)) = \delta_{ij}$, 因此 $\{L_1, \ldots, L_n\}$ 为 $\{p_1(x), \ldots, p_n(x)\}$ 的对偶基.

下面来看 V 的两个基的对偶基的关系.

命题 2.59. 设 V 是 K 线性空间, $\dim_K V = n$, 基 $e = \{\boldsymbol{e}_1, \ldots, \boldsymbol{e}_n\}$ 到基 $f = \{\boldsymbol{f}_1, \ldots, \boldsymbol{f}_n\}$ 的过渡矩阵为 $\boldsymbol{P}$, 它们的对偶基 $e^* = \{\boldsymbol{e}_1^*, \ldots, \boldsymbol{e}_n^*\}$ 到基 $f^* = \{\boldsymbol{f}_1^*, \ldots, \boldsymbol{f}_n^*\}$ 的过渡矩阵为 $\boldsymbol{Q}$, 则 $\boldsymbol{Q} = (\boldsymbol{P}^{\mathrm{T}})^{-1}$.

证明. 记 $\boldsymbol{P} = (p_{ij})$, $\boldsymbol{Q} = (q_{ij})$, 则

$$\boldsymbol{f}_i = \sum_{l=1}^{n} p_{li}\boldsymbol{e}_l, \quad [f] = [e]\boldsymbol{P},$$

$$\boldsymbol{f}_j^* = \sum_{k=1}^{n} q_{kj}\boldsymbol{e}_k^*, \quad [f^*] = [e^*]\boldsymbol{Q},$$

$$\delta_{ij} = \boldsymbol{f}_j^*(\boldsymbol{f}_i) = \sum_{k=1}^{n} q_{kj}\boldsymbol{e}_k^*\left(\sum_{l=1}^{n} p_{li}\boldsymbol{e}_l\right) = \sum_{k=1}^{n} q_{kj}\sum_{l=1}^{n} p_{li}\boldsymbol{e}_k^*(\boldsymbol{e}_l) = \sum_{k=1}^{n} q_{kj}p_{ki},$$

即 $\boldsymbol{Q}^{\boldsymbol{T}}\boldsymbol{P} = \boldsymbol{I}$, 所以 $\boldsymbol{Q} = (\boldsymbol{P}^{\mathrm{T}})^{-1}$. $\square$

由命题 2.57, V 与 V^* 是同构的, 那么 V^* 与 $(V^*)^*$ 也是同构的. 于是有下述命题.

命题 2.60. 设 V 是 K 线性空间, $\dim_K V = n$, 则 V 与 V^* 互为对偶空间.

证明. 由命题 2.57, V 与 V^* 的同构映射是

$$\boldsymbol{v} = [e]\boldsymbol{x} \mapsto \boldsymbol{v}^* = [e^*]\boldsymbol{x}.$$

因此, 类似地, V^* 与 $(V^*)^*$ 的同构映射应该是

$$\boldsymbol{v}^* = [e^*]\boldsymbol{x} \mapsto (\boldsymbol{v}^*)^* = [(e^*)^*]\boldsymbol{x}.$$

其中, 记 $e^{**} = (e^*)^* = \{\boldsymbol{e}_1^{**}, \ldots, \boldsymbol{e}_n^{**}\}$, 每一个 $\boldsymbol{e}_j^{**}$ 应该满足

$$\boldsymbol{e}_j^{**}(\boldsymbol{e}_i^*) = \delta_{ij} = \boldsymbol{e}_i^*(\boldsymbol{e}_j).$$

这实际上可以通过线性扩张给出 V 到 $(V^*)^*$ 的一个线性同构映射

$$\begin{aligned} ** :\ & V \longrightarrow (V^*)^* \\ & \boldsymbol{v} = [e]\boldsymbol{x} \mapsto \boldsymbol{v}^{**} = [e^{**}]\boldsymbol{x}, \end{aligned}$$

而且对于 $f = [e^*]\boldsymbol{y} \in V^*$, $\boldsymbol{v} = [e]\boldsymbol{x} \in V$, 有

$$\boldsymbol{v}^{**}(f) = \sum_{i=1}^n x_i \boldsymbol{e}_i^{**}\left(\sum_{j=1}^n y_j \boldsymbol{e}_j^*\right) = \sum_{i=1}^n x_i y_i,$$

以及

$$f(\boldsymbol{v}) = \sum_{i=1}^n y_i \boldsymbol{e}_i^*\left(\sum_{j=1}^n x_j \boldsymbol{e}_j\right) = \sum_{i=1}^n x_i y_i,$$

因此 $\boldsymbol{v}^{**}(f) = f(\boldsymbol{v})$. 把 $\boldsymbol{v}$ 与 $\boldsymbol{v}^{**}$ 等同看待, 即说 V 就是 $(V^*)^*$, 是 V^* 的对偶空间, 所以 V 与 V^* 互为对偶空间. □

对于 K 线性映射 $\varphi : V \longrightarrow W$, 称如下映射 φ^* 为 φ 的**对偶映射**:

$$\varphi^* : W^* \longrightarrow V^* : \theta \longmapsto \theta \circ \varphi.$$

命题 2.61. 设 K 线性空间 V, W 是有限维的, 线性映射 $\varphi : V \longrightarrow W$ 的对偶映射是 $\varphi^* : W^* \longrightarrow V^*$, $e = \{\boldsymbol{e}_1, \ldots, \boldsymbol{e}_n\}$ 是 V 的一个基, e 在 V^* 中的对偶基为 $e^* = \{\boldsymbol{e}_1^*, \ldots, \boldsymbol{e}_n^*\}$; $f = \{\boldsymbol{f}_1, \ldots, \boldsymbol{f}_m\}$ 是 W 的一个基, f 在 W^* 中的对偶基为 $f^* = \{\boldsymbol{f}_1^*, \ldots, \boldsymbol{f}_m^*\}$, 则 φ^* 在基 e^*, f^* 下的矩阵, 与 φ 在基 e, f 下的矩阵有以下关系

$$[\varphi^*]_{f^*, e^*} = [\varphi]_{e,f}^{\mathrm{T}}.$$

证明. 对于 V 中向量 $\boldsymbol{v}=[e]\boldsymbol{x}$, $\boldsymbol{x}\in K^n$, 有

$$\boldsymbol{e}_j^*([e]\boldsymbol{x})=\boldsymbol{e}_j^*\left(\sum_{i=1}^n x_i\boldsymbol{e}_i\right)=x_j.$$

由命题 3.2, 根据 $[\varphi]_{e,f}=[a_{ij}]\in M_{m\times n}(K)$ 的含义, 有

$$\varphi([e]\boldsymbol{x})=[f][\varphi]_{e,f}\,\boldsymbol{x}.$$

W^* 中向量可以写成 $w^*=[f^*]\boldsymbol{y}$, $\boldsymbol{y}\in K^m$, 则对于 W 中向量 $[f]\boldsymbol{z}$, $\boldsymbol{z}\in K^m$, 有

$$w^*([f]\boldsymbol{z})=\left(\sum_{i=1}^m y_i\boldsymbol{f}_i^*\right)\left(\sum_{j=1}^m z_j\boldsymbol{f}_j\right)=\sum_{i=1}^m y_iz_i.$$

注意到列向量 $[\varphi]_{e,f}\,\boldsymbol{x}$ 的第 i 个分量为 $\sum\limits_{j=1}^m a_{ij}x_j$, 于是 w^* 对 $[\varphi]_{e,f}\,\boldsymbol{x}$ 的作用为

$$\begin{aligned}w^*([f][\varphi]_{e,f}\,\boldsymbol{x})&=\sum_{i=1}^m y_i\left(\sum_{j=1}^n a_{ij}x_j\right)=\sum_{j=1}^n\left(\sum_{i=1}^m a_{ij}y_i\right)x_j\\&=\sum_{j=1}^n\left(\sum_{i=1}^m a_{ij}y_i\right)\boldsymbol{e}_j^*([e]\boldsymbol{x})=\left(\sum_{j=1}^n\left(\sum_{i=1}^m a_{ij}y_i\right)\boldsymbol{e}_j^*\right)([e]\boldsymbol{x}),\end{aligned}$$

即有

$$(w^*\circ\varphi)([e]\boldsymbol{x})=\left(\sum_{j=1}^n\left(\sum_{i=1}^m a_{ij}y_i\right)\boldsymbol{e}_j^*\right)([e]\boldsymbol{x}),$$

因此

$$w^*\circ\varphi=\sum_{j=1}^n\left(\sum_{i=1}^m a_{ij}y_i\right)\boldsymbol{e}_j^*=[e^*][a_{ij}]^{\mathrm{T}}\,\boldsymbol{y}=[e^*][\varphi]_{e,f}^{\mathrm{T}}\,\boldsymbol{y},$$

即有

$$\varphi^*:W^*\longrightarrow V^*:[f^*]\boldsymbol{y}\longmapsto[e^*][\varphi]_{e,f}^{\mathrm{T}}\,\boldsymbol{y},$$

此即证明了 $[\varphi^*]_{f^*,e^*}=[\varphi]_{e,f}^{\mathrm{T}}$. □

例 2.62. 设 $V=\mathbb{R}_4[x]$ 为次数小于 4 的实系数多项式空间, 即

$$V=\{a_0+a_1x+a_2x^2+a_3x^3:a_0,a_1,a_2,a_3\in\mathbb{R}\}.$$

令

$$p_0=\frac{(x-1)(x-2)(x-3)}{-6},\qquad p_1=\frac{x(x-2)(x-3)}{2},$$
$$p_2=\frac{x(x-1)(x-3)}{-2},\qquad p_3=\frac{x(x-1)(x-2)}{6}.$$

由例 2.58, $p=\{p_0(x),p_1(x),p_2(x),p_3(x)\}$ 为 V 的一个基, p 的对偶基为 $p^*=\{L_0,L_1,L_2,L_3\}$, 其中任给 $f(x)\in V$, 有

$$\begin{aligned} L_0(f(x))&=f(0), & L_1(f(x))&=f(1),\\ L_2(f(x))&=f(2), & L_3(f(x))&=f(3). \end{aligned}$$

设 $W=\mathbb{R}_3[x]$, 取 W 的一个基 $e=\{1,x,x^2\}$, 其对偶基 $e^*=\{l_0,l_1,l_2\}$, 使得对任给的 $f(x)=a_0+a_1x+a_2x^2\in W$, 有

$$l_0(f(x))=a_0,\qquad l_1(f(x))=a_1,\qquad l_2(f(x))=a_2.$$

令 $\varphi:V\longrightarrow W$ 为求导映射, 即

$$\begin{aligned}\varphi:\quad V&\longrightarrow W:\\ a_0+a_1x+a_2x^2+a_3x^3&\longmapsto a_1+2a_2x+3a_3x^2,\end{aligned}$$

现在来求 $[\varphi]_{p,e}$. 由于

$$\begin{aligned} p_0&=\frac{x^3-6x^2+11x-6}{-6}, & p_1&=\frac{x^3-5x^2+6x}{2},\\ p_2&=\frac{x^3-4x^2+3x}{-2}, & p_3&=\frac{x^3-3x^2+2x}{6}, \end{aligned}$$

因此

$$\begin{aligned} \varphi(p_0)&=\frac{3x^2-12x+11}{-6}, & \varphi(p_1)&=\frac{3x^2-10x+6}{2},\\ \varphi(p_2)&=\frac{3x^2-8x+3}{-2}, & \varphi(p_3)&=\frac{3x^2-6x+2}{6}, \end{aligned}$$

所以

$$[\varphi]_{p,e}=\begin{bmatrix} -\frac{11}{6} & 3 & -\frac{3}{2} & \frac{1}{3}\\ 2 & -5 & 4 & -1\\ -\frac{1}{2} & \frac{3}{2} & -\frac{3}{2} & \frac{1}{2} \end{bmatrix}.$$

根据命题 2.61, 应该有

$$[\varphi^*]_{e^*,p^*}=[\varphi]_{p,e}^{\mathrm{T}}=\begin{bmatrix} -\frac{11}{6} & 2 & -\frac{1}{2}\\ 3 & -5 & \frac{3}{2}\\ -\frac{3}{2} & 4 & -\frac{3}{2}\\ \frac{1}{3} & -1 & \frac{1}{2} \end{bmatrix}.$$

事实上, $[\varphi^*]_{e^*,p^*}$ 可以计算如下. 注意到 $\varphi^*:W^*\longrightarrow V^*$, 任给 $w^*\in W^*$, 有 $\varphi^*=w^*\circ\varphi$. 因此, 任给 $f(x)=a_0+a_1x+a_2x^2+a_3x^3\in V$, 有

$$\varphi^*(l_i)(f(x))=l_i(\varphi(f(x)))=l_i(a_1+2a_2x+3a_3x^2),$$

所以

$$\varphi^*(l_0)(f(x)) = a_1, \quad \varphi^*(l_1)(f(x)) = 2a_2, \quad \varphi^*(l_2)(f(x)) = 3a_3.$$

这样有

$$\begin{aligned}
&\varphi^*(l_0)(p_0) = \frac{-11}{6}, &&\varphi^*(l_0)(p_1) = 3, &&\varphi^*(l_0)(p_2) = \frac{-3}{2}, &&\varphi^*(l_0)(p_3) = \frac{1}{3},\\
&\varphi^*(l_1)(p_0) = 2, &&\varphi^*(l_1)(p_1) = -5, &&\varphi^*(l_1)(p_2) = 4, &&\varphi^*(l_1)(p_3) = -1,\\
&\varphi^*(l_2)(p_0) = \frac{-1}{2}, &&\varphi^*(l_2)(p_1) = \frac{3}{2}, &&\varphi^*(l_2)(p_2) = \frac{-3}{2}, &&\varphi^*(l_2)(p_3) = \frac{1}{2}.
\end{aligned}$$

这等价于说

$$\begin{aligned}
\varphi^*(l_0) &= \frac{-11}{6}L_0 + 3L_1 + \frac{-3}{2}L_2 + \frac{1}{3}L_3,\\
\varphi^*(l_1) &= 2L_0 - 5L_1 + 4L_2 - L_3,\\
\varphi^*(l_2) &= \frac{-1}{2}L_0 + \frac{3}{2}L_1 + \frac{-3}{2}L_2 + \frac{1}{2}L_3,
\end{aligned}$$

即

$$(\varphi^*(l_0), \varphi^*(l_1), \varphi^*(l_2)) = [L_0, L_1, L_2, L_3]\begin{bmatrix} -\frac{11}{6} & 2 & -\frac{1}{2} \\ 3 & -5 & \frac{3}{2} \\ -\frac{3}{2} & 4 & -\frac{3}{2} \\ \frac{1}{3} & -1 & \frac{1}{2} \end{bmatrix},$$

这证明了

$$[\varphi^*]_{e^*,p^*} = \begin{bmatrix} -\frac{11}{6} & 2 & -\frac{1}{2} \\ 3 & -5 & \frac{3}{2} \\ -\frac{3}{2} & 4 & -\frac{3}{2} \\ \frac{1}{3} & -1 & \frac{1}{2} \end{bmatrix}.$$

习 题

1. 证明: 集 $\{x^2, \cos x, \mathrm{e}^x\}$ 是 $\mathbb{R}$ 线性无关的.

2. 证明: (1) $1, \sqrt{2}$ 在 $\mathbb{Q}$ 上线性无关;
   (2) $1, \sqrt[3]{2}, (\sqrt[3]{2})^2$ 在 $\mathbb{Q}$ 上线性无关.

3. 把向量 $\boldsymbol{\beta} = (1, 2, 3, 4)$ 表示成向量 $\boldsymbol{\alpha}_1 = (1, 1, 1, 1)$, $\boldsymbol{\alpha}_2 = (1, -1, 1, 1)$, $\boldsymbol{\alpha}_3 = (1, 1, -1, 1)$, $\boldsymbol{\alpha}_4 = (1, 1, 1, -1)$ 的线性组合.

4. 设 $V=\left\{\dfrac{at^2+bt+c}{t^2(t-1)}:a,b,c\in\mathbb{R}\right\}$, 证明:
(1) V 是 $\mathbb{R}$ 向量空间;
(2) $\left\{\dfrac{1}{t-1},\dfrac{1}{t},\dfrac{1}{t^2}\right\}$ 是 V 的基.

5. 证明: 向量集中的每一个向量可以由其极大无关子集线性表出.

6. 证明: 秩为 r 的向量集中含 r 个向量的线性无关子集是一个极大无关子集.

7. 求 $\boldsymbol{\alpha}_1=(6,4,1,-1,2)$, $\boldsymbol{\alpha}_2=(1,0,2,3,-4)$, $\boldsymbol{\alpha}_3=(5,4,-1,-4,6)$, $\boldsymbol{\alpha}_4=(1,-3,-1,0,1)$ 的极大无关子集和秩, 并将其余向量用求得的极大无关子集表示出来.

8. 在 K^4 中, 求向量 $\boldsymbol{\xi}=(1,2,2,1)^{\mathrm{T}}$ 在基 $\boldsymbol{\varepsilon}_1=(1,1,1,1)^{\mathrm{T}}$, $\boldsymbol{\varepsilon}_2=(1,1,-1,-1)^{\mathrm{T}}$, $\boldsymbol{\varepsilon}_3=(1,-1,1,-1)^{\mathrm{T}}$, $\boldsymbol{\varepsilon}_4=(1,-1,-1,1)^{\mathrm{T}}$ 下的坐标.

9. S 是线性空间 V 的子集, S 的全体有限线性组合记作 $\langle S\rangle$, 证明: $\langle S\rangle$ 是 V 的子空间.

10. 设 S_1,S_2 是线性空间 V 的子集,
(1) 假设 $S_1\subset S_2$, 证明: (i) $\langle S_1\rangle\subset\langle S_2\rangle$; (ii) 若 $\langle S_1\rangle=V$, 则 $\langle S_2\rangle=V$.
(2) 证明: $\langle(S_1\cup S_2)\rangle=\langle S_1\rangle+\langle S_2\rangle$.
(3) 证明: $\langle(S_1\cap S_2)\rangle\subseteq\langle S_1\rangle\cap\langle S_2\rangle$.

11. 设 $\phi:V\to W$ 是有限维线性空间的同构, 证明: 若 $\{\boldsymbol{e}_1,\ldots,\boldsymbol{e}_n\}$ 是 V 的基, 则 $\{\phi(\boldsymbol{e}_1),\ldots,\phi(\boldsymbol{e}_n)\}$ 是 W 的基.

12. 证明: 两个有限维线性空间是同构的充分必要条件是它们的维数相等.

13. 证明: 若向量集 S 中每个向量可以由向量集 T 中向量线性表出, 则 $r(S)\leqslant r(T)$.

14. 若向量集 S 中每个向量可以由向量集 T 中向量线性表出, 而且 T 中每个向量可以由 S 中向量线性表出, 则称 S 与 T 是**等价**的向量集. 证明: 等价向量集有相同的秩.

15. 设 $\{\boldsymbol{x}_1,\ldots,\boldsymbol{x}_m\}$ 是 $\mathbb{R}^m$ 的基, $\{\boldsymbol{y}_1,\ldots,\boldsymbol{y}_n\}$ 是 $\mathbb{R}^n$ 的基, 问: 所有矩阵 $(\boldsymbol{x}_i\boldsymbol{y}_j^{\mathrm{T}})$ 是否构成空间 $M_{m\times n}(\mathbb{R})$ 的基?

16. 证明: 维数为 n 的线性空间中, 任何多于 n 个向量的集是线性相关的.

17. 构造反例证明: "若有方阵 $\boldsymbol{A}, \boldsymbol{B}$ 使得 $\boldsymbol{AB} = \boldsymbol{O}$, 则 $\boldsymbol{A} = \boldsymbol{O}$ 或 $\boldsymbol{B} = \boldsymbol{O}$" 是错的.

18. 证明矩阵乘法运算性质: 对 $a, b \in K$, $(a\boldsymbol{A} + b\boldsymbol{B})^{\mathrm{T}} = a\boldsymbol{A}^{\mathrm{T}} + b\boldsymbol{B}^{\mathrm{T}}$, $(\boldsymbol{AB})^{\mathrm{T}} = \boldsymbol{B}^{\mathrm{T}}\boldsymbol{A}^{\mathrm{T}}$, $(\boldsymbol{ABC})^{\mathrm{T}} = \boldsymbol{C}^{\mathrm{T}}\boldsymbol{B}^{\mathrm{T}}\boldsymbol{A}^{\mathrm{T}}$.

19. 设 $\boldsymbol{R}(\theta) = \begin{bmatrix} \cos\theta & -\sin\theta \\ \sin\theta & \cos\theta \end{bmatrix}$, 证明: $\boldsymbol{R}(\theta)\boldsymbol{R}(\phi) = \boldsymbol{R}(\theta + \phi)$.

把数对 $\begin{bmatrix} x \\ y \end{bmatrix}$ 看作 $\mathbb{R}^2$ 以 x, y 为坐标的点, 从原点至点 $\begin{bmatrix} x \\ y \end{bmatrix}$ 的一支箭记为 $\overrightarrow{(x, y)}$, 若 $\boldsymbol{R}(\theta)\begin{bmatrix} x \\ y \end{bmatrix} = \begin{bmatrix} x' \\ y' \end{bmatrix}$. 证明: 把 $\overrightarrow{(x, y)}$ 沿反时针方向转 θ 角得 $\overrightarrow{(x', y')}$.

20. 计算:

(1) $[a, b, c]\begin{bmatrix} a \\ b \\ c \end{bmatrix}$; (2) $\begin{bmatrix} a \\ b \\ c \end{bmatrix}[a, b, c]$;

(3) $\begin{bmatrix} a_{11} & a_{12} & a_{13} & a_{14} \\ a_{21} & a_{22} & a_{23} & a_{24} \\ a_{31} & a_{32} & a_{33} & a_{34} \\ a_{41} & a_{42} & a_{43} & a_{44} \end{bmatrix}\begin{bmatrix} x_1 \\ x_2 \\ x_3 \\ x_4 \end{bmatrix}$;

(4) $[x_1, x_2, x_3, x_4]\begin{bmatrix} a_{11} & a_{12} & a_{13} & a_{14} \\ a_{21} & a_{22} & a_{23} & a_{24} \\ a_{31} & a_{32} & a_{33} & a_{34} \\ a_{41} & a_{42} & a_{43} & a_{44} \end{bmatrix}$;

(5) $[x_1, x_2, x_3, x_4]\begin{bmatrix} a_{11} & a_{12} & a_{13} & a_{14} \\ a_{21} & a_{22} & a_{23} & a_{24} \\ a_{31} & a_{32} & a_{33} & a_{34} \\ a_{41} & a_{42} & a_{43} & a_{44} \end{bmatrix}\begin{bmatrix} x_1 \\ x_2 \\ x_3 \\ x_4 \end{bmatrix}$.

21. 举例说明矩阵乘法不满足交换律.

22. 设 V 是二维 K 线性空间, $\varphi : V \longrightarrow V$ 是线性映射, 假设 φ 不是 $c\iota$, $c \in K$, 其中 ι 是恒等映射, 证明: 存在 $\boldsymbol{v} \in V$ 使得 $\{\boldsymbol{v}, \varphi(\boldsymbol{v})\}$ 是 V 的一个基, 在此基下求 φ 的矩阵.

23. 在 K^4 中, 求基 $\{\boldsymbol{\varepsilon}_1,\boldsymbol{\varepsilon}_2,\boldsymbol{\varepsilon}_3,\boldsymbol{\varepsilon}_4\}$ 到基 $\{\boldsymbol{\eta}_1,\boldsymbol{\eta}_2,\boldsymbol{\eta}_3,\boldsymbol{\eta}_4\}$ 的过渡矩阵: $\boldsymbol{\varepsilon}_1=(1,0,0,0)^{\mathrm{T}},\boldsymbol{\varepsilon}_2=(0,1,0,0)^{\mathrm{T}},\boldsymbol{\varepsilon}_3=(0,0,1,0)^{\mathrm{T}},\boldsymbol{\varepsilon}_4=(0,0,0,1)^{\mathrm{T}}$; $\boldsymbol{\eta}_1=(2,1,-1,1)^{\mathrm{T}},\boldsymbol{\eta}_2=(0,2,1,0)^{\mathrm{T}},\boldsymbol{\eta}_3=(5,2,2,1)^{\mathrm{T}},\boldsymbol{\eta}_4=(5,5,0,2)^{\mathrm{T}}$.

24. 取固定的 $\boldsymbol{B}\in M_{n\times n}(K)$, 设 $\phi:\boldsymbol{A}\longmapsto \boldsymbol{AB}-\boldsymbol{BA}$, 问: ϕ 是 $M_{n\times n}(K)$ 的可逆线性映射吗?

25. 求 $V=\mathbb{R}^3$ 的线性变换 $\mathscr{A}(x_1,x_2,x_3)^{\mathrm{T}}=(2x_1-x_2,x_2+x_3,x_3)^{\mathrm{T}}$, 在给定基 $\boldsymbol{\varepsilon}_1=(1,0,0)^{\mathrm{T}}$, $\boldsymbol{\varepsilon}_2=(0,1,0)^{\mathrm{T}}$, $\boldsymbol{\varepsilon}_3=(0,0,1)^{\mathrm{T}}$ 下的矩阵.

26. 在 $\mathbb{R}^3$ 中取基 $\boldsymbol{\eta}_1=(-1,1,1)^{\mathrm{T}}$, $\boldsymbol{\eta}_2=(1,0,-1)^{\mathrm{T}}$, $\boldsymbol{\eta}_3=(0,1,1)^{\mathrm{T}}$, 设线性变换 $\mathscr{A}$ 在基 $\boldsymbol{\eta}_1,\boldsymbol{\eta}_2,\boldsymbol{\eta}_3$ 下的矩阵为 $\begin{bmatrix}1&0&1\\1&1&0\\-1&2&1\end{bmatrix}$, 求 $\mathscr{A}$ 在基 $\boldsymbol{\varepsilon}_1=(1,0,0)^{\mathrm{T}}$, $\boldsymbol{\varepsilon}_2=(0,1,0)^{\mathrm{T}}$, $\boldsymbol{\varepsilon}_3=(0,0,1)^{\mathrm{T}}$ 下的矩阵.

27. 取 $\begin{bmatrix}a&b\\c&d\end{bmatrix}\in M_{2\times 2}(\mathbb{R})$, 设 $\mathscr{A}(\boldsymbol{X})=\begin{bmatrix}a&b\\c&d\end{bmatrix}\boldsymbol{X}$, $\mathscr{B}(\boldsymbol{X})=\boldsymbol{X}\begin{bmatrix}a&b\\c&d\end{bmatrix}$, $\mathscr{C}(\boldsymbol{X})=\begin{bmatrix}a&b\\c&d\end{bmatrix}\boldsymbol{X}\begin{bmatrix}a&b\\c&d\end{bmatrix}$, 求 $\mathscr{A},\mathscr{B},\mathscr{C}$ 在基 $\boldsymbol{E}_{11},\boldsymbol{E}_{12},\boldsymbol{E}_{21},\boldsymbol{E}_{22}$ 下的矩阵.

28. 令 $L=\left\{\begin{bmatrix}a&b\\-b&a\end{bmatrix}:a,b\in\mathbb{R}\right\}$,
(1) 证明: L 是 $\mathbb{R}$ 线性空间 $M_{2\times 2}(\mathbb{R})$ 的子空间, 求 L 的一个基.
(2) 将复数域 $\mathbb{C}$ 看作 $\mathbb{R}$ 线性空间. 证明: $\mathbb{C}$ 与 L 是同构的 $\mathbb{R}$ 线性空间.

29. 设 V, W 是 K 线性空间, 设 $\{\boldsymbol{e}_1,\dots,\boldsymbol{e}_n\}$ 是 V 的基, 取 W 的向量 $\{\boldsymbol{w}_1,\dots,\boldsymbol{w}_n\}$, 证明: 存在唯一的 K 线性映射 $T:V\to W$ 使得对 $1\leqslant j\leqslant n$ 有 $T\boldsymbol{e}_j=\boldsymbol{w}_j$.

30. 设 n 维 K 线性空间 V 有一个 m 维子空间 W, $e=\{\boldsymbol{e}_1,\dots,\boldsymbol{e}_n\}$, $f=\{\boldsymbol{f}_1,\dots,\boldsymbol{f}_m\}$ 分别是 V,W 的基, 而且 $f\subseteq e$. $\rho:V\longrightarrow W$ 是投影映射, $\phi:W\longrightarrow V$ 是嵌入映射. 证明: $[\phi]_{f,e}=[\rho]_{e,f}^{\mathrm{T}}$, $[\rho]_{e,f}[\phi]_{f,e}=\boldsymbol{E}_m$ (m 阶单位矩阵).

31. (1) 设 $\boldsymbol{A},\boldsymbol{B}$ 是可逆 $n\times n$ 矩阵, 证明: $\boldsymbol{AB}$ 是可逆矩阵并且 $(\boldsymbol{AB})^{-1}=\boldsymbol{B}^{-1}\boldsymbol{A}^{-1}$.

(2) 设 $\boldsymbol{A}$ 是可逆矩阵, 证明: $(\boldsymbol{A}^{\mathrm{T}})^{-1}=(\boldsymbol{A}^{-1})^{\mathrm{T}}$.

(3) 设 $\boldsymbol{A}$ 是可逆 $n\times n$ 矩阵, $\boldsymbol{B}$ 是 $n\times p$ 矩阵, 且 $\boldsymbol{AB}=\boldsymbol{O}$, 证明: $\boldsymbol{B}=\boldsymbol{O}$.

32. (1) 以 X 为变元, 系数属于 $\mathbb{R}$ 次数 $\leqslant n$ 的多项式是 $a_0+a_1X+\cdots+a_nX^n$, $a_i\in\mathbb{R}$, 全体这样的多项式是记为 $\mathbb{R}[X]_n$ 的 $\mathbb{R}$ 线性空间. 证明: $\{1,x,x^2,\ldots,x^n\}$ 是 $\mathbb{R}[X]_n$ 的基.

(2) 设 $n\geqslant 1$, $x_1,\ldots,x_n$ 为各不相等实数, 定义

$$f_j(x)=\frac{\prod_{1\leqslant k\leqslant n;\,k\neq j}(x-x_k)}{\prod_{1\leqslant k\leqslant n;\,k\neq j}(x_j-x_k)}.$$

证明: $\{f_1,\ldots,f_n\}$ 是 $\mathbb{R}[X]_{n-1}$ 的线性无关子集.

(3) 设 $n\geqslant 1$, $x_1,\ldots,x_n$ 为各不相等实数, $(x_1,y_1),\ldots,(x_n,y_n)$ 为平面 $\mathbb{R}^2$ 的 n 个点. 证明: 存在多项式 $f_{y_1,\ldots,y_n}\in\mathbb{R}[X]_{n-1}$ 使得曲线 $y=f_{y_1,\ldots,y_n}(x)$ 通过所有 n 点 $(x_1,y_1),\ldots,(x_n,y_n)$.

(4) 证明: $\phi:\mathbb{R}^n\to\mathbb{R}[X]_{n-1}:(y_1,\ldots,y_n)\mapsto f_{y_1,\ldots,y_n}$ 是线性映射. 定义 $\psi:\mathbb{R}[X]_{n-1}\to\mathbb{R}^n: f\mapsto(f(x_1),\ldots,f(x_n))$ 是线性映射, 并且 ϕ,ψ 为互逆映射.

33. 设 $0\to V_1\xrightarrow{f_1}\cdots\xrightarrow{f_{k-1}}V_k\to 0$ 是有限维 K 向量空间的正合序列, 证明: $\sum_{r=1}^{k}(-1)^r\dim_K V_r=0$.

34. 设 $0\to V_N\xrightarrow{d_N}\cdots\to V_n\xrightarrow{d_n}V_{n-1}\to\cdots\xrightarrow{d_1}V_0\to 0$ 是一列有限维 K 向量空间的线性映射, 且 $\operatorname{Img}d_{n+1}\subseteq\operatorname{Ker}d_n$, 设 $H_n=\operatorname{Ker}d_n/\operatorname{Img}d_{n+1}$, 证明:

$$\sum_{n=0}^{N}(-1)^n\dim_K V_n=\sum_{n=0}^{N}(-1)^n\dim_K H_n.$$

35. 设 V 是 n 维 K 向量空间, $\alpha,\alpha_1,\ldots,\alpha_k\in\operatorname{End}_K V$, 证明:

(1) $\sum_{i=1}^{k}\dim_K\operatorname{Img}\alpha_i\leqslant\dim_K\operatorname{Img}(\alpha_k\cdots\alpha_1)+n(k-1)$;

(2) $2\dim_K\operatorname{Img}\alpha^{i+1}\leqslant\dim_K\operatorname{Img}\alpha^i+\dim_K\operatorname{Img}\alpha^{i+2}$, $i=0,1,2,\ldots$.

36. 设 V 是 n 维 K 向量空间, $f\in\operatorname{End}_K V$ 使得有整数 $N\geqslant 2$, $f^{N-1}\neq 0$, $f^N=0$, 记 f^0 为 V 的恒等映射, 证明:

(1) $f^{i-1}(V)\supsetneqq f^i(V)$, 若 $1\leqslant i\leqslant N$;

(2) $\dim_K f^{h-1}(V)-\dim_K f^h(V)\leqslant\dim_K f^{i-1}(V)-\dim_K f^i(V)$, 若 $1\leqslant i\leqslant h\leqslant N$;

(3) $N\leqslant n$.

37. (1) 以 $\mathbb{Q}$ 记有理数域, $\mathbb{Q}[X]$ 记全体系数属于 $\mathbb{Q}$ 的多项式, 定义集

$$\mathbb{Q}(X)=\left\{\frac{p}{q}:p,q\in\mathbb{Q}[X];q\neq 0\right\}.$$

证明: $\mathbb{Q}(X)$ 是 $\mathbb{Q}$ 线性空间.

(2) 证明: $\dim_{\mathbb{Q}}\mathbb{Q}(\sqrt{2})=2$; $\dim_{\mathbb{Q}}\mathbb{Q}(\sqrt{-1})=2$.

(3) 设 $\omega=\frac{1}{2}(-1+\sqrt{-3})$, 证明: (i) $X^3-1=0$ 的根是 $1,\omega,\omega^2$;

(ii) $1+\omega+\omega^2=0$; (iii) ω 的复共轭是 ω^2; (iv) 对 $a,b\in\mathbb{Q}$, 有

$$(a+b\omega)(a+b\omega^2)=\frac{a^3+b^3}{a+b};$$

(v) $\dim_{\mathbb{Q}}\mathbb{Q}(\omega)=2$.

(4) 设 $\eta=\cos\frac{2\pi}{5}+\mathrm{i}\sin\frac{2\pi}{5}$, 证明: $\eta^5=1$, 计算 $\dim_{\mathbb{Q}}\mathbb{Q}(\eta)$.

38. 称 $n\times n$ 复矩阵 $\boldsymbol{A}=[a_{ij}]$ 为 T 矩阵, 若有复数 $c_{1-n},\dots,c_{n-1}$ 使得 $a_{ij}=c_{i-j}$. 证明: 全体 T 矩阵是 $M_n(\mathbb{C})$ 的子空间.

39. 设 $\boldsymbol{A}=[a_{ij}]$ 是 $n\times n$ 矩阵, $\boldsymbol{B}$ 是 $m\times m$ 矩阵, 定义 $nm\times nm$ 矩阵

$$\boldsymbol{A}\otimes\boldsymbol{B}=\begin{bmatrix}a_{11}\boldsymbol{B} & a_{12}\boldsymbol{B} & \cdots & a_{1n}\boldsymbol{B}\\ a_{21}\boldsymbol{B} & a_{22}\boldsymbol{B} & \cdots & a_{2n}\boldsymbol{B}\\ \vdots & \vdots & & \vdots\\ a_{n1}\boldsymbol{B} & a_{n2}\boldsymbol{B} & \cdots & a_{nn}\boldsymbol{B}\end{bmatrix}.$$

证明: (1) $(\boldsymbol{A}\otimes\boldsymbol{B})\otimes\boldsymbol{C}=\boldsymbol{A}\otimes(\boldsymbol{B}\otimes\boldsymbol{C})$;

(2) $(\boldsymbol{A}+\boldsymbol{B})\otimes\boldsymbol{C}=(\boldsymbol{A}\otimes\boldsymbol{C})+(\boldsymbol{B}\otimes\boldsymbol{C})$;

(3) $(\boldsymbol{A}\otimes\boldsymbol{B})(\boldsymbol{C}\otimes\boldsymbol{D})=(\boldsymbol{AC})\otimes(\boldsymbol{BD})$;

(4) 若 $\boldsymbol{A},\boldsymbol{B}$ 均可逆, 则 $(\boldsymbol{A}\otimes\boldsymbol{B})^{-1}=\boldsymbol{A}^{-1}\otimes\boldsymbol{B}^{-1}$.

40. (A) 证明: $M_n(K)$ 的 $n\times n$ 矩阵 $\boldsymbol{A},\boldsymbol{B},\boldsymbol{C}$ 有下列性质.

[I]

(1) $\boldsymbol{A}+\boldsymbol{B}=\boldsymbol{B}+\boldsymbol{A}$;

(2) $(\boldsymbol{A}+\boldsymbol{B})+\boldsymbol{C}=\boldsymbol{A}+(\boldsymbol{B}+\boldsymbol{C})$;

(3) 定义 $-[a_{ij}]=[-a_{ij}]$. $\boldsymbol{A}+(-\boldsymbol{A})=\boldsymbol{O}$.

[II]

(1) $(\boldsymbol{AB})\boldsymbol{C}=\boldsymbol{A}(\boldsymbol{BC})$;

(2) $\boldsymbol{I}$ 为单位 $n\times n$ 矩阵. $\boldsymbol{AI}=\boldsymbol{A}=\boldsymbol{IA}$.

[III]

(1) $\boldsymbol{A}(\boldsymbol{B}+\boldsymbol{C})=\boldsymbol{AB}+\boldsymbol{AC}$;

(2) $(\boldsymbol{A}+\boldsymbol{B})\boldsymbol{C}=\boldsymbol{AC}+\boldsymbol{BC}$.

[IV]

取 $c\in K$, $\boldsymbol{x}\in K^n$ 为 $n\times 1$ 矩阵, 则 $(\boldsymbol{AB})(c\boldsymbol{x})=\boldsymbol{A}(c\boldsymbol{Bx})=c(\boldsymbol{AB})\boldsymbol{x}$.

(B) 现在改变 (A) 的情形: $\boldsymbol{A}=[a_{ij}]$, $\boldsymbol{B}=[b_{ij}]\in M_n(K)$. 我们继续定义 $\boldsymbol{A}+\boldsymbol{B}=[s_{ij}]$, 其中 $s_{ij}=a_{ij}+b_{ij}$, 但是定义 $\boldsymbol{A},\boldsymbol{B}$ 的乘积为 $\boldsymbol{A}\bullet\boldsymbol{B}=[m_{ij}]$, 其中 $m_{ij}=a_{ij}b_{ij}$. 问以上 (A) 的性质还成立吗?

(C) 现设 $n=2$, 定义函数 $\det\begin{bmatrix}a & b\\ c & d\end{bmatrix}=ad-bc$, 则 $\det(\boldsymbol{AB})=(\det\boldsymbol{A})(\det\boldsymbol{B})$. 问 $\det(\boldsymbol{A}\bullet\boldsymbol{B})$ 和 $\det\boldsymbol{A}$, $\det\boldsymbol{B}$ 有什么关系呢?

41. 称 $\boldsymbol{A}=[a_{ij}]\in M_n(K)$ 为 H 矩阵, 若以下条件成立:

(a) $a_{ij}=1$ 或 -1; (b) $\boldsymbol{A}\boldsymbol{A}^{\mathrm{T}}=n\boldsymbol{I}_n$, $\boldsymbol{I}_n$ 为 $n\times n$ 单位矩阵.

(1) 证明: 若 $\boldsymbol{A}$ 是 H 矩阵, 则 $\begin{bmatrix}\boldsymbol{A} & \boldsymbol{A}\\ \boldsymbol{A} & -\boldsymbol{A}\end{bmatrix}$ 是 H 矩阵.

(2) 证明:

$$\boldsymbol{H}_1=[1],\ \boldsymbol{H}_2=\begin{bmatrix}1 & 1\\ 1 & -1\end{bmatrix},\ \ldots,\ \boldsymbol{H}_{2^k}=\begin{bmatrix}\boldsymbol{H}_{2^{k-1}} & \boldsymbol{H}_{2^{k-1}}\\ \boldsymbol{H}_{2^{k-1}} & -\boldsymbol{H}_{2^{k-1}}\end{bmatrix}$$

是 H 矩阵.

(3) 证明: 对任何正整数 k, 存在 $4k\times 4k$ 阶 H 矩阵.

$$
\begin{aligned}
(1)\qquad x+3y+2z&=5\\
x+5y+3z&=8\\
y+z&=1,
\end{aligned}
$$

$$
\begin{aligned}
(2)\qquad x+3y+2z&=5\\
2y+z&=3\\
y+z&=1
\end{aligned}
$$

第 3 章　线性方程

求以下线性方程组 (1) 的“解”, 即求 x, y, z 的数值满足 (1),

$$
(1) \qquad \begin{aligned} x + 3y + 2z &= 5 \\ x + 5y + 3z &= 8 \\ y + z &= 1, \end{aligned}
$$

取第二行减第一行 (记此为 (ii) − (i)) 得

$$
(2) \qquad \begin{aligned} x + 3y + 2z &= 5 \\ 2y + z &= 3 \\ y + z &= 1 \end{aligned}
$$

自然会问为什么方程组 (1) 的解是方程组 (2) 的解? 我们将在一般情况给出解答 (见推论 3.13). 继续求解: 取 (i) − (ii) − (iii) 得 $x = 1$; (ii) − (iii) 得 $y = 2$; 2(iii) − (ii) 得 $z = -1$. 如此大家都会解线性方程组了, 还有什么可说?

本章我们将从线性空间的观点看线性方程组. 首先指出“线性方程组”是“线性映射”的数值表示. 当研究自然现象或工程结构时, 我们用线性空间、线性映射来思考来建模. 当要控制我们建立的系统时, 我们可以用线性方程组产生数据.

其次用线性空间的“维数”来衡量一个线性方程组的解组成的集有多大. 我们将看见解线性方程的一个基本现象: 求方程的齐次部分的一般解和求全方程的特殊解. 虽然我们是同时进行这两个过程, 但我们需要观察到这实际上是两回事.

我们不是求解一个简单线性方程组而是要明白线性方程组的结构, 这样将来才可以考虑下一步, 怎样改进我们的算法让我们可以有超快的计算速度.

本章我们在一个固定域 K 上讨论.

3.1 怎样计算线性映射

线性映射是我们讨论的核心对象, 给定有限维 K 线性空间 V, W, 以及线性映射 $\varphi\colon V\to W$, 自然要考虑怎样计算线性映射 φ.

如果“计算”是指要得到向量表示的数据, 则我们必须要用到上一章的方法. 任取 V 的一组基 $e=\{\boldsymbol{e}_1,\dots,\boldsymbol{e}_n\}$, 可以决定 V 的向量 $\boldsymbol{v}$ 的坐标 $[\boldsymbol{v}]_e$. 再在 W 上取一组基 $f=\{\boldsymbol{f}_1,\dots,\boldsymbol{f}_m\}$, 在 §2.2.1 中, 根据基 e,f 我们构造了 φ 的矩阵 $[\varphi]_{e,f}$, 使得

$$\star\qquad \varphi(\boldsymbol{v})=\boldsymbol{w}\Longleftrightarrow[\varphi]_{e,f}[\boldsymbol{v}]_e=[\boldsymbol{w}]_f,$$

其中右边用矩阵乘法进行计算. 为了方便书写我们把 $[\varphi]_{e,f}$, $[\boldsymbol{v}]_e$, $[\boldsymbol{w}]_f$ 分别记为 $\boldsymbol{A}$, $\boldsymbol{x}$, $\boldsymbol{y}$, 这样 $\star$ 的右边是一个矩阵方程

$$\boldsymbol{Ax}=\boldsymbol{y}.$$

全体 $n\times 1$ 矩阵组成的列向量空间记为 K^n_{Col} (Col 代表 column) 或简写为 K^n. 用 $m\times n$ 矩阵 $\boldsymbol{A}$ 我们可以定义一个线性映射

$$\mu_{\boldsymbol{A}}\colon K^n\longrightarrow K^m,\qquad \boldsymbol{x}\longmapsto\boldsymbol{Ax}.$$

于是寻找映射 φ 的核 $\operatorname{Ker}\varphi$ 等价于计算 $\mu_{\boldsymbol{A}}$ 的核 $\mathcal{S}_0=\{\boldsymbol{x}:\boldsymbol{Ax}=\boldsymbol{0}\}$; 寻找映射 φ 的像 $\operatorname{Img}\varphi$ 等价于计算 $\mu_{\boldsymbol{A}}$ 的像 $\mathcal{S}_1=\{\boldsymbol{Ax}:\boldsymbol{x}\in K^n\}$. 对于 $\boldsymbol{b}\in K^m$, 又可以考虑逆像 $\mu_{\boldsymbol{A}}^{-1}(\boldsymbol{b})=\{\boldsymbol{x}\in K^n:\mu_{\boldsymbol{A}}(\boldsymbol{x})=\boldsymbol{b}\}$.

为了让我们更好地体会这个计算过程, 记

$$\boldsymbol{A}=\begin{bmatrix}a_{11}&\cdots&a_{1n}\\ \vdots&&\vdots\\ a_{m1}&\cdots&a_{mn}\end{bmatrix},\qquad \boldsymbol{x}=\begin{bmatrix}x_1\\ \vdots\\ x_n\end{bmatrix},$$

于是 $\boldsymbol{s}_0\in\mathcal{S}_0$, 即 $\boldsymbol{As}_0=\boldsymbol{0}$, 等价于说 $\boldsymbol{s}_0$ 是以下齐次方程组的解

$$\begin{cases}a_{11}x_1+a_{12}x_2+\cdots+a_{1n}x_n=0,\\ a_{21}x_1+a_{22}x_2+\cdots+a_{2n}x_n=0,\\ \cdots\cdots\cdots\cdots\cdots\cdots\cdots\cdots\\ a_{m1}x_1+a_{m2}x_2+\cdots+a_{mn}x_n=0.\end{cases}$$

而 $\boldsymbol{b}\in\mathcal{S}_1$, 等价于说有 $\boldsymbol{s}\in K^n$ 使得 $\boldsymbol{As}=\boldsymbol{b}$, 即 $\boldsymbol{s}$ 是以下线性方程组的解

$$\begin{cases}a_{11}x_1+a_{12}x_2+\cdots+a_{1n}x_n=b_1,\\ a_{21}x_1+a_{22}x_2+\cdots+a_{2n}x_n=b_2,\\ \cdots\cdots\cdots\cdots\cdots\cdots\cdots\cdots\\ a_{m1}x_1+a_{m2}x_2+\cdots+a_{mn}x_n=b_m,\end{cases}\qquad \boldsymbol{b}=\begin{bmatrix}b_1\\ \vdots\\ b_m\end{bmatrix},$$

以上线性方程组的全体解组成的集便是逆像 $\mu_{\boldsymbol{A}}^{-1}(\boldsymbol{b})$.

如此可见, 线性映射的计算就是求解线性方程组, 本章余下部分即来讨论解线性方程组的初步方法. 要深入讨论线性方程组的求解, 需要数值线性代数学的知识.

3.2 行与列

对矩阵 $\boldsymbol{A}=[a_{ij}]_{m\times n}$, 称 $[a_{i1},\ldots,a_{in}]$ 为 $\boldsymbol{A}$ 的第 i 行, 称 $[a_{1j},\ldots,a_{mj}]^{\mathrm{T}}$ 为 $\boldsymbol{A}$ 的第 j 列.

设 $\boldsymbol{A}=[a_{ij}]\in M_{m\times n}(K)$, $\boldsymbol{A}$ 的第 j 列记作 $\boldsymbol{c}_j=[a_{1j},\ldots,a_{mj}]^{\mathrm{T}}$, 称 $\{\boldsymbol{c}_1,\ldots,\boldsymbol{c}_n\}$ 为 $\boldsymbol{A}$ 的列向量, 由 $\boldsymbol{A}$ 的列向量所生成 K^m 的子空间称为 $\boldsymbol{A}$ 的**列空间**, 记作 $\mathrm{Col}(\boldsymbol{A})$. 同样, 若以 $\boldsymbol{r}_i=[a_{i1},\ldots,a_{in}]$ 记 $\boldsymbol{A}$ 的第 i 行, 则称 $\{\boldsymbol{r}_1,\ldots,\boldsymbol{r}_m\}$ 为 $\boldsymbol{A}$ 的行向量. $\boldsymbol{A}$ 的行向量所生成 K^n 的子空间称为 $\boldsymbol{A}$ 的**行空间**, 记作 $\mathrm{Row}(\boldsymbol{A})$.

命题 3.1. 取 $\boldsymbol{A}\in M_n(K)$, 则以下性质等价:

(1) $\boldsymbol{A}$ 的行向量线性无关;

(2) $\boldsymbol{A}$ 的列向量线性无关;

(3) $\boldsymbol{A}$ 是可逆的.

证明. 我们将证明 (2) $\Longleftrightarrow$ (3), 等价 (1) $\Longleftrightarrow$ (3) 的证明是同样的, 从略.

(2) $\Longrightarrow$ (3). 假设 $\boldsymbol{A}=[a_{ij}]$ 的列向量 $\boldsymbol{c}_1,\ldots,\boldsymbol{c}_n$ 线性无关, 于是是 K^n 的基. 记 K^n 的标准基为

$$\boldsymbol{f}_1=\begin{bmatrix}1\\ \vdots\\ 0\end{bmatrix},\ \ldots,\ \boldsymbol{f}_n=\begin{bmatrix}0\\ \vdots\\ 1\end{bmatrix},$$

则显然

$$\boldsymbol{c}_1=a_{11}\boldsymbol{f}_1+\cdots+a_{n1}\boldsymbol{f}_n,$$

$$\cdots$$

$$\boldsymbol{c}_n=a_{1n}\boldsymbol{f}_1+\cdots+a_{nn}\boldsymbol{f}_n.$$

因为 $\boldsymbol{f}_j$ 是 $\boldsymbol{c}_1,\ldots,\boldsymbol{c}_n$ 的线性组合, 即有 $b_{ij}\in K$, 使得

$$\boldsymbol{f}_1=b_{11}\boldsymbol{c}_1+\cdots+b_{n1}\boldsymbol{c}_n,$$

$$\cdots$$

$$\boldsymbol{f}_n=b_{1n}\boldsymbol{c}_1+\cdots+b_{nn}\boldsymbol{c}_n.$$

于是

$$\boldsymbol{f}_j = \sum_{r=1}^{n} b_{rj}\boldsymbol{c}_r = \sum_{r=1}^{n} b_{rj}\left(\sum_{i=1}^{n} a_{ir}\boldsymbol{f}_i\right) = \sum_{i=1}^{n}\left(\sum_{r=1}^{n} b_{rj}a_{ir}\right)\boldsymbol{f}_i.$$

从 $\boldsymbol{f}_1,\ldots,\boldsymbol{f}_n$ 线性无关得, 对每对 i,j, 有

$$\sum_{r=1}^{n} a_{ir}b_{rj} = \delta_{ij}.$$

于是, 若取 $\boldsymbol{B}=(b_{kl})$, 则有 $\boldsymbol{AB}=\boldsymbol{I}$. 同样地,

$$\boldsymbol{c}_j = \sum_{r=1}^{n} a_{rj}\boldsymbol{f}_r = \sum_{r=1}^{n} a_{rj}\left(\sum_{i=1}^{n} b_{ir}\boldsymbol{c}_i\right) = \sum_{i=1}^{n}\left(\sum_{r=1}^{n} a_{rj}b_{ir}\right)\boldsymbol{c}_i.$$

于是 $\sum_{r=1}^{n} b_{ir}a_{rj}=\delta_{ij}$, 因此 $\boldsymbol{BA}=\boldsymbol{I}$, 所以 $\boldsymbol{A}$ 是可逆的.

(2) $\Longleftarrow$ (3). 设 $\boldsymbol{B}$ 为 $\boldsymbol{A}$ 的逆矩阵, 假设有 $h_1\boldsymbol{c}_1+\cdots+h_n\boldsymbol{c}_n=\boldsymbol{0}$, 此可写为

$$\begin{gathered} a_{11}h_1+\cdots+a_{1n}h_n=0,\\ \cdots\\ a_{n1}h_1+\cdots+a_{nn}h_n=0, \end{gathered}$$

即有

$$\boldsymbol{A}\begin{bmatrix} h_1\\ \vdots\\ h_n \end{bmatrix}=\boldsymbol{0},$$

因此

$$\begin{bmatrix} h_1\\ \vdots\\ h_n \end{bmatrix}=\boldsymbol{I}\begin{bmatrix} h_1\\ \vdots\\ h_n \end{bmatrix}=\boldsymbol{BA}\begin{bmatrix} h_1\\ \vdots\\ h_n \end{bmatrix}=\boldsymbol{B0}=\boldsymbol{0}.$$

所以 $h_1=\cdots=h_n=0$, 即 $\boldsymbol{c}_1,\ldots,\boldsymbol{c}_n$ 线性无关. □

命题 3.2. 设 V, W 是 K 向量空间, $\dim_K V=n$, $\dim_K W=m$, $e=\{\boldsymbol{e}_1,\ldots,\boldsymbol{e}_n\}$ 是 V 的一个有序基, $f=\{\boldsymbol{f}_1,\ldots,\boldsymbol{f}_m\}$ 是 W 的一个有序基. 取 K 线性映射 $\varphi: V\to W$, 公式 $\varphi(\boldsymbol{e}_j)=\sum\limits_{i=1}^{m} a_{ij}\boldsymbol{f}_i$ 给出映射 φ 的矩阵 $[\varphi]=[a_{ij}]$, 则有

(1) 从矩阵和坐标的角度看, 即对任何 $\boldsymbol{v}\in V$, 有

$$\varphi(\boldsymbol{v})=\boldsymbol{w} \Longleftrightarrow [\varphi][\boldsymbol{v}]=[\boldsymbol{w}],$$

其中 $[\boldsymbol{v}],[\boldsymbol{w}]$ 分别是 $\boldsymbol{v},\boldsymbol{w}$ 的坐标列;

(2) 线性映射 $\varphi: V\to W$ 的核 $\operatorname{Ker}\varphi$ 同构于 K^n 的子空间:

$$\{\boldsymbol{x}\in K^n:[\varphi]\boldsymbol{x}=\boldsymbol{0}\};$$

(3) 映射 φ 的像 $\operatorname{Img}\varphi$ 同构于 K^m 的子空间 $\operatorname{Col}([\varphi])$.

证明. (1) 命题 2.42 说 $\varphi\mapsto[\varphi]$ 是线性同构.

设 $[\boldsymbol{v}]=[v_1,\ldots,v_n]^{\mathrm{T}}$, $[\boldsymbol{w}]=[w_1,\ldots,w_m]^{\mathrm{T}}$, 则

$$\boldsymbol{v}=\sum_{j=1}^{n}v_j\boldsymbol{e}_j,\qquad \boldsymbol{w}=\sum_{i=1}^{m}w_i\boldsymbol{f}_i.$$

因此

$$\begin{aligned}\varphi(\boldsymbol{v})&=\varphi\left(\sum_{j=1}^{n}v_j\boldsymbol{e}_j\right)=\sum_{j=1}^{n}v_j\varphi(\boldsymbol{e}_j)\\&=\sum_{j=1}^{n}v_j\left(\sum_{i=1}^{m}a_{ij}\boldsymbol{f}_i\right)=\sum_{i=1}^{m}\left(\sum_{j=1}^{n}a_{ij}v_j\right)\boldsymbol{f}_i,\end{aligned}$$

于是

$$\varphi(\boldsymbol{v})=\boldsymbol{w}\iff\sum_{j=1}^{n}a_{ij}v_j=w_i\iff[\varphi][\boldsymbol{v}]=[\boldsymbol{w}].$$

(2)

$$\boldsymbol{v}\in\operatorname{Ker}\varphi\iff\varphi(\boldsymbol{v})=\boldsymbol{0}\iff[\varphi][\boldsymbol{v}]=[\boldsymbol{0}]\iff[\boldsymbol{v}]\in\{\boldsymbol{x}\in K^n:[\varphi]\boldsymbol{x}=\boldsymbol{0}\}.$$

(3) 对 $\boldsymbol{A}=[a_{ij}]=[\boldsymbol{c}_1,\ldots,\boldsymbol{c}_n]$, 有

$$\begin{aligned}\operatorname{Col}(\boldsymbol{A})&=\langle\boldsymbol{c}_1,\ldots,\boldsymbol{c}_n\rangle\\&=\left\{\sum_{j=1}^{n}x_j\boldsymbol{c}_j:x_j\in K,j=1,\ldots,n\right\}\\&=\{\boldsymbol{A}\boldsymbol{x}:\boldsymbol{x}\in K^n\}.\end{aligned}$$

而 $\boldsymbol{w}\in\operatorname{Img}\varphi\iff$ 存在 $\boldsymbol{v}\in V$, 使得

$$[\boldsymbol{w}]=[\varphi][\boldsymbol{v}]\iff[\boldsymbol{w}]\in\{[\varphi]\boldsymbol{x}:\boldsymbol{x}\in K^n\}\iff[\boldsymbol{w}]\in\operatorname{Col}([\varphi]),$$

因此 $\operatorname{Img}\varphi\cong\operatorname{Col}([\varphi])$. □

例 3.3. 在例 2.44 中, 有

$$[\rho] = \begin{bmatrix} 1 & 0 & 0 & 0 \\ 0 & 0 & 0 & 1 \end{bmatrix} = [\boldsymbol{c}_1, \boldsymbol{c}_2, \boldsymbol{c}_3, \boldsymbol{c}_4],$$

$$\boldsymbol{c}_1 = \begin{bmatrix} 1 \\ 0 \end{bmatrix},\ \boldsymbol{c}_2 = \begin{bmatrix} 0 \\ 0 \end{bmatrix},\ \boldsymbol{c}_3 = \begin{bmatrix} 0 \\ 0 \end{bmatrix},\ \boldsymbol{c}_4 = \begin{bmatrix} 0 \\ 1 \end{bmatrix}.$$

显然

$$\langle \boldsymbol{c}_1, \boldsymbol{c}_2, \boldsymbol{c}_3, \boldsymbol{c}_4 \rangle = \langle \boldsymbol{c}_1, \boldsymbol{c}_4 \rangle = \left\{ \begin{bmatrix} a & 0 \\ 0 & d \end{bmatrix} : a, d \in K \right\} = W,$$

因此 $\mathrm{Col}\,([\rho]) = \mathrm{Im}\,\rho = \mathrm{W}$.

3.3 初等行变换和初等矩阵

我们要把本章开始时说的解线性方程组的过程简化. 这个解线性方程组的过程只是线性方程组的矩阵行的线性组合的运算, 这样便不用记变元. 试想若方程组有一万个变元, 这就在计算机里省了很多记忆空间, 亦减少计算错误. 此外这样做是把理论的讨论写得更简洁易明.

定义 3.4. 设 $\boldsymbol{A} \in M_{m\times n}(K)$, 以下三类操作之一称为对 $\boldsymbol{A}$ 进行一次**初等行变换**:

(I) 交换 $\boldsymbol{A}$ 的两行;
(II) 对 $\boldsymbol{A}$ 的某一行乘以一个非零纯量 $c \in K^{\times}$;
(III) 将 $\boldsymbol{A}$ 的某一行的纯量倍数加到另一行上.

矩阵的初等行变换可用矩阵乘法来描述.

定义 3.5. 对 n 阶单位方阵 $\boldsymbol{I}_n$ 进行一次第 (I) 类 (相应地, 第 (II) 类, 第 (III) 类) 初等行变换得到的矩阵, 称作是第 (I) 类 (相应地, 第 (II) 类, 第 (III) 类) **初等矩阵**.

例 3.6. 下面的三个矩阵是初等矩阵.

$$(1)\begin{bmatrix} 0 & 0 & 1 \\ 0 & 1 & 0 \\ 1 & 0 & 0 \end{bmatrix},\quad (2)\begin{bmatrix} 1 & 0 & 0 \\ 0 & c & 0 \\ 0 & 0 & 1 \end{bmatrix}\ (c \in K^{\times}),\quad (3)\begin{bmatrix} 1 & 0 & 0 \\ 0 & 1 & 0 \\ d & 0 & 1 \end{bmatrix}\ (d \in K),$$

其中矩阵 (1) 是交换 $\boldsymbol{I}_3$ 的第一行和第三行得到的, 为第 (I) 类初等矩阵. 同样可验证矩阵 (2) 和 (3) 分别是第 (II) 类和第 (III) 类初等矩阵.

定理 3.7. 设 $\boldsymbol{A} \in M_{m\times n}(K)$, 若矩阵 $\boldsymbol{A}'$ 是对 $\boldsymbol{A}$ 进行一次某类初等行变换得到的, 则存在相同类型的初等矩阵 $\boldsymbol{E} \in M_m(K)$, 使得 $\boldsymbol{A}' = \boldsymbol{E}\boldsymbol{A}$.

证明. 分别对每一类初等行变换讨论即可, 我们把细节留给读者. □

命题 3.8. 初等矩阵都是可逆矩阵, 且初等矩阵的逆矩阵都是初等矩阵.

证明. 分别对每一类初等矩阵讨论即可, 同样我们把细节留给读者. □

假设对 $\boldsymbol{A}$ 进行一次初等行变换得到矩阵 $\boldsymbol{A}'$, 则容易看到 $\boldsymbol{A}'$ 的每一行都是 $\boldsymbol{A}$ 的某些行向量的线性组合, 于是有 $\mathrm{Row}(\boldsymbol{A}') \subseteq \mathrm{Row}(\boldsymbol{A})$. 又因为初等行变换是可逆的 (结合定理 3.7 及命题 3.8 可得), 因此有 $\mathrm{Row}(\boldsymbol{A}') = \mathrm{Row}(\boldsymbol{A})$. 我们总结成以下命题:

命题 3.9. 对矩阵进行有限步初等行变换后, 矩阵的行空间不变.

3.4 线性方程组

我们常用 $x_1, \ldots, x_n$ 表示未知数或称为变元.

域 K 上含 m 个方程、n 个变元的线性方程组的一般形式是

$$\begin{cases} a_{11}x_1 + a_{12}x_2 + \cdots + a_{1n}x_n = b_1, \\ a_{21}x_1 + a_{22}x_2 + \cdots + a_{2n}x_n = b_2, \\ \cdots\cdots\cdots\cdots\cdots\cdots\cdots\cdots \\ a_{m1}x_1 + a_{m2}x_2 + \cdots + a_{mn}x_n = b_m. \end{cases} \tag{3.1}$$

称其中的 $a_{11}, a_{12}, \ldots, a_{mn} \in K$ 为方程组的**系数**, $b_1, \ldots, b_m \in K$ 为**常数**. 可以用矩阵乘法来表达这个方程组. 记

$$\boldsymbol{A} = \begin{bmatrix} a_{11} & \cdots & a_{1n} \\ \vdots & & \vdots \\ a_{m1} & \cdots & a_{mn} \end{bmatrix}, \quad \boldsymbol{b} = \begin{bmatrix} b_1 \\ \vdots \\ b_m \end{bmatrix}, \quad \boldsymbol{x} = \begin{bmatrix} x_1 \\ \vdots \\ x_n \end{bmatrix},$$

则线性方程组 (3.1) 等于矩阵方程

$$\boldsymbol{A}\boldsymbol{x} = \boldsymbol{b}. \tag{3.2}$$

当变元省略, 把列向量 $\boldsymbol{b}$ 写在矩阵 $\boldsymbol{A}$ 的右边, 得出的矩阵记为 $[\boldsymbol{A} \mid \boldsymbol{b}]$, 称为方程组 $\boldsymbol{A}\boldsymbol{x} = \boldsymbol{b}$ 的**增广矩阵**, $\boldsymbol{A}$ 称为方程组的**系数矩阵**.

定义 3.10. 称列向量 $\boldsymbol{s} \in K^n$ 为线性方程组 (3.1) 的解, 若 $\boldsymbol{A}\boldsymbol{s} = \boldsymbol{b}$. 线性方程组 (3.1) 的所有解组成的集称为这个方程组的**解集**. 称方程组有解, 若其解集不是空集; 否则, 说方程组无解. 称两个线性方程组是**等价的**, 若它们有相同的解集.

我们称一个线性方程组 $\boldsymbol{A}\boldsymbol{x} = \boldsymbol{b}$ 是**齐次的**, 若 $\boldsymbol{b} = \boldsymbol{0}$. 记 $\mathrm{Ker}(\boldsymbol{A})$ 为齐次线性方程组的解集, 称作矩阵 $\boldsymbol{A}$ 的**核**, 则 $\mathrm{Ker}(\boldsymbol{A})$ 为 K^n 的线性子空间. 称 $\boldsymbol{A}\boldsymbol{x} = \boldsymbol{0}$ 为方程 $\boldsymbol{A}\boldsymbol{x} = \boldsymbol{b}$ 的齐次部分或为方程的相应的齐次线性方程组.

以 S 记线性方程组 (3.2) 的解集, 若有 $\boldsymbol{s}_0 \in S$ 和任意 $\boldsymbol{v} \in \mathrm{Ker}(\boldsymbol{A})$, 则

$$\boldsymbol{A}(\boldsymbol{s}_0 + \boldsymbol{v}) = \boldsymbol{A}\boldsymbol{s}_0 + \boldsymbol{A}\boldsymbol{v} = \boldsymbol{b} + \boldsymbol{0} = \boldsymbol{b}.$$

于是知 $\boldsymbol{s}_0 + \boldsymbol{v} \in S$. 另一方面, 任取 $\boldsymbol{s} \in S$, 则 $\boldsymbol{s} - \boldsymbol{s}_0 \in \mathrm{Ker}(\boldsymbol{A})$, 于是存在 $\boldsymbol{v} \in \mathrm{Ker}(\boldsymbol{A})$, 使得 $\boldsymbol{s} = \boldsymbol{s}_0 + \boldsymbol{v} \in \{\boldsymbol{s}_0\} + \mathrm{Ker}(\boldsymbol{A})$. 于是我们得到

命题 3.11. 给定线性方程组 $A\boldsymbol{x} = \boldsymbol{b}$, 记解集为 S. 若 $S \neq \emptyset$ 且 $\boldsymbol{s}_0 \in S$, 则有集论意义下的等式

$$S = \{\boldsymbol{s}_0\} + \mathrm{Ker}(\boldsymbol{A}).$$

取定 $\mathrm{Ker}(\boldsymbol{A})$ 的一组基 $\boldsymbol{s}_1, \ldots, \boldsymbol{s}_k$, 则方程组的任一解均可写成

$$\boldsymbol{s} = \boldsymbol{s}_0 + t_1\boldsymbol{s}_1 + \cdots + t_k\boldsymbol{s}_k, \qquad t_1, \ldots, t_k \in K.$$

我们把上式称作方程组 $\boldsymbol{A}\boldsymbol{x} = \boldsymbol{b}$ 的一个**通解**.

命题 3.12. 设 $\boldsymbol{A} \in M_{m\times n}(K)$, 若 $\boldsymbol{P}$ 为 $m \times m$ 可逆矩阵, 则 $\boldsymbol{P}\boldsymbol{A}\boldsymbol{x} = \boldsymbol{P}\boldsymbol{b}$ 与 $\boldsymbol{A}\boldsymbol{x} = \boldsymbol{b}$ 是等价的.

证明. 设 $\boldsymbol{P}\boldsymbol{A}\boldsymbol{x} = \boldsymbol{P}\boldsymbol{b}$ 的解集为 S_1, $\boldsymbol{A}\boldsymbol{x} = \boldsymbol{b}$ 的解集为 S_2, 需要证明 $S_1 = S_2$. 首先假设 $S_1 \neq \emptyset$ 且任取 $\boldsymbol{s} \in S_1$, 于是 $\boldsymbol{P}\boldsymbol{A}\boldsymbol{s} = \boldsymbol{P}\boldsymbol{b}$, 等号两边同时左乘矩阵 $\boldsymbol{P}^{-1}$ 得到 $\boldsymbol{A}\boldsymbol{s} = \boldsymbol{b}$, 说明 $\boldsymbol{s} \in S_2$, 因此得到 $S_1 \subseteq S_2$. 类似的方法可证明若 $S_2 \neq \emptyset$, 则 $S_2 \subseteq S_1$. 由以上结论我们还得到 $S_1 = \emptyset$ 当且仅当 $S_2 = \emptyset$. □

推论 3.13. 给定线性方程组 $\boldsymbol{A}\boldsymbol{x} = \boldsymbol{b}$, 假设对 $[\boldsymbol{A} \mid \boldsymbol{b}]$ 进行有限次初等行变换得到 $[\boldsymbol{A}' \mid \boldsymbol{b}']$, 则 $\boldsymbol{A}'\boldsymbol{x} = \boldsymbol{b}'$ 与 $\boldsymbol{A}\boldsymbol{x} = \boldsymbol{b}$ 是等价的.

证明. 由定理 3.7, 存在初等矩阵 $\boldsymbol{E}_1, \ldots, \boldsymbol{E}_k$, 使得

$$[\boldsymbol{A}' \mid \boldsymbol{b}'] = \boldsymbol{E}_k \cdots \boldsymbol{E}_1[\boldsymbol{A} \mid \boldsymbol{b}].$$

令 $\boldsymbol{P} = \boldsymbol{E}_k \cdots \boldsymbol{E}_1$, 则 $[\boldsymbol{A}' \mid \boldsymbol{b}'] = [\boldsymbol{P}\boldsymbol{A} \mid \boldsymbol{P}\boldsymbol{b}]$, 且由命题 3.8 可知 $\boldsymbol{P}$ 是可逆的. 最后, 由命题 3.12 可知 $\boldsymbol{A}'\boldsymbol{x} = \boldsymbol{b}'$ 与 $\boldsymbol{A}\boldsymbol{x} = \boldsymbol{b}$ 是等价的. □

简约行阶梯形和高斯消去法 下面介绍如何系统地解线性方程组, 并由此引入高斯消去法. 为此, 首先介绍一个概念.

定义 3.14. 如果一个矩阵 $\boldsymbol{A}$ 满足下列三个条件, 我们称之为**行阶梯形矩阵**:

(1) $\boldsymbol{A}$ 中所有非零行在所有零行的上方;

(2) $\boldsymbol{A}$ 的每一个非零行中最左边的非零系数为 1 (这样的系数称为 $\boldsymbol{A}$ 的一个**首 1**);

(3) $\boldsymbol{A}$ 中每一个首 1 要严格比上面的首 1 更靠右.

若一个行阶梯形矩阵 $\boldsymbol{A}$ 还满足以下条件, 我们称之为**简约行阶梯形矩阵**:

(4) $\boldsymbol{A}$ 中每一个首 1 的所在列的其他系数均为 0.

例 3.15. 下列元素在 $\mathbb{R}$ 中的矩阵里, (a) 是行阶梯形矩阵, 但非简约行阶梯形矩阵; (b) 是简约行阶梯形矩阵; (c) 不是行阶梯形矩阵.

$$(a)\begin{bmatrix}1 & -3 & 2 & 0\\0 & 1 & -5 & 0\\0 & 0 & 0 & 1\end{bmatrix}\quad (b)\begin{bmatrix}1 & -2 & 0 & 0 & 1\\0 & 0 & 1 & 0 & 0\\0 & 0 & 0 & 1 & -3\\0 & 0 & 0 & 0 & 0\end{bmatrix}\quad (c)\begin{bmatrix}0 & 1 & 0 & -1 & 1 & 0\\0 & 0 & 1 & -5 & 0 & 2\\0 & 0 & 0 & 0 & 0 & 0\\0 & 0 & 0 & 0 & 0 & 1\end{bmatrix}$$

下面我们结合例子介绍如何用高斯消去法来解线性方程组.

例 3.16. 考虑 $\mathbb{R}$ 上的线性方程组

$$\begin{cases}3x_1+2x_2+3x_3-2x_4 &= 1,\\ x_1\ \ +x_2\ \ +x_3 &= 3,\\ x_1\ \ +2x_2+x_3\ \ -x_4 &= 2.\end{cases}\tag{3.3}$$

该线性方程组的增广矩阵为

$$[\boldsymbol{A}\mid\boldsymbol{b}]=\left[\begin{array}{cccc|c}3 & 2 & 3 & -2 & 1\\1 & 1 & 1 & 0 & 3\\1 & 2 & 1 & -1 & 2\end{array}\right],$$

首先通过有限步初等行变换, 将矩阵 $[\boldsymbol{A}\mid\boldsymbol{b}]$ 化成简约行阶梯形.

步骤 1 若矩阵为零矩阵, 那么它已经是行阶梯形矩阵; 否则, 将矩阵最左边的非零列的第一个系数变成 1. 在所考虑的例子中, 最左边的非零列是第一列, 可用第 (I) 类初等行变换交换 $[\boldsymbol{A}\mid\boldsymbol{b}]$ 的第一行和第三行, 得到

$$\left[\begin{array}{cccc|c}1 & 2 & 1 & -1 & 2\\1 & 1 & 1 & 0 & 3\\3 & 2 & 3 & -2 & 1\end{array}\right].$$

注意到此时矩阵的第一行为行阶梯形矩阵.

步骤 2 用第 (III) 类初等行变换将最左边的非零列的其他系数变为 0. 在所考虑的例子中, 用第一行的 (-1) 倍加第二行, 然后用第一行的 (-3) 倍加到第三行, 得到

$$\left[\begin{array}{cccc|c} 1 & 2 & 1 & -1 & 2 \\ 0 & -1 & 0 & 1 & 1 \\ 0 & -4 & 0 & 1 & -5 \end{array}\right].$$

步骤 3 保持第一行不动, 若剩下的子矩阵为零矩阵, 我们已经得到了一个行阶梯形矩阵; 否则, 对子矩阵重复步骤 1 和步骤 2, 直到子矩阵最左边非零列的第一个系数是 1, 而其余系数为 0. 在所考虑的例子中, 剩下的子矩阵中最左边的非零列的第一个系数为 -1. 于是对上面矩阵的第二行乘以 -1, 得到

$$\left[\begin{array}{cccc|c} 1 & 2 & 1 & -1 & 2 \\ 0 & 1 & 0 & -1 & -1 \\ 0 & -4 & 0 & 1 & -5 \end{array}\right].$$

接着将第二行的 4 倍加到第三行, 得到

$$\left[\begin{array}{cccc|c} 1 & 2 & 1 & -1 & 2 \\ 0 & 1 & 0 & -1 & -1 \\ 0 & 0 & 0 & -3 & -9 \end{array}\right].$$

注意到该矩阵的第一行和第二行已经是行阶梯形矩阵.

步骤 4 保持第一行和第二行不动, 若剩下的子矩阵为零矩阵, 我们已经得到了一个行阶梯形矩阵; 否则, 对子矩阵重复步骤 1 和步骤 2, 直到子矩阵最左边非零列的第一个系数是 1, 而其余系数为 0. 此时仅需考虑上面的矩阵的第三行. 对第三行乘以 $-\frac{1}{3}$, 便得到了一个行阶梯形矩阵

$$\left[\begin{array}{cccc|c} 1 & 2 & 1 & -1 & 2 \\ 0 & 1 & 0 & -1 & -1 \\ 0 & 0 & 0 & 1 & 3 \end{array}\right].$$

到此为止, 我们用初等行变换将增广矩阵 $[\boldsymbol{A} \mid \boldsymbol{b}]$ 化成了行阶梯形矩阵, 下面进一步将其化为简约行阶梯形矩阵.

步骤 5 由最下面的非零行开始, 由下往上, 用第 (III) 类初等行变换将每一个首 1 上面的系数变成 0. 在所考虑的例子中, 首先将第三行分别加到

第一行和第二行, 得到

$$\left[\begin{array}{cccc|c} 1 & 2 & 1 & 0 & 5 \\ 0 & 1 & 0 & 0 & 2 \\ 0 & 0 & 0 & 1 & 3 \end{array}\right].$$

然后将第二行的 (-2) 倍加到第一行, 得到简约行阶梯形矩阵

$$\left[\begin{array}{cccc|c} 1 & 0 & 1 & 0 & 1 \\ 0 & 1 & 0 & 0 & 2 \\ 0 & 0 & 0 & 1 & 3 \end{array}\right].$$

这个增广矩阵对应的方程组为

$$\begin{cases} x_1 \quad + x_3 \quad = 1, \\ \quad x_2 \qquad\quad = 2, \\ \qquad\qquad x_4 = 3. \end{cases} \tag{3.4}$$

它和方程组 (3.3) 等价 (见推论 3.13), 且它的解是容易写出来的: 显然有 $x_2 = 2$ 且 $x_4 = 3$, 而 x_1 和 x_3 只需要满足关系 $x_1 + x_3 = 1$. 若令 $x_3 = t$ $(t \in K)$, 则有 $x_1 = 1 - t$. 因此, 方程组 (3.3) 的每一个解均可写成

$$\begin{bmatrix} 1-t \\ 2 \\ t \\ 3 \end{bmatrix} = \begin{bmatrix} 1 \\ 2 \\ 0 \\ 3 \end{bmatrix} + t\begin{bmatrix} -1 \\ 0 \\ 1 \\ 0 \end{bmatrix}, \qquad t \in K. \tag{3.5}$$

例 3.16 中介绍的如何用初等行变换将一个矩阵变为简约行阶梯形的方法称为**高斯消去法**. 利用高斯消去法, 我们可以证明

定理 3.17. 可用有限次初等行变换将一个矩阵变为简约行阶梯形矩阵.

说明 3.18. 在高斯消去法中, 需要知道矩阵的特定元素是否为零. 为了方便, 在本章需要具体用到高斯消去法的例子中, 我们总假设域的特征是 0 (例如 $K = \mathbb{R}$).

我们称对一个矩阵执行有限次初等行变换后得到的简约行阶梯形矩阵为该矩阵的**简约行阶梯形**. 不难证明一个矩阵的简约行阶梯形是唯一的.

我们记 $[\boldsymbol{A}' \mid \boldsymbol{b}']$ 为 $[\boldsymbol{A} \mid \boldsymbol{b}]$ 的简约行阶梯形, 则 $\boldsymbol{A}'$ 和 $[\boldsymbol{A}' \mid \boldsymbol{0}]$ 分别是 $\boldsymbol{A}$ 和 $[\boldsymbol{A} \mid \boldsymbol{0}]$ 的简约行阶梯形.

在例 3.16 中, $[\boldsymbol{A} \mid \boldsymbol{0}]$ 对应的齐次线性方程组是将方程组 (3.3) 中的常数全替换成 0 后得到的; 相应地将方程组 (3.4) 的常数全替换成 0 后, 显见

$\mathrm{Ker}(\boldsymbol{A})=\{t[-1,0,1,0]^{\mathrm{T}}:t\in K\}$, 且 $\{[-1,0,1,0]^{\mathrm{T}}\}$ 为 $\mathrm{Ker}(\boldsymbol{A})$ 的一组基. 记 S 为方程组 (3.3) 的解集. 显然 $\boldsymbol{s}_0:=[1,2,0,3]^{\mathrm{T}}$ 是方程组的一个解 (此时 $t=0$), 因此, (3.5) 具体构造出命题 3.11 的结论.

沿用上面的记号, 我们称 $\boldsymbol{A}'$ 中首 1 对应的变元为方程组 $\boldsymbol{Ax}=\boldsymbol{b}$ 的**主变元** (在例 3.16 中为 x_1,x_2 和 x_4), 称剩余的变元为**参变元** (在例 3.16 中为 x_3). 由简约行阶梯形矩阵的形式, 每一个主变元均为参变元的线性组合 (参考 (3.4) 式).

最后再看一个例子.

例 3.19. 解以下 $\mathbb{R}$ 上的线性方程组

$$\begin{cases} x_1 +3x_2 -2x_3 +2x_5 = 0, \\ 2x_1 +6x_2 -5x_3 -2x_4 +4x_5 -3x_6 = -1, \\ 5x_3 +10x_4 +15x_6 = 5, \\ 2x_1 +6x_2 +8x_4 +4x_5 +18x_6 = 6. \end{cases} \tag{3.6}$$

首先写出增广矩阵

$$[\boldsymbol{A}\mid\boldsymbol{b}]=\left[\begin{array}{cccccc|c} 1 & 3 & -2 & 0 & 2 & 0 & 0 \\ 2 & 6 & -5 & -2 & 4 & -3 & -1 \\ 0 & 0 & 5 & 10 & 0 & 15 & 5 \\ 2 & 6 & 0 & 8 & 4 & 18 & 6 \end{array}\right],$$

然后用高斯消去法化成简约行阶梯形

$$[\boldsymbol{A}'\mid\boldsymbol{b}']=\left[\begin{array}{cccccc|c} 1 & 3 & 0 & 4 & 2 & 0 & 0 \\ 0 & 0 & 1 & 2 & 0 & 0 & 0 \\ 0 & 0 & 0 & 0 & 0 & 1 & \frac{1}{3} \\ 0 & 0 & 0 & 0 & 0 & 0 & 0 \end{array}\right],$$

其对应的方程组为 (把主变元 x_1,x_3,x_6 写成参变元 x_2,x_4,x_5,x_6 的线性组合)

$$\begin{cases} x_1=-3x_2-4x_4-2x_5, \\ x_3=-2x_4, \\ x_6=\dfrac{1}{3}. \end{cases}$$

最后, 写出方程组 (3.6) 的解集

$$\left\{\left[-3t_1-4t_2-2t_3,t_1,-2t_2,t_2,t_3,\frac{1}{6}\right]^{\mathrm{T}}:t_1,t_2,t_3\in\mathbb{R}\right\}.$$

例 3.20. 记 $\mathbb{R}[t]_n$ 为系数在 $\mathbb{R}$ 上次数不超过 n 的多项式构成的线性空间, 定义线性映射

$$\phi\colon \mathbb{R}[t]_2 \longrightarrow \mathbb{R}[t]_3, \qquad p(t) \longmapsto tp(2t+1) - tp(t).$$

取 $\mathbb{R}[t]_2$ 的一组有序基 $e = \{1, t, t^2\}$ 和 $\mathbb{R}[t]_3$ 的一组有序基 $f = \{1, t, t^2, t^3\}$, 则 $\phi(1) = 0$, $\phi(t) = t + t^2$, $\phi(t^2) = t + 4t^2 + 3t^3$, 于是有

$$[\phi]_{e,f} = \begin{bmatrix} 0 & 0 & 0 \\ 0 & 1 & 1 \\ 0 & 1 & 4 \\ 0 & 0 & 3 \end{bmatrix}.$$

$[\phi]_{e,f}$ 的简约行阶梯形为

$$\boldsymbol{A}' := \begin{bmatrix} 0 & 1 & 0 \\ 0 & 0 & 1 \\ 0 & 0 & 0 \\ 0 & 0 & 0 \end{bmatrix},$$

其中第二列和第三列构成了 $\mathrm{Col}(\boldsymbol{A}')$ 的一组基, 从而 $[\phi]_{e,f}$ 的第二列和第三列构成了 $\mathrm{Col}([\phi]_{e,f})$ 的一组基. 由同构 $\mathrm{Img}(\phi) \cong \mathrm{Col}([\phi]_{e,f})$ 的构造方式易得 $\mathrm{Img}(\phi)$ 的一组基是 $\{t + t^2, t + 4t^2 + 3t^3\}$, 即有 $\mathrm{Img}(\phi) = \langle t + t^2, t + 4t^2 + 3t^3 \rangle$. 另一方面, 我们找到 $\mathrm{Ker}([\phi]_{e,f})$ 的一组基为 $S = \{[1, 0, 0, 0]^{\mathrm{T}}\}$, 由 $\mathrm{Ker}(\phi) \cong \mathrm{Ker}([\phi]_{e,f})$ 的构造方式可知 $\mathrm{Ker}(\phi) = \langle 1 \rangle$.

例 3.21. $\mathbb{R}^4$ 中向量

$$\boldsymbol{v}_1 = (1, 3, -4, 2),\ \boldsymbol{v}_2 = (2, 2, -4, 0),\ \boldsymbol{v}_3 = (1, -3, 2, -4),\ \boldsymbol{v}_4 = (-1, 0, 1, 0)$$

是线性相关的.

考虑方程

$$a_1\boldsymbol{v}_1 + a_2\boldsymbol{v}_2 + a_3\boldsymbol{v}_3 + a_4\boldsymbol{v}_4 = \boldsymbol{0}$$

的解, 即方程组

$$\begin{cases} a_1 + 2a_2 + a_3 - a_4 = 0 \\ 3a_1 + 2a_2 - 3a_3 = 0 \\ -4a_1 - 4a_2 + 2a_3 + a_4 = 0 \\ 2a_1 - 4a_3 = 0 \end{cases}$$

的解. 方程组有一组解为 $a_1 = 4$, $a_2 = -3$, $a_3 = 2$, $a_4 = 0$, 即 $\boldsymbol{v}_1, \boldsymbol{v}_2, \boldsymbol{v}_3, \boldsymbol{v}_4$ 有非平凡的线性关系

$$4\boldsymbol{v}_1 - 3\boldsymbol{v}_2 + 2\boldsymbol{v}_3 + 0 \cdot \boldsymbol{v}_4 = \boldsymbol{0}.$$

$\boldsymbol{v}_1$ 可以由 $\boldsymbol{v}_2, \boldsymbol{v}_3, \boldsymbol{v}_4$ 线性表出

$$\boldsymbol{v}_1 = \frac{3}{4}\boldsymbol{v}_2 - \frac{1}{2}\boldsymbol{v}_3 + 0 \cdot \boldsymbol{v}_4.$$

当然 $\boldsymbol{v}_2$ 可以由 $\boldsymbol{v}_1, \boldsymbol{v}_3$ 线性表出, $\boldsymbol{v}_3$ 可以由 $\boldsymbol{v}_1, \boldsymbol{v}_2$ 线性表出.

利用方程组, 还可以看到 $\boldsymbol{v}_1, \boldsymbol{v}_2, \boldsymbol{v}_4$ 是线性无关的, 因为方程

$$a_1\boldsymbol{v}_1 + a_2\boldsymbol{v}_2 + a_4\boldsymbol{v}_4 = 0$$

只有唯一解 $a_1 = a_2 = a_4 = 0$. 同样地, $\boldsymbol{v}_1, \boldsymbol{v}_3, \boldsymbol{v}_4$ 线性无关, $\boldsymbol{v}_2, \boldsymbol{v}_3, \boldsymbol{v}_4$ 线性无关.

3.5 矩阵的秩

回顾: $\mathrm{Col}(\boldsymbol{A})$ 是由 $\boldsymbol{A}$ 的列生成的 K^m 的子空间; $\mu_{\boldsymbol{A}}$ 是由 $\boldsymbol{x} \mapsto \boldsymbol{A}\boldsymbol{x}$ 给出的从 K^n 到 K^m 的线性映射.

命题 3.22. 设 $\boldsymbol{A} \in M_{m\times n}(K)$, 则下列条件等价:

(1) 方程组 $\boldsymbol{A}\boldsymbol{x} = \boldsymbol{b}$ 有解;

(2) $\boldsymbol{b} \in \mathrm{Col}(\boldsymbol{A})$;

(3) $\boldsymbol{b} \in \mathrm{Img}(\mu_{\boldsymbol{A}})$.

特别地, $\mathrm{Col}(\boldsymbol{A}) = \mathrm{Img}(\mu_{\boldsymbol{A}})$.

证明. 证明不难, 留作习题. □

请读者举例说明初等行变换可改变矩阵的列空间. 接下来讨论在初等行变换后, 矩阵的列空间在何种程度下保持不变.

命题 3.23. 设 $\boldsymbol{A}'$ 是对 $\boldsymbol{A}$ 执行有限次初等行变换后得到的矩阵, 则

(1) $\boldsymbol{A}$ 中的某些列向量线性无关当且仅当 $\boldsymbol{A}'$ 中相应的列向量线性无关;

(2) $\boldsymbol{A}$ 中的某些列向量构成 $\mathrm{Col}(\boldsymbol{A})$ 的一组基当且仅当 $\boldsymbol{A}'$ 中相应的列向量构成 $\mathrm{Col}(\boldsymbol{A}')$ 的一组基. 特别地, $\dim_K \mathrm{Col}(\boldsymbol{A}) = \dim_K \mathrm{Col}(\boldsymbol{A}')$.

证明. 设 $\boldsymbol{A}=\left[\begin{array}{c:c:c}\boldsymbol{c}_1 & \cdots & \boldsymbol{c}_n\end{array}\right]$, 根据定理 3.7, 有

$$\boldsymbol{A}'=\boldsymbol{P}\boldsymbol{A}=\left[\begin{array}{c:c:c}\boldsymbol{P}\boldsymbol{c}_1 & \cdots & \boldsymbol{P}\boldsymbol{c}_n\end{array}\right],$$

其中 $\boldsymbol{P}$ 为一些初等矩阵的乘积. 任取 $\boldsymbol{A}$ 的列向量集的一个子集 $S=\{\boldsymbol{c}_{i_1},\dots,\boldsymbol{c}_{i_r}\}$, 并记 $\boldsymbol{P}S=\{\boldsymbol{P}\boldsymbol{c}_{i_1},\dots,\boldsymbol{P}\boldsymbol{c}_{i_r}\}$, 由于 $\boldsymbol{P}$ 可逆, 则 $\boldsymbol{0}=c_1\boldsymbol{c}_{i_1}+\cdots+c_r\boldsymbol{c}_{i_r}$ 成立当且仅当 $\boldsymbol{0}=c_1\boldsymbol{P}\boldsymbol{c}_{i_1}+\cdots+c_r\boldsymbol{P}\boldsymbol{c}_{i_r}$ 成立. 特别地, S 线性无关当且仅当 $\boldsymbol{P}S$ 线性无关. 同样可证对任意 $1\leqslant i\leqslant n$, $\boldsymbol{c}_i=c_1\boldsymbol{c}_{i_1}+\cdots+c_r\boldsymbol{c}_{i_r}$ 成立当且仅当 $\boldsymbol{P}\boldsymbol{c}_i=c_1\boldsymbol{P}\boldsymbol{c}_{i_1}+\cdots+c_r\boldsymbol{P}\boldsymbol{c}_{i_r}$ 成立, 由此可知 S 生成 $\mathrm{Col}(\boldsymbol{A})$ 当且仅当 $\boldsymbol{P}S$ 生成 $\mathrm{Col}(\boldsymbol{A}')$. 因此, S 为 $\mathrm{Col}(\boldsymbol{A})$ 的一组基当且仅当 $\boldsymbol{P}S$ 为 $\boldsymbol{A}'$ 的一组基. 证毕. □

引理 3.24. 若 $\boldsymbol{A}\in M_{m\times n}(K)$ 为简约行阶梯形矩阵, 则

(1) $\boldsymbol{A}$ 中带首 1 的行构成 $\mathrm{Row}(\boldsymbol{A})$ 的一组基;

(2) $\boldsymbol{A}$ 中带首 1 的列构成 $\mathrm{Col}(\boldsymbol{A})$ 的一组基.

特别地, 简约行阶梯形矩阵的行空间和列空间有相同的维数, 等于其首 1 的个数.

证明. 我们只证明 (2) 而把 (1) 留给读者. 若 $\boldsymbol{A}$ 为零矩阵, 引理自然成立. 下面假设 $\boldsymbol{A}=\left[\begin{array}{c:c:c}\boldsymbol{c}_1 & \cdots & \boldsymbol{c}_n\end{array}\right]$ 有 r 个首 1 $(r>0)$. 设首 1 所在的列为 $\boldsymbol{c}_{i_1},\dots,\boldsymbol{c}_{i_r}$, 并构造 $m\times r$ 矩阵 $\boldsymbol{B}=\left[\begin{array}{c:c:c}\boldsymbol{c}_{i_1} & \cdots & \boldsymbol{c}_{i_r}\end{array}\right]$, 要证明 $\boldsymbol{c}_{i_1},\dots,\boldsymbol{c}_{i_r}$ 构成 $\mathrm{Col}(\boldsymbol{A})$ 的一组基, 只需证

(a) $\boldsymbol{B}\boldsymbol{x}=\boldsymbol{0}$ 只有零解 $(\boldsymbol{0}\in M_{m\times 1}(K))$;

(b) $\boldsymbol{B}\boldsymbol{x}=\boldsymbol{c}_j$ 有解 $(\forall\, 1\leqslant j\leqslant n)$.

由简约行阶梯形的定义可知 $\boldsymbol{A}$ 的每一列 $\boldsymbol{c}_j$ $(1\leqslant j\leqslant n)$ 具有形式 $[a_{1,j},\dots,a_{r,j},0,\dots,0]^{\mathrm{T}}$, 且 $\boldsymbol{B}=\left[\begin{array}{c}\boldsymbol{I}_r\\ \hdashline 0\end{array}\right]$, 其中 $\boldsymbol{I}_r$ 为 $r\times r$ 单位矩阵, $\boldsymbol{0}$ 为 $(n-r)\times r$ 零矩阵, 由此易得 (a) 和 (b). □

推论 3.25. 设 $\boldsymbol{A}\in M_{m\times n}(K)$, 且 $\boldsymbol{A}'$ 是 $\boldsymbol{A}$ 的简约行阶梯形, 则

(1) $\boldsymbol{A}'$ 中带首 1 的行构成 $\mathrm{Row}(\boldsymbol{A})$ 的一组基;

(2) 设 $\boldsymbol{A}=\left[\begin{array}{c:c:c}\boldsymbol{c}_1 & \cdots & \boldsymbol{c}_n\end{array}\right]$, $\boldsymbol{A}'=\left[\begin{array}{c:c:c}\boldsymbol{c}'_1 & \cdots & \boldsymbol{c}'_n\end{array}\right]$, 若 $\boldsymbol{c}'_{i_1},\dots,\boldsymbol{c}'_{i_r}$ 为 $\boldsymbol{A}'$ 中带首 1 的列, 则 $\boldsymbol{c}_{i_1},\dots,\boldsymbol{c}_{i_r}$ 为 $\mathrm{Col}(\boldsymbol{A})$ 的一组基.

证明. (1) 由引理 3.24, $\boldsymbol{A}'$ 中带首 1 的行构成 $\mathrm{Row}(\boldsymbol{A}')$ 的一组基, 又根据命题 3.9 可知 $\mathrm{Row}(\boldsymbol{A})=\mathrm{Row}(\boldsymbol{A}')$, 因此它们也构成了 $\mathrm{Row}(\boldsymbol{A})$ 的一组基.

(2) 由引理 3.24 可得 $\boldsymbol{c}'_{i_1},\dots,\boldsymbol{c}'_{i_r}$ 为 $\boldsymbol{A}'$ 的一组基, 再由命题 3.23 可知 $\boldsymbol{c}_{i_1},\dots,\boldsymbol{c}_{i_r}$ 为 $\mathrm{Col}(\boldsymbol{A}')$ 的一组基. 证毕. □

说明 3.26. 事实上, 若想找到 $\boldsymbol{A}$ 的行空间或列空间的一组基, 只需用高斯消去法把 $\boldsymbol{A}$ 化成行阶梯形矩阵. 这是因为在从行阶梯形继续化成简约行阶梯形矩阵的过程中, 首 1 的位置不会变化.

例 3.27. 令 $S=\{\boldsymbol{v}_1,\boldsymbol{v}_2,\boldsymbol{v}_3,\boldsymbol{v}_4\}$, 其中

$$\boldsymbol{v}_1=(1,2,-1,1),\boldsymbol{v}_2=(-1,-1,1,-1),\boldsymbol{v}_3=(0,3,0,0),\boldsymbol{v}_4=(2,4,-1,2).$$

我们来寻找 $\langle S\rangle\subseteq\mathbb{R}^4$ 的一组基.

构造以 $\boldsymbol{v}_1,\boldsymbol{v}_2,\boldsymbol{v}_3,\boldsymbol{v}_4$ 为列的矩阵

$$\boldsymbol{A}=\begin{bmatrix}1&-1&0&2\\2&-1&3&4\\-1&1&0&-1\\1&-1&0&2\end{bmatrix},$$

则 $\langle S\rangle=\mathrm{Col}(\boldsymbol{A})$. 只需找到 $\mathrm{Col}(\boldsymbol{A})$ 的一组基. 用高斯消去法得到 $\boldsymbol{A}$ 的一个行阶梯形

$$\boldsymbol{A}'=\begin{bmatrix}1&0&3&2\\0&1&3&0\\0&0&0&1\\0&0&0&0\end{bmatrix}.$$

于是 $\boldsymbol{A}'$ 中第一列, 第二列及第四列构成了 $\mathrm{Col}(\boldsymbol{A}')$ 的一组基. 由命题 3.23 可知矩阵 $\boldsymbol{A}$ 的第一列, 第二列及第四列构成了 $\mathrm{Col}(\boldsymbol{A})$ 的一组基, 所以 $\boldsymbol{v}_1,\boldsymbol{v}_2,\boldsymbol{v}_4$ 构成了 $\langle S\rangle$ 的一组基.

定理 3.28. 矩阵的行空间和列空间有相同的维数.

证明. 设 $\boldsymbol{A}\in M_{m\times n}(K)$ 的简约行阶梯形为 $\boldsymbol{A}'$, 由命题 3.9 和 3.23 可知

$$\dim_K\mathrm{Row}(\boldsymbol{A})=\dim_K\mathrm{Row}(\boldsymbol{A}'),\qquad \dim_K\mathrm{Col}(\boldsymbol{A})=\dim_K\mathrm{Col}(\boldsymbol{A}'),$$

再有引理 3.24 可知 $\dim_K\mathrm{Row}(\boldsymbol{A})=\dim_K\mathrm{Col}(\boldsymbol{A})$. □

定义 3.29. 设 $\boldsymbol{A}\in M_{m\times n}(K)$, 我们定义 $\boldsymbol{A}$ 的**秩**为以下非负整数

$$\mathrm{rank}(\boldsymbol{A}):=\dim_K\mathrm{Row}(\boldsymbol{A})=\dim_K\mathrm{Col}(\boldsymbol{A}).$$

由秩的定义不难得到以下命题, 我们把证明留给读者.

命题 3.30. 设 $\boldsymbol{A}\in M_{m\times n}(K)$, 则有

(1) $\operatorname{rank}(\boldsymbol{A})\leqslant\min\{m,n\}$;

(2) $\operatorname{rank}(\boldsymbol{A}^{\mathrm{T}})=\operatorname{rank}(\boldsymbol{A})$.

给定两个矩阵, 那么一个自然的问题是: 它们的线性组合或乘积的秩和原来矩阵的秩有什么关系? 下面的命题给出了一个回答.

命题 3.31. (1) 设 $\boldsymbol{A},\boldsymbol{B}\in M_{m\times n}(K)$, $c,d\in K$, 则

$$\operatorname{rank}(c\boldsymbol{A}+d\boldsymbol{B})\leqslant\operatorname{rank}(\boldsymbol{A})+\operatorname{rank}(\boldsymbol{B}).$$

(2) 设 $\boldsymbol{A}\in M_{m\times n}(K)$, $\boldsymbol{B}\in M_{n\times s}(K)$, 则

$$\operatorname{rank}(\boldsymbol{AB})\leqslant\min\{\operatorname{rank}(\boldsymbol{A}),\operatorname{rank}(\boldsymbol{B})\}.$$

证明. 若 $c=0$, 则 $\operatorname{rank}(c\boldsymbol{A})\leqslant\operatorname{rank}(\boldsymbol{A})$; 若 $c\neq 0$ 则 $\operatorname{rank}(c\boldsymbol{A})=\operatorname{rank}(\boldsymbol{A})$. 总之, 我们有 $\operatorname{rank}(c\boldsymbol{A})\leqslant\operatorname{rank}(\boldsymbol{A})$, 同理可得 $\operatorname{rank}(d\boldsymbol{B})\leqslant\operatorname{rank}(\boldsymbol{B})$. 又注意到

$$\operatorname{Col}(c\boldsymbol{A}+d\boldsymbol{B})\subseteq\operatorname{Col}(c\boldsymbol{A})+\operatorname{Col}(d\boldsymbol{B}),$$

从而有

$$\dim_K\operatorname{Col}(c\boldsymbol{A}+d\boldsymbol{B})\leqslant\dim_K\operatorname{Col}(c\boldsymbol{A})+\dim_K\operatorname{Col}(d\boldsymbol{B}),$$

即

$$\operatorname{rank}(c\boldsymbol{A}+d\boldsymbol{B})\leqslant\operatorname{rank}(c\boldsymbol{A})+\operatorname{rank}(d\boldsymbol{B})\leqslant\operatorname{rank}(\boldsymbol{A})+\operatorname{rank}(\boldsymbol{B}).$$

断言 (1) 得证.

下面证明断言 (2). 因为矩阵 $\boldsymbol{AB}$ 的每一列都是矩阵 $\boldsymbol{A}$ 的列向量的线性组合, 故 $\operatorname{Col}(\boldsymbol{AB})\subseteq\operatorname{Col}(\boldsymbol{A})$, 从而 $\operatorname{rank}(\boldsymbol{AB})\leqslant\operatorname{rank}(\boldsymbol{A})$; 另一方面, 矩阵 $\boldsymbol{AB}$ 的每一行都是矩阵 $\boldsymbol{B}$ 的行向量的线性组合, 因此有 $\operatorname{Row}(\boldsymbol{AB})\subseteq\operatorname{Row}(\boldsymbol{B})$, 从而 $\operatorname{rank}(\boldsymbol{AB})\leqslant\operatorname{rank}(\boldsymbol{B})$. □

命题 3.32. 设 $\boldsymbol{A}\in M_n(K)$, 则

(1) 若存在 $\boldsymbol{B}\in M_n(K)$ 使得 $\boldsymbol{BA}=\boldsymbol{I}_n$, 则 $\boldsymbol{A}$ 可逆, 且 $\boldsymbol{A}^{-1}=\boldsymbol{B}$;

(2) 若存在 $\boldsymbol{B}\in M_n(K)$ 使得 $\boldsymbol{AB}=\boldsymbol{I}_n$, 则 $\boldsymbol{A}$ 可逆, 且 $\boldsymbol{A}^{-1}=\boldsymbol{B}$.

证明. 只证明断言 (1), 断言 (2) 的证明是类似的, 留给读者. 若 $\boldsymbol{BA}=\boldsymbol{I}_n$, 则

$$\boldsymbol{A}=\boldsymbol{AI}_n=\boldsymbol{A}(\boldsymbol{BA})=(\boldsymbol{AB})\boldsymbol{A},$$

即 $(\boldsymbol{I}_n-\boldsymbol{AB})\boldsymbol{A}=\boldsymbol{O}$ 为零矩阵. 另一方面, 我们有 $\operatorname{rank}(\boldsymbol{BA})=\operatorname{rank}(\boldsymbol{I}_n)=n$. 根据命题 3.31 (2), 我们得到 $\operatorname{rank}(\boldsymbol{A})=\operatorname{rank}(\boldsymbol{B})=n$. 特别地, $\operatorname{Col}(\boldsymbol{A})=K^n$. 根据命题 3.22, 任取 $\boldsymbol{x}\in K^n$, 都存在 $\boldsymbol{y}\in K^n$ 使得 $\boldsymbol{Ay}=\boldsymbol{x}$, 从而有 $(\boldsymbol{I}_n-\boldsymbol{AB})\boldsymbol{x}=(\boldsymbol{I}_n-\boldsymbol{AB})\boldsymbol{Ay}=\boldsymbol{0}$. 特别地, 分别取 $\boldsymbol{x}$ 为 $\boldsymbol{I}_n$ 的列向量 $\boldsymbol{e}_1,\dots,\boldsymbol{e}_n$ 便得到 $\boldsymbol{I}_n-\boldsymbol{AB}$ 为零矩阵, 即 $\boldsymbol{AB}=\boldsymbol{I}_n$. □

根据定义, 一个矩阵 $\boldsymbol{A}$ 的秩是它的行空间和列空间的共同维数, 由于 $\operatorname{Col}(\boldsymbol{A})$ 是由 $\boldsymbol{A}$ 的列生成的 K^m 的子空间, 根据第 2 章命题 3.2, 这又等于映射 $\mu_{\boldsymbol{A}}:K^n\to K^m$ 的像的维数. 按线性映射维数定理 2.33,

$$\dim_K K^n=\dim_K \operatorname{Img}(\mu_{\boldsymbol{A}})+\dim_K \operatorname{Ker}(\mu_{\boldsymbol{A}}),$$

即 $n=\operatorname{rank}(\boldsymbol{A})+\dim_K\operatorname{Ker}(\mu_{\boldsymbol{A}})$.

以下我们用线性方程组的理论再说明这个维数公式.

定理 3.33. 设 $\boldsymbol{A}\in M_{m\times n}(K)$, 则有

$$n=\operatorname{rank}(\boldsymbol{A})+\dim_K\operatorname{Ker}(\boldsymbol{A}).$$

证明. 设 $\operatorname{rank}(\boldsymbol{A})=r$, 假设 $\boldsymbol{A}=\left[\begin{array}{c:c:c}\boldsymbol{c}_1 & \cdots & \boldsymbol{c}_n\end{array}\right]$, 其中列向量 $\boldsymbol{c}_{i_1},\dots,\boldsymbol{c}_{i_r}$ 构成 $\operatorname{Row}(\boldsymbol{A})$ 的一组基, 其余列为 $\boldsymbol{c}_{j_1},\dots,\boldsymbol{c}_{j_{n-r}}$. 对 $1\leqslant \ell\leqslant n-r$, 则存在 $c_1^{(\ell)},\dots,c_r^{(\ell)}\in K$, 使得

$$\boldsymbol{c}_{j_\ell}=c_1^{(\ell)}\boldsymbol{c}_{i_1}+\cdots+c_r^{(\ell)}\boldsymbol{c}_{i_r}.$$

对 $1\leqslant \ell\leqslant n-r$, 定义列向量 $\boldsymbol{s}_\ell=(s_1^{(\ell)},\dots,s_n^{(\ell)})^{\mathrm{T}}$, 其中

$$s_i^{(\ell)}:=\begin{cases} c_i^{(\ell)}, & i\in\{i_1,\dots,i_r\};\\ -1, & i=j_\ell;\\ 0, & i\in\{j_1,\dots,j_{n-r}\}\setminus\{j_\ell\},\end{cases}$$

于是下面的引理便完成了定理的证明. □

引理 3.34. $\{\boldsymbol{s}_1,\dots,\boldsymbol{s}_{n-r}\}$ 构成 $\operatorname{Ker}(\boldsymbol{A})$ 的一组基.

证明. 容易验证 $\boldsymbol{s}_1,\dots,\boldsymbol{s}_{n-r}\in\operatorname{Ker}(\boldsymbol{A})$. 注意到给定 $1\leqslant\ell\leqslant n-r$, 列向量 $\boldsymbol{s}_1,\dots,\boldsymbol{s}_{n-r}$ 中 $\boldsymbol{s}_\ell$ 第 j_ℓ 行的元素为 -1, 而其余向量的第 j_ℓ 行的元素为 0, 因此 $\{\boldsymbol{s}_1,\dots,\boldsymbol{s}_{n-r}\}$ 是线性无关的.

下面证明这些向量生成 $\operatorname{Ker}(\boldsymbol{A})$. 任取 $\boldsymbol{s}=[s_1,\dots,s_n]^{\mathrm{T}}\in\operatorname{Ker}(\boldsymbol{A})$, 设 $\boldsymbol{s}+s_{j_1}\boldsymbol{s}_1+\cdots+s_{j_{n-r}}\boldsymbol{s}_{n-r}=[x_1,\dots,x_n]^{\mathrm{T}}$, 我们断言 $x_1=\cdots=x_n=0$, 由该断言可知 $\boldsymbol{s}$ 是 $\boldsymbol{s}_1,\dots,\boldsymbol{s}_{n-r}$ 的线性组合, 命题因而得证.

下面来证明断言. 首先, 由第一段所述 $\boldsymbol{s}_1,\ldots,\boldsymbol{s}_{n-r}$ 的特点可见 $x_{j_1}=\cdots=x_{j_{n-r}}=0$, 又因为 $\boldsymbol{s}+s_{j_1}\boldsymbol{s}_1+\cdots+s_{j_{n-r}}\boldsymbol{s}_{n-r}\in\mathrm{Ker}(\boldsymbol{A})$, 我们有 $\boldsymbol{0}=\sum\limits_{i=1}^{n}x_i\boldsymbol{c}_i=\sum\limits_{\ell=1}^{r}x_{i_\ell}\boldsymbol{c}_i$, 但是 $\{\boldsymbol{c}_1,\ldots,\boldsymbol{c}_{i_r}\}$ 作为 $\mathrm{Col}(\boldsymbol{A})$ 的一组基是线性无关的, 从而有 $x_{i_1}=\cdots=x_{i_r}=0$, 断言得证. □

推论 3.35. 考虑 m 个方程 n 个变元的有解线性方程组 $\boldsymbol{Ax}=\boldsymbol{b}$, 其中 $\mathrm{rank}(\boldsymbol{A})=r$. 若存在列向量 $\boldsymbol{s}_0,\boldsymbol{s}_1,\ldots,\boldsymbol{s}_{n-r}$ 使得方程组的解集为

$$S=\{\boldsymbol{s}_0+t_1\boldsymbol{s}_1+\cdots+t_{n-r}\boldsymbol{s}_{n-r}:t_1,\ldots,t_{n-r}\in K\},$$

则 $\boldsymbol{s}_0$ 是方程组 $\boldsymbol{Ax}=\boldsymbol{b}$ 的解, 且 $\boldsymbol{s}_1,\ldots,\boldsymbol{s}_{n-r}$ 构成 $\mathrm{Ker}(\boldsymbol{A})$ 的一组基. 特别地,

$$\boldsymbol{s}=\boldsymbol{s}_0+t_1\boldsymbol{s}_1+\cdots+t_{n-r}\boldsymbol{s}_{n-r},\qquad t_1,\ldots,t_{n-r}\in K$$

是方程组的一个通解.

证明. 令 $t_1=\cdots=t_{n-r}=0$, 首先得到 $\boldsymbol{s}_0$ 是方程组 $\boldsymbol{Ax}=\boldsymbol{b}$ 的解. 因为 $\dim_K(\mathrm{Ker}(\boldsymbol{A}))=n-r$ (见定理 3.33), 要证 $\boldsymbol{s}_1,\ldots,\boldsymbol{s}_{n-r}$ 是 $\mathrm{Ker}(\boldsymbol{A})$ 的一组基, 只需证明它们生成 $\mathrm{Ker}(\boldsymbol{A})$.

对任意 $1\leqslant i\leqslant n-r$, 令 $t_i=1$, $t_j=0$ $(j\neq i)$ 可得 $\boldsymbol{s}_i\in\mathrm{Ker}(\boldsymbol{A})$, 故 $\langle\boldsymbol{s}_1,\ldots,\boldsymbol{s}_{n-r}\rangle\subseteq\mathrm{Ker}(\boldsymbol{A})$. 现任取 $\boldsymbol{t}\in\mathrm{Ker}(\boldsymbol{A})$, 由于 $\boldsymbol{s}_0+\boldsymbol{t}\in S$, 则由 S 的描述得到 $\boldsymbol{t}\in\langle\boldsymbol{s}_1,\ldots,\boldsymbol{s}_{n-r}\rangle$, 从而得到 $\mathrm{Ker}(\boldsymbol{A})\subseteq\langle\boldsymbol{s}_0,\ldots,\boldsymbol{s}_{n-r}\rangle$, 证毕. □

例 3.36. 回顾例 3.19 中考虑的方程组 (3.6), 注意到方程组的任意一解均可写成

$$\begin{bmatrix}-3t_1-4t_2\\t_1\\-2t_2\\t_2\\t_3\\\frac{1}{3}\end{bmatrix}=\begin{bmatrix}0\\0\\0\\0\\0\\\frac{1}{3}\end{bmatrix}+t_1\begin{bmatrix}-3\\1\\0\\0\\0\\0\end{bmatrix}+t_2\begin{bmatrix}-4\\0\\-2\\1\\0\\0\end{bmatrix}+t_3\begin{bmatrix}0\\0\\0\\0\\1\\0\end{bmatrix},\tag{3.7}$$

且有 $\mathrm{rank}(\boldsymbol{A})=\mathrm{rank}(\boldsymbol{A}')=3$ ($\boldsymbol{A}'$ 为 $\boldsymbol{A}$ 的简约行阶梯形), 再由定理 3.33 得 $\mathrm{Ker}(\boldsymbol{A})=3$, 因此 $[-3,1,0,0,0,0]^{\mathrm{T}}$, $[-4,0,-2,1,0,0]^{\mathrm{T}}$, $[0,0,0,0,1,0]^{\mathrm{T}}$

构成了 $\operatorname{Ker}(\boldsymbol{A})$ 的一组基, 且

$$\boldsymbol{s}=\begin{bmatrix}0\\0\\0\\0\\0\\\frac{1}{3}\end{bmatrix}+t_1\begin{bmatrix}-3\\1\\0\\0\\0\\0\end{bmatrix}+t_2\begin{bmatrix}-4\\0\\-2\\1\\0\\0\end{bmatrix}+t_3\begin{bmatrix}0\\0\\0\\0\\1\\0\end{bmatrix},\qquad t_1,t_2,t_3\in\mathbb{R}$$

是方程组 (3.6) 的一个通解.

一般地, 对一个有解的线性方程组 $\boldsymbol{Ax}=\boldsymbol{b}$, 我们总能通过其增广矩阵的简约行阶梯形把方程组的解写成推论 3.35 中的形式, 并写出一个通解.

推论 3.37. 考虑 m 个方程 n 个变元的齐次线性方程组 $\boldsymbol{Ax}=\boldsymbol{0}$, 若 $m<n$, 则方程组有非零解.

证明. 根据命题 3.30 (1) 有 $\operatorname{rank}(\boldsymbol{A})\leqslant m<n$, 再由定理 3.33 得到

$$\dim_K\operatorname{Ker}(\boldsymbol{A})=n-\operatorname{rank}(\boldsymbol{A})>0,$$

而线性方程组有非零解当且仅当 $\dim_K\operatorname{Ker}(\boldsymbol{A})>0$, 证毕. □

线性方程组并不总是有解, 下面我们给出线性方程组有解的一个判别条件.

命题 3.38. 线性方程组 $\boldsymbol{Ax}=\boldsymbol{b}$ 有解的充分必要条件是 $\operatorname{rank}(\boldsymbol{A})=\operatorname{rank}([\boldsymbol{A}\mid\boldsymbol{b}])$.

证明. 根据命题 3.22, 我们只需证明 $\operatorname{rank}(\boldsymbol{A})=\operatorname{rank}([\boldsymbol{A}\mid\boldsymbol{b}])$ 当且仅当 $\boldsymbol{b}\in\operatorname{Col}(\boldsymbol{A})$. 记 S 为 $\boldsymbol{A}$ 的列向量集, 则 $\operatorname{Col}(\boldsymbol{A})=\langle S\rangle\subseteq\langle S\cup\{\boldsymbol{b}\}\rangle=\operatorname{Col}([\boldsymbol{A}\mid\boldsymbol{b}])$, 而等号成立当且仅当 $\boldsymbol{b}\in\langle S\rangle$, 证毕. □

说明 3.39. 设 $[\boldsymbol{A}\mid\boldsymbol{b}]$ 的简约行阶梯形为 $[\boldsymbol{A}'\mid\boldsymbol{b}']$, 则 $\operatorname{rank}([\boldsymbol{A}\mid\boldsymbol{b}])=\operatorname{rank}([\boldsymbol{A}'\mid\boldsymbol{b}'])$. 因为 $\boldsymbol{A}'$ 为 $\boldsymbol{A}$ 的简约行阶梯形, 又有 $\operatorname{rank}(\boldsymbol{A})=\operatorname{rank}(\boldsymbol{A}')$, 因此 $\operatorname{rank}(\boldsymbol{A})=\operatorname{rank}([\boldsymbol{A}\mid\boldsymbol{b}])$ 当且仅当 $\operatorname{rank}(\boldsymbol{A}')=\operatorname{rank}([\boldsymbol{A}'\mid\boldsymbol{b}'])$, 而由简约行阶梯形矩阵的定义可知后者成立当且仅当列向量 $\boldsymbol{b}'$ 不含首 1, 即 $[\boldsymbol{A}'\mid\boldsymbol{b}']$ 中不会出现 $[0,\ldots,0\mid 1]$ 这样的行.

接下来我们考虑方阵的可逆性与线性方程组和矩阵的秩的联系.

定理 3.40. 设 $\boldsymbol{A}\in M_n(K)$, 以下条件是等价的:

(1) $\boldsymbol{A}$ 可逆;

(2) 齐次线性方程组 $\boldsymbol{Ax}=\boldsymbol{0}$ 有且只有零解;

(3) $\boldsymbol{A}$ 的简约行阶梯形为 n 阶方阵 $\boldsymbol{I}_n$;

(4) $\boldsymbol{A}$ 是一些初等矩阵的乘积;

(5) 对任意的 $\boldsymbol{b}\in M_{n\times 1}(K)$, 方程组 $\boldsymbol{Ax}=\boldsymbol{b}$ 有唯一解;

(6) 对任意的 $\boldsymbol{b}\in M_{n\times 1}(K)$, 方程组 $\boldsymbol{Ax}=\boldsymbol{b}$ 有解;

(7) $\operatorname{rank}(\boldsymbol{A})=n$.

证明. 我们来证明 (1) $\Rightarrow$ (2) $\Rightarrow$ (3) $\Rightarrow$ (4) $\Rightarrow$ (1), 然后证明 (1) $\Rightarrow$ (5) $\Rightarrow$ (6) $\Rightarrow$ (1), 最后证明 (2) $\Leftrightarrow$ (7).

(1) $\Rightarrow$ (2). 零向量显然是齐次方程组的解. 设 $\boldsymbol{s}$ 是任意一个解, 则 $\boldsymbol{As}=\boldsymbol{0}$, 对等式两边同时左乘 $\boldsymbol{A}^{-1}$ 得到 $\boldsymbol{s}=\boldsymbol{0}$.

(2) $\Rightarrow$ (3). 由于线性方程组 $A\boldsymbol{x}=\boldsymbol{0}$ 只有零解, 故 $\dim_K \operatorname{Ker}(\boldsymbol{A})=0$, 再由定理 3.33 得到 $\operatorname{rank}(\boldsymbol{A})=n$. 设 $\boldsymbol{A}'$ 为 $\boldsymbol{A}$ 的简约行阶梯形, 则 $\operatorname{rank}(\boldsymbol{A}')=n$. 由于 $\boldsymbol{A}'$ 为方阵且有 n 个首 1, 这些首 1 必定位于主对角线上 (否则, 首 1 数量必定严格少于 n), 这就证明了 $\boldsymbol{A}'=\boldsymbol{I}_n$.

(3) $\Rightarrow$ (4). 由 (3) 可知存在初等矩阵 $\boldsymbol{E}_1,\ldots,\boldsymbol{E}_k$ 使得 $\boldsymbol{E}_k\cdots\boldsymbol{E}_1\boldsymbol{A}=\boldsymbol{I}_n$, 由于初等矩阵的逆仍为初等矩阵, $\boldsymbol{A}=\boldsymbol{E}_1^{-1}\cdots\boldsymbol{E}_k^{-1}$ 是一些初等矩阵的乘积.

(4) $\Rightarrow$ (1). 初等矩阵可逆且可逆矩阵的乘积仍然可逆.

(1) $\Rightarrow$ (5) $\Rightarrow$ (6) 是显然的. 我们来证明 (6) $\Rightarrow$ (1). 取 $\boldsymbol{I}_n$ 的列向量 $\boldsymbol{e}_1,\ldots,\boldsymbol{e}_n$, 根据假设, 方程组 $\boldsymbol{Ax}=\boldsymbol{e}_i$ 有解 $\boldsymbol{s}_i$ ($\forall 1\leqslant i\leqslant n$), 构造矩阵 $\boldsymbol{C}=\left[\begin{array}{c:c:c}\boldsymbol{s}_1 & \cdots & \boldsymbol{s}_n\end{array}\right]$, 则

$$\boldsymbol{AC}=\boldsymbol{A}\left[\begin{array}{c:c:c}\boldsymbol{s}_1 & \cdots & \boldsymbol{s}_n\end{array}\right]=\left[\begin{array}{c:c:c}\boldsymbol{As}_1 & \cdots & \boldsymbol{As}_n\end{array}\right]=\boldsymbol{I}_n,$$

根据命题 3.32 可知 $\boldsymbol{A}$ 可逆.

最后, 根据定理 3.33 推出 (2) 和 (7) 是等价的. □

判断方阵是否可逆和计算方阵的逆方阵.

给定一个 n 阶方阵 $\boldsymbol{A}$, 我们想知道:

(1) $\boldsymbol{A}$ 是否可逆?

(2) 若 $\boldsymbol{A}$ 可逆, 它的逆矩阵是什么?

下面介绍的方法可同时满足这两个愿望.

我们知道对 $\boldsymbol{A}$ 进行有限步初等行变换可得到简约行阶梯形 $\boldsymbol{A}'$, 假设对分块矩阵 $\left[\begin{array}{c:c}\boldsymbol{A} & \boldsymbol{I}_n\end{array}\right]$ 执行同样的初等行变换得到矩阵 $\left[\begin{array}{c:c}\boldsymbol{A}' & \boldsymbol{B}\end{array}\right]$, 我们断言:

(1) $\boldsymbol{A}$ 可逆当且仅当 $\boldsymbol{A}' = \boldsymbol{I}_n$;

(2) 若 $\boldsymbol{A}$ 可逆, 则 $\boldsymbol{B} = \boldsymbol{A}^{-1}$.

我们来证明这两个断言. 首先, 由命题 3.7 可知, 存在可逆矩阵 $\boldsymbol{P} \in M_n(K)$ 使得 $\boldsymbol{A}' = \boldsymbol{P}\boldsymbol{A}$, 则

$$\left[\begin{array}{c:c}\boldsymbol{A}' & \boldsymbol{B}\end{array}\right] = \boldsymbol{P}\left[\begin{array}{c:c}\boldsymbol{A} & \boldsymbol{I}_n\end{array}\right] = \left[\begin{array}{c:c}\boldsymbol{P}\boldsymbol{A} & \boldsymbol{P}\end{array}\right].$$

根据定理 3.40 (3) 可知 $\boldsymbol{A}$ 可逆当且仅当 $\boldsymbol{A}' = \boldsymbol{I}_n$. 另一方面, 若 $\boldsymbol{A}$ 可逆, 则 $\boldsymbol{P}\boldsymbol{A} = \boldsymbol{I}_n$, 立即有 $\boldsymbol{B} = \boldsymbol{P} = \boldsymbol{A}^{-1}$, 断言得证.

例 3.41. 判断 $\boldsymbol{A}$ 是否可逆, 若是可逆, 求出 $\boldsymbol{A}^{-1}$, 其中

$$\boldsymbol{A} = \begin{bmatrix} 2 & 7 & 1 \\ 1 & 4 & -1 \\ 1 & 3 & 0 \end{bmatrix}.$$

用高斯消去法将下列分块矩阵中左边的矩阵变成简约行阶梯形

$$\left[\begin{array}{c:c}\boldsymbol{A} & \boldsymbol{I}_3\end{array}\right] = \left[\begin{array}{ccc:ccc} 2 & 7 & 1 & 1 & 0 & 0 \\ 1 & 4 & -1 & 0 & 1 & 0 \\ 1 & 3 & 0 & 0 & 0 & 1 \end{array}\right].$$

首先调换第一行和第二行, 得到矩阵

$$\left[\begin{array}{ccc:ccc} 1 & 4 & -1 & 0 & 1 & 0 \\ 2 & 7 & 1 & 1 & 0 & 0 \\ 1 & 3 & 0 & 0 & 0 & 1 \end{array}\right].$$

将第一行的 -2 倍和 -1 倍分别加到第二行和第三行, 得到矩阵

$$\left[\begin{array}{ccc:ccc} 1 & 4 & -1 & 0 & 1 & 0 \\ 0 & -1 & 3 & 1 & -2 & 0 \\ 0 & -1 & 1 & 0 & -1 & 1 \end{array}\right],$$

对第二行乘以 -1, 得到矩阵

$$\left[\begin{array}{ccc:ccc} 1 & 4 & -1 & 0 & 1 & 0 \\ 0 & 1 & -3 & -1 & 2 & 0 \\ 0 & -1 & 1 & 0 & -1 & 1 \end{array}\right],$$

将第二行加到第三行, 得到矩阵

$$\left[\begin{array}{ccc:ccc} 1 & 4 & -1 & 0 & 1 & 0 \\ 0 & 1 & -3 & -1 & 2 & 0 \\ 0 & 0 & -2 & -1 & 1 & 1 \end{array}\right],$$

此时左边的矩阵为行阶梯形矩阵, 我们继续把它化成简约行阶梯形矩阵

$$\left[\begin{array}{ccc:ccc} 1 & 0 & 0 & \frac{-3}{2} & \frac{-3}{2} & \frac{11}{2} \\ 0 & 1 & 0 & \frac{1}{2} & \frac{1}{2} & \frac{-3}{2} \\ 0 & 0 & 1 & \frac{1}{2} & \frac{-1}{2} & \frac{-1}{2} \end{array}\right],$$

因此 $\boldsymbol{A}$ 可逆, 且 $\boldsymbol{A}^{-1} = \frac{1}{2}\begin{bmatrix} -3 & -3 & 11 \\ 1 & 1 & -3 \\ 1 & -1 & -1 \end{bmatrix}$.

在结束本节以前, 我们介绍一种和初等行变换相关的矩阵操作, 在定义 3.4 中将 “行” 字全部替换成 “列” 字, 便得到**初等列变换**的定义.

设对矩阵 $\boldsymbol{A}$ 执行一个初等列变换 (T) 得到矩阵 $\boldsymbol{B}$, 现对单位矩阵 $\boldsymbol{I}_n$ 执行同一个初等列变换 (T) 得到矩阵 $\boldsymbol{F}$, 我们便说 $\boldsymbol{F}$ 是对应于这个初等列变换 (T) 的 (列) 初等矩阵. 不难验证 $\boldsymbol{B} = \boldsymbol{AF}$. 注意, 在此我们是以初等矩阵右乘! 可以分三种情况讨论:

- 若初等列变换是调换第 i 列和第 j 列, 则对应的初等矩阵 $\boldsymbol{F}$ 是调换 $\boldsymbol{I}_n$ 的第 i 列和第 j 列.
- 若初等列变换是第 i 列乘以非零纯量 $c \in K^{\times}$ 后得到的, 则 $\boldsymbol{F}$ 是 $\boldsymbol{I}_n$ 的第 i 列乘以非零纯量 c 后得到的.
- 若初等列变换是将第 i 列的 c 倍 $(c \in K)$ 加到第 j 列后得到的, 则 $\boldsymbol{F}$ 是将 $\boldsymbol{I}_n$ 的第 i 列的 c 倍加到第 j 列后得到的.

初等列变换与初等行变换有类似的性质, 我们将其中一些重要的性质总结如下:

命题 3.42. (1) 对矩阵做一次初等列变换, 相当于用对应的初等矩阵右乘该矩阵.

(2) 对矩阵进行有限次初等列变换后, 矩阵的列空间不变.

(3) 若矩阵 $\boldsymbol{A}'$ 是对 $\boldsymbol{A}$ 做有限次初等列变换后得到的, 则 $\boldsymbol{A}$ 中的某些行向量线性无关当且仅当 $\boldsymbol{A}'$ 中相应的行向量线性无关.

(4) 若矩阵 $\boldsymbol{A}'$ 是对 $\boldsymbol{A}$ 做有限次初等列变换后得到的, 则 $\boldsymbol{A}$ 中的某些行向量构成 $\mathrm{Row}(\boldsymbol{A})$ 的一组基当且仅当 $\boldsymbol{A}'$ 中相应的行向量构成 $\mathrm{Row}(\boldsymbol{A}')$ 的一组基. 特别地, $\dim_K \mathrm{Row}(\boldsymbol{A}) = \dim_K \mathrm{Row}(\boldsymbol{A}')$.

当然, 类似于初等行变换的相应结论的证明 (见命题 3.23), 我们可以分类讨论证明. 这里我们介绍另一个思路, 可将初等行变换的结论转化为初等列变换的结论.

设 $\boldsymbol{A} \in M_{m\times n}(K)$, 首先回顾: 一个矩阵的转置是把原矩阵的行 (列) 变成列 (行), 故此, 对 $\boldsymbol{A}$ 进行的一次初等列变换可分解为: 首先对 $\boldsymbol{A}$ 的转置 $\boldsymbol{A}^{\mathrm{T}}$ 做相应的初等行变换, 再对得到的矩阵作转置.

用这个思路来证明命题 3.42 的断言 (1). 对 $\boldsymbol{A}$ 进行一次初等列变换相当于: 首先对 $\boldsymbol{A}^{\mathrm{T}}$ 进行一次初等行变换得到矩阵 $\boldsymbol{E}'\boldsymbol{A}^{\mathrm{T}}$ ($\boldsymbol{E}'$ 是一个初等矩阵), 然后做转置得到 $(\boldsymbol{E}'\boldsymbol{A}^{\mathrm{T}})^{\mathrm{T}} = \boldsymbol{A}(\boldsymbol{E}')^{\mathrm{T}}$. $\boldsymbol{E} := (\boldsymbol{E}')^{\mathrm{T}}$ 是初等矩阵, 断言 (1) 从而得证. 读者可尝试用这个思路来证明命题 3.42 的断言 (2) 和 (3).

命题 3.43. 设 $\boldsymbol{A} \in M_{m\times n}(K)$, 若 $\boldsymbol{P} \in M_m(K)$, $\boldsymbol{Q} \in M_n(K)$ 为可逆矩阵, 则有

(1) $\mathrm{rank}(\boldsymbol{PA}) = \mathrm{rank}(\boldsymbol{A})$;

(2) $\mathrm{rank}(\boldsymbol{AQ}) = \mathrm{rank}(\boldsymbol{A})$;

(3) $\mathrm{rank}(\boldsymbol{PAQ}) = \mathrm{rank}(\boldsymbol{A})$.

证明. 结合断言 (1) 和 (2) 可得到断言 (3), 下证 (1) 和 (2). 由定理 3.40 (4), $\boldsymbol{P}$ 和 $\boldsymbol{Q}$ 都是一些初等矩阵的乘积, 因此 $\boldsymbol{PA}$ 和 $\boldsymbol{AQ}$ 是对 $\boldsymbol{A}$ 分别作一系列初等行变换和初等列变换得到的. 由命题 3.9 可得 $\mathrm{rank}(\boldsymbol{PA}) = \mathrm{rank}(\boldsymbol{A})$, 由命题 3.42 (4) 可得 $\mathrm{rank}(\boldsymbol{AQ}) = \mathrm{rank}(\boldsymbol{A})$. □

最后, 可以从线性变换的角度来证明命题 3.43. 我们来证明断言 (3), 断言 (1) 和 (2) 都是 (3) 的简单推论. 对 $\boldsymbol{A} \in M_{m\times n}(K)$, 我们有线性映射 $\mu_{\boldsymbol{A}}\colon K^n \to K^m$, 取 K^n 的标准基 e 和 K^m 的标准基 f, 则有 $[\mu_{\boldsymbol{A}}]_{e,f} = \boldsymbol{A}$. 因为 $\boldsymbol{P} \in M_m(K)$, $\boldsymbol{Q} \in M_n(K)$ 为可逆矩阵, $e' := \boldsymbol{P}e$ 和 $f' := \boldsymbol{P}f$ 仍为 K^n 和 K^m 的一组基. 根据命题 3.2 (4), 有 $\mathrm{Col}([\mu_{\boldsymbol{A}}]_{e',f'}) \cong \mathrm{Col}(\boldsymbol{A}) \cong \mathrm{Img}(\mu_{\boldsymbol{A}})$, 从而 $\mathrm{rank}([\phi]_{e',f'}) = \mathrm{rank}(\boldsymbol{A})$; 另一方面, 由命题 2.55 可得 $[\mu_{\boldsymbol{A}}]_{e',f'} = \boldsymbol{P}[\mu_{\boldsymbol{A}}]_{e,f}\boldsymbol{Q} = \boldsymbol{PAQ}$; 特别地, $\mathrm{rank}([\mu_{\boldsymbol{A}}]_{e',f'}) = \mathrm{rank}(\boldsymbol{PAQ})$. 从而得到 $\mathrm{rank}(\boldsymbol{A}) = \mathrm{rank}(\boldsymbol{PAQ})$.

习　题

1. 决定以下集是否线性相关:

(1) $\{(1,-1,2),\ (1,-2,1),\ (1,1,4)\} \subset \mathbb{R}^3$;

(2) $\{(-1,2,-1),\ (2,0,1),\ (1,-1,2)\} \subset \mathbb{R}^3$;

(3) $\left\{\begin{bmatrix} 3 & -6 \\ -9 & 12 \end{bmatrix},\ \begin{bmatrix} 1 & -2 \\ -3 & 4 \end{bmatrix}\right\} \subset M_{2\times 2}(\mathbb{R})$;

(4) $\left\{\begin{bmatrix} 1 & 0 \\ -2 & 1 \end{bmatrix},\ \begin{bmatrix} 0 & -1 \\ 1 & 1 \end{bmatrix},\ \begin{bmatrix} -1 & 2 \\ 1 & 0 \end{bmatrix},\ \begin{bmatrix} 2 & 1 \\ 2 & -2 \end{bmatrix}\right\} \subset M_{2\times 2}(\mathbb{R})$.

2. 证明: 第 (I) 类初等行变换可分解为若干次第 (II) 类以及第 (III) 类初等变换的复合. (提示: 证明第 (I) 类初等矩阵可写作若干第 (II) 类和第 (III) 类初等矩阵的乘积.)

3. 证明: 初等矩阵的转置仍为初等矩阵.

4. 试举例说明: 若 $\boldsymbol{A}$ 是行阶梯形矩阵, 则从 $\boldsymbol{A}$ 中去掉其中一列后得到的矩阵不一定是行阶梯形矩阵.

5. 假设增广矩阵 $[\boldsymbol{A} \mid \boldsymbol{b}]$ 的简约行阶梯形是 $[\boldsymbol{A}' \mid \boldsymbol{b}']$, 证明: 矩阵 $\boldsymbol{A}'$, $[\boldsymbol{A}' \mid \boldsymbol{b}']$ 和 $[\boldsymbol{A}' \mid \boldsymbol{0}]$ 分别是矩阵 $\boldsymbol{A}$, $[\boldsymbol{A} \mid \boldsymbol{b}]$ 和 $[\boldsymbol{A} \mid \boldsymbol{0}]$ 的简约行阶梯形.

6. 证明: 一个矩阵的简约行阶梯形是唯一的.

7. 若 K 为无限域 (例如 $K = \mathbb{R}$) 且线性方程组 $\boldsymbol{A}\boldsymbol{x} = \boldsymbol{b}$ 有解, 则解集要么只有一个元素, 要么有无限多个元素.

8. 解下列 $\mathbb{R}$ 上的线性方程组:

(1) $$\begin{cases} -x_1 - 2x_2 + 3x_3 = 0 \\ x_1 + x_2 + 2x_3 = 0 \\ 3x_1 - 7x_2 + 4x_3 = 0 \end{cases}$$

(2) $$\begin{cases} 2x_1 + 2x_2 + 2x_3 = 0 \\ -2x_1 + 5x_2 + 2x_3 = 1 \\ 8x_1 + x_2 + 4x_3 = -1 \end{cases}$$

(3) $$\begin{cases} -2x_3 + 7x_5 = 12 \\ 2x_1 + 4x_2 - 10x_3 + 6x_4 + 12x_5 = 28 \\ 2x_1 + 4x_2 - 5x_3 + 6x_4 - 5x_5 = -1 \end{cases}$$

9. 证明命题 3.22.

10. 找出 $\mathbb{R}^3$ 的线性子空间 $U \cap W$ 的一组基, 其中

$$U = \left\langle \begin{bmatrix} 1 \\ 1 \\ 2 \end{bmatrix}, \begin{bmatrix} 2 \\ 2 \\ 3 \end{bmatrix} \right\rangle, \qquad W = \left\langle \begin{bmatrix} -1 \\ 0 \\ 2 \end{bmatrix}, \begin{bmatrix} 0 \\ 1 \\ 3 \end{bmatrix} \right\rangle.$$

11. 若 $\boldsymbol{A} = \begin{bmatrix} 1 & 3 & 4 \\ 4 & 5 & 1 \\ 3 & 7 & 2 \\ 0 & 1 & 2 \\ 1 & -2 & 3 \\ -4 & 1 & 3 \end{bmatrix}$, $\boldsymbol{B} = \begin{bmatrix} 1 & 4 & -1 & 3 & 5 & 6 \\ 0 & -1 & 2 & 4 & -1 & 0 \\ 6 & -1 & 10 & 4 & 3 & 1 \end{bmatrix}$, 计算可知

$$\boldsymbol{AB} = \begin{bmatrix} 25 & -3 & 45 & 31 & 14 & 10 \\ 10 & 10 & 16 & 36 & 18 & 25 \\ 15 & 3 & 31 & 45 & 14 & 20 \\ 12 & -3 & 22 & 12 & 5 & 2 \\ 19 & 3 & 25 & 7 & 16 & 9 \\ 14 & -20 & 36 & 4 & -12 & -21 \end{bmatrix}.$$

试不通过计算来说明 $\boldsymbol{AB}$ 不可逆.

12. 证明: 线性方程组 $\boldsymbol{Ax} = \boldsymbol{b}$ 的主变元的数量为 $\operatorname{rank}(\boldsymbol{A})$, 而参变元的数量为 $\dim_K(\operatorname{Ker}(\boldsymbol{A}))$.

13. 设 $\boldsymbol{A} \in M_{m\times n}(K)$, $\boldsymbol{b} \in M_{m\times 1}(K)$, 证明: 线性方程组 $\boldsymbol{Ax} = \boldsymbol{b}$ 有唯一解的充分必要条件是 $\operatorname{rank}(\boldsymbol{A}) = n$.

14. 设 $\boldsymbol{A} \in M_{m\times n}(K)$, 证明: 线性方程组 $\boldsymbol{Ax} = \boldsymbol{b}$ 对所有 $\boldsymbol{b} \in M_{m\times 1}(K)$ 有解的充要条件是 $\operatorname{rank}(\boldsymbol{A}) = m$.

15. 设

$$\boldsymbol{A} = \begin{bmatrix} 3 & 0 & 5 & 2 & 1 \\ -3 & -12 & -4 & 5 & -5 \\ 1 & -4 & 2 & 3 & -1 \end{bmatrix} \in M_{3\times 5}(\mathbb{R}).$$

(1) 找出 $\operatorname{Row}(\boldsymbol{A})$, $\operatorname{Col}(\boldsymbol{A})$ 和 $\operatorname{Ker}(\boldsymbol{A})$ 的一组基.

(2) 写出齐次线性方程组 $\boldsymbol{Ax} = \boldsymbol{0}$ 的一个通解.

(3) 方程组 $\boldsymbol{Ax}=\boldsymbol{b}$ 是否对所有的 $\boldsymbol{b}\in M_{5\times 1}(\mathbb{R})$ 均有解? 给出你的理由.

(4) 不通过具体计算 $\boldsymbol{A}^{\mathrm{T}}\boldsymbol{A}$ 来判断 $\boldsymbol{A}^{\mathrm{T}}\boldsymbol{A}$ 是否可逆.

16. 设 $\boldsymbol{A}\in M_{m\times n}(K)$, 证明:

(1) $\mathrm{Ker}(\boldsymbol{A})=\mathrm{Ker}(\boldsymbol{A}^{\mathrm{T}}\boldsymbol{A})$;

(2) 对任意 $\boldsymbol{b}\in M_{n\times 1}(K)$, 方程组 $\boldsymbol{A}^{\mathrm{T}}\boldsymbol{Ax}=\boldsymbol{A}^{\mathrm{T}}\boldsymbol{b}$ 有解 (此方程组称作 $\boldsymbol{Ax}=\boldsymbol{b}$ 的**正规方程组**).

17. 设

$$\boldsymbol{A}=\begin{bmatrix} a & b \\ c & d \end{bmatrix}\in M_2(K),$$

证明: $\boldsymbol{A}$ 可逆当且仅当 $ad-bc\neq 0$; 若 $\boldsymbol{A}$ 可逆, 则

$$\boldsymbol{A}^{-1}=\frac{1}{ad-bc}\begin{bmatrix} d & -b \\ -c & a \end{bmatrix}.$$

18. 设 $\boldsymbol{A}\in M_n(K)$, 利用定理 3.40 中的某个条件来证明下列条件等价:

(1) $\boldsymbol{A}$ 可逆;

(2) $\boldsymbol{A}$ 的行向量线性无关;

(3) $\boldsymbol{A}$ 的列向量线性无关.

19. (1) 设 $\boldsymbol{A}\in M_{m\times n}(K)$ 且秩为 r, 证明: 存在两个秩为 r 的矩阵 $\boldsymbol{C}\in M_{m\times r}(K)$, $\boldsymbol{D}\in M_{r\times n}(K)$, 使得 $\boldsymbol{A}=\boldsymbol{CD}$. 这样的分解叫做 $\boldsymbol{A}$ 的一个**秩分解**. (提示: 将 $\boldsymbol{A}$ 的列向量表示成 $\mathrm{Col}(\boldsymbol{A})$ 的一组基向量的线性组合.)

(2) 假设 $K=\mathbb{R}$. 利用高斯消去法得到 $\boldsymbol{A}$ 的一个秩分解, 其中

$$\boldsymbol{A}=\begin{bmatrix} 3 & -1 & 1 \\ 0 & 1 & 6 \\ -6 & 3 & 4 \end{bmatrix}.$$

20. 判断下列元素在 $\mathbb{R}$ 上的方阵是否可逆, 若可逆则找出其逆矩阵.

(1) $\begin{bmatrix} -8 & -4 & 5 \\ 2 & 1 & 0 \\ 4 & 2 & -1 \end{bmatrix}$ (2) $\begin{bmatrix} 0 & 0 & 2 & 0 \\ 1 & 0 & 0 & 1 \\ 0 & -1 & 3 & 0 \\ 2 & 1 & 5 & -3 \end{bmatrix}$ (3) $\begin{bmatrix} 1 & 0 & 0 & 0 \\ 1 & 3 & 0 & 0 \\ 1 & 3 & 5 & 0 \\ 1 & 3 & 5 & 7 \end{bmatrix}$

21. 解释: 分别由以下条件决定的集是否为 $\mathbb{R}^4$ 的子空间?

(1) $3x-7y+4z=10,\ x-2y+z=3,\ 2x-y-2z=6.$

(2) $3x-7y+4z=0,\ x-2y+z=0,\ 2x-y-2z=0.$

(3) $x+2y+2z=2,\ x+8z+5t=-6,\ x+y+5z+5t=3.$

(4) $x+2y+2z=0,\ x+8z+5t=0,\ x+y+5z+5t=0.$

(5) $x+2y+2z=2,\ x+8z+5t=-6,\ x+y+5z+5t<3.$

22. 设 $\boldsymbol{A}\in M_{m\times n}(K)$ 且秩为 r, 证明: 存在可逆矩阵 $\boldsymbol{P}\in M_m(K)$, $\boldsymbol{Q}\in M_n(K)$, 使得

$$\boldsymbol{PAQ}=\left[\begin{array}{c:c}\boldsymbol{I}_r & \boldsymbol{O}_{r\times(n-r)}\\ \hdashline \boldsymbol{O}_{(m-r)\times(n-r)} & \boldsymbol{O}_{(m-r)\times(n-r)}\end{array}\right].$$

(提示: 利用初等行变换和初等列变换并对 m 做归纳.)

23. 定义

$$\phi\colon M_2(\mathbb{R})\longrightarrow M_2(\mathbb{R}),\qquad \boldsymbol{A}\longmapsto \boldsymbol{A}-\boldsymbol{A}^{\mathrm{T}}.$$

(1) 证明: ϕ 是线性映射.

(2) 找出 $\mathrm{Ker}(\phi)$ 和 $\mathrm{Img}(\phi)$.

(3) 判断 ϕ 是否为单射、满射或同构, 并给出你的理由.

24. 以 V 记列向量空间 K^n, 证明: V 的任意子空间 W 是某齐次方程组 $\boldsymbol{Ax}=\boldsymbol{0}$ 的解空间.

25. 定义线性映射 $\varphi\colon\mathbb{R}^n\to\mathbb{R}^n$,

$$\phi((x_1,\ldots,x_n)):=(x_1+x_n,x_2+x_{n-1},\ldots,x_n+x_1).$$

计算 $\dim\mathrm{Ker}\,\varphi$ 和 $\dim\mathrm{Img}\,\varphi$.

第 4 章　行列式

本章中 K 是一个固定域. 若无特别说明, n 是一个 $\geqslant 1$ 的整数. $M_n(K)$ 或 $M_{n\times n}(K)$ 是全体系数在 K 中的 $n\times n$ 矩阵.

行列式是从 $M_n(K)$ 到 K 的一个含有对称性质的函数, 一般从 $n=2$ 开始定义如下

$$D:\begin{bmatrix} a_{11} & a_{12} \\ a_{21} & a_{22} \end{bmatrix} \mapsto a_{11}a_{22}-a_{21}a_{12}.$$

当 $n>2$ 时,

$$\boldsymbol{A}=\begin{bmatrix} a_{11} & \dots & a_{1m} \\ \vdots & \ddots & \vdots \\ a_{n1} & \dots & a_{nm} \end{bmatrix}, \qquad a_{ij}\in K,$$

便定义 $\boldsymbol{A}$ 的行列式 $D(\boldsymbol{A})$ 为

$$D(\boldsymbol{A})=\sum_{\sigma\in\mathcal{S}_n}\operatorname{sgn}(\sigma)a_{1,\sigma(1)}\cdots a_{n,\sigma(n)},$$

或为

$$D(\boldsymbol{A})=\sum_{i=1}^{n}a_{ij}c_{ij}$$

其中 c_{ij} 是用 $(n-1)\times(n-1)$ 矩阵的行列式算出. 这样做当然很快, 但却只让我们觉得行列式是个神奇的公式. 一方面, 从 $n=2$ 的公式是很难想象出 $n>2$ 时的公式; 另一方面, 如此做便忽略了行列式的对称结构; 正是因为这个对称结构, 行列式才成为非常有用、处处可见的公式, 如黎景辉《代数 K 理论》(科学出版社) §16.4 陈省身示性类, §7.3 Deligne 行列式函子.

让我们把 2×2 矩阵改写为列向量

$$\boldsymbol{A}=\begin{bmatrix} a_{11} & a_{12} \\ a_{21} & a_{22} \end{bmatrix}=\begin{bmatrix} \boldsymbol{a}_1 \\ \boldsymbol{a}_2 \end{bmatrix},$$

其中 $\boldsymbol{a}_i=[a_{i1},a_{i2}]$ 是原矩阵的第 i 行, 然后把行列式看作列向量的函数

$$D\left(\begin{bmatrix}\boldsymbol{a}_1\\\boldsymbol{a}_2\end{bmatrix}\right)=a_{11}a_{22}-a_{21}a_{12}.$$

取 $c\in K$, $\boldsymbol{b}=[b_1,b_2]$, 则

(1) $D\left(\begin{bmatrix}c\boldsymbol{a}_1\\\boldsymbol{a}_2\end{bmatrix}\right)=cD\left(\begin{bmatrix}\boldsymbol{a}_1\\\boldsymbol{a}_2\end{bmatrix}\right),\ D\left(\begin{bmatrix}\boldsymbol{a}_1\\c\boldsymbol{a}_2\end{bmatrix}\right)=cD\left(\begin{bmatrix}\boldsymbol{a}_1\\\boldsymbol{a}_2\end{bmatrix}\right);$

(2) $D\left(\begin{bmatrix}\boldsymbol{a}_1+\boldsymbol{b}\\\boldsymbol{a}_2\end{bmatrix}\right)=D\left(\begin{bmatrix}\boldsymbol{a}_1\\\boldsymbol{a}_2\end{bmatrix}\right)+D\left(\begin{bmatrix}\boldsymbol{b}\\\boldsymbol{a}_2\end{bmatrix}\right),$

$D\left(\begin{bmatrix}\boldsymbol{a}_1\\\boldsymbol{a}_2+\boldsymbol{b}\end{bmatrix}\right)=D\left(\begin{bmatrix}\boldsymbol{a}_1\\\boldsymbol{a}_2\end{bmatrix}\right)+D\left(\begin{bmatrix}\boldsymbol{a}_1\\\boldsymbol{b}\end{bmatrix}\right);$

(3) $D\left(\begin{bmatrix}\boldsymbol{b}\\\boldsymbol{b}\end{bmatrix}\right)=0.$

这些都是很容易验证的. 例如, 从 $c\boldsymbol{a}_1=[ca_{11},ca_{12}]$ 得

$$D\left(\begin{bmatrix}c\boldsymbol{a}_1\\\boldsymbol{a}_2\end{bmatrix}\right)=ca_{11}a_{22}-a_{21}ca_{12}=c(a_{11}a_{22}-a_{21}a_{12})=cD\left(\begin{bmatrix}\boldsymbol{a}_1\\\boldsymbol{a}_2\end{bmatrix}\right).$$

现在我们推广如下: 取 $n\times n$ 矩阵

$$\boldsymbol{A}=[a_{ij}]=\begin{bmatrix}\boldsymbol{a}_1\\\vdots\\\boldsymbol{a}_n\end{bmatrix},\qquad \boldsymbol{a}_i=[a_{i1},\ldots,a_{in}].$$

问: 能否存在函数 $D(\boldsymbol{A})$, 使得

(1) $D\left(\begin{bmatrix}\boldsymbol{a}_1\\\vdots\\c\boldsymbol{a}_i\\\vdots\\\boldsymbol{a}_n\end{bmatrix}\right)=cD\left(\begin{bmatrix}\boldsymbol{a}_1\\\vdots\\\boldsymbol{a}_i\\\vdots\\\boldsymbol{a}_n\end{bmatrix}\right),\ 1\leqslant i\leqslant n,\ c\in K;$

(2) $D\left(\begin{bmatrix}\boldsymbol{a}_1\\\vdots\\\boldsymbol{a}_i+\boldsymbol{b}\\\vdots\\\boldsymbol{a}_n\end{bmatrix}\right)=D\left(\begin{bmatrix}\boldsymbol{a}_1\\\vdots\\\boldsymbol{a}_i\\\vdots\\\boldsymbol{a}_n\end{bmatrix}\right)+D\left(\begin{bmatrix}\boldsymbol{a}_1\\\vdots\\\boldsymbol{b}\\\vdots\\\boldsymbol{a}_n\end{bmatrix}\right),\ 1\leqslant i\leqslant n,$ 其中 $\boldsymbol{b}=[b_1,\ldots,b_n]$, $b_j\in K$;

(3) $D\left(\begin{bmatrix} \boldsymbol{a}_1 \\ \vdots \\ \boldsymbol{a}_n \end{bmatrix}\right) = 0$, 若有 $i \neq j$, $\boldsymbol{a}_i = \boldsymbol{a}_j$.

若可证明 D 存在, 则问: 在什么条件下 D 是唯一的.

余下本章解答以上问题.

本章的难处是公式比较复杂, 原因是我们要处理多个变元. 同样的情况出现在学习微分时我们从一个变元的微分提升至多变元的微分. 但是在这里我们还要考虑一个问题: 当我们把一个多变元函数变元的次序更改后会产生什后果? 结果是我们得到数学里的一个超神奇的公式: 行列式.

4.1 交错映射

定义 4.1. 从域 K 上的线性空间 V 到域 K 上的线性空间 W 上的一个 n **线性映射**, 是指一个映射

$$f\colon \underbrace{V \times \cdots \times V}_{n\text{ 次}} \longrightarrow W,$$

并且等式

$$\begin{aligned} &f(\boldsymbol{v}_1, \ldots, \boldsymbol{v}_{i-1}, c\boldsymbol{v}_i + \boldsymbol{v}, \boldsymbol{v}_{i+1}, \ldots, \boldsymbol{v}_n) \\ &\quad = cf(\boldsymbol{v}_1, \ldots, \boldsymbol{v}_{i-1}, \boldsymbol{v}_i, \boldsymbol{v}_{i+1}, \ldots, \boldsymbol{v}_n) + f(\boldsymbol{v}_1, \ldots, \boldsymbol{v}_{i-1}, \boldsymbol{v}, \boldsymbol{v}_{i+1}, \ldots, \boldsymbol{v}_n) \end{aligned}$$

对所有 $(\boldsymbol{v}_1, \ldots, \boldsymbol{v}_n) \in V \times \cdots \times V$, $\boldsymbol{v} \in V$, $c \in K$ 及 $1 \leqslant i \leqslant n$ 都成立, 即映射 f 对每一个分量都是线性的, 也称 f 是**多重线性的**.

一般地, 若 V 是 K 上的线性空间, 我们称一个映射 $f\colon V \to K$ 为一个函数.

说明 4.2. 把 $V \times \cdots \times V$ 看成一个 K 线性空间, 则一个 n 线性映射 $f\colon V \times \cdots \times V \longrightarrow W$ 是一个线性映射. 反之不然, 例如

$$V \times V \longrightarrow V, \qquad (\boldsymbol{v}_1, \boldsymbol{v}_2) \longmapsto \boldsymbol{v}_1 + \boldsymbol{v}_2$$

是一个线性映射, 但不是 2 线性的.

引理 4.3. 多重线性映射的线性组合仍是多重线性映射.

证明. 给定 $V\times\cdots\times V$ 到 W 的 n 线性映射 $f_1,\dots,f_m$ 及纯量 $c_1,\dots,c_m\in K$. 要证明 $c_1f_1+\cdots+c_mf_m$ 是 n 线性映射, 只需验证对任意 $1\leqslant i\leqslant n$, 关系

$$\begin{aligned}&(c_1f_1+\cdots+c_mf_m)(\boldsymbol{v}_1,\dots,c\boldsymbol{v}_i+\boldsymbol{v},\dots,\boldsymbol{v}_n)\\&=c(c_1f_1+\cdots+c_mf_m)(\boldsymbol{v}_1,\dots,\boldsymbol{v}_n)\\&\quad+(c_1f_1+\cdots+c_mf_m)(\boldsymbol{v}_1,\dots,\boldsymbol{v}_{i-1},\boldsymbol{v},\boldsymbol{v}_{i+1},\dots,\boldsymbol{v}_n)\end{aligned}$$

对所有 $(\boldsymbol{v}_1,\dots,\boldsymbol{v}_n)\in V\times\cdots\times V$, $\boldsymbol{v}\in V$ 和 $c\in K$ 都成立. 我们留给读者来验证. □

定义 4.4. 给定 K 线性空间 V 和 W, 称一个映射

$$f\colon \underbrace{V\times\ldots\times V}_{n\,\text{次}}\longrightarrow W$$

是**交错 n 线性映射**, 若 f 满足以下两个性质:

(1) 多重线性性: f 是 n 线性的;

(2) 交错性: 只要 $\boldsymbol{v}_1,\dots,\boldsymbol{v}_n\in V$ 中存在 $\boldsymbol{v}_i=\boldsymbol{v}_j$ (其中 $i\neq j$), 则 $f(\boldsymbol{v}_1,\dots,\boldsymbol{v}_n)=\boldsymbol{0}$.

命题 4.5. 给定域 K 上的线性空间 V, W 及一个交错 n 线性函数 $f\colon V\times\cdots\times V\to W$ 和 $v=(\boldsymbol{v}_1,\dots,\boldsymbol{v}_n)\in V\times\cdots\times V$, 若 $v'\in V\times\cdots\times V$ 是由交换 v 的分量 i 和分量 j 所得 $(i\neq j)$, 则 $f(v')=-f(v)$.

证明. 不妨设 $i<j$. 由 f 的多重线性性, 有

$$\begin{aligned}&f(\boldsymbol{v}_1,\dots,\underbrace{\boldsymbol{v}_i+\boldsymbol{v}_j}_{\text{分量 } i},\dots,\underbrace{\boldsymbol{v}_i+\boldsymbol{v}_j}_{\text{分量 } j},\dots,\boldsymbol{v}_n)\\&=f(\boldsymbol{v}_1,\dots,\boldsymbol{v}_i,\dots,\boldsymbol{v}_i,\dots,\boldsymbol{v}_n)+f(\boldsymbol{v}_1,\dots,\boldsymbol{v}_i,\dots,\boldsymbol{v}_j,\dots,\boldsymbol{v}_n)\\&\quad+f(\boldsymbol{v}_1,\dots,\boldsymbol{v}_j,\dots,\boldsymbol{v}_i,\dots,\boldsymbol{v}_n)+f(\boldsymbol{v}_1,\dots,\boldsymbol{v}_j,\dots,\boldsymbol{v}_j,\dots,\boldsymbol{v}_n).\end{aligned}$$

由 f 的交错性得

$$\begin{aligned}\boldsymbol{0}&=f(\boldsymbol{v}_1,\dots,\boldsymbol{v}_i+\boldsymbol{v}_j,\dots,\boldsymbol{v}_i+\boldsymbol{v}_j,\dots,\boldsymbol{v}_n)\\&=f(\boldsymbol{v}_1,\dots,\boldsymbol{v}_i,\dots,\boldsymbol{v}_i,\dots,\boldsymbol{v}_n)\\&=f(\boldsymbol{v}_1,\dots,\boldsymbol{v}_j,\dots,\boldsymbol{v}_j,\dots,\boldsymbol{v}_n)=\boldsymbol{0},\end{aligned}$$

代入前式得到

$$f(\boldsymbol{v}_1,\dots,\boldsymbol{v}_i,\dots,\boldsymbol{v}_j,\dots,\boldsymbol{v}_n)+f(\boldsymbol{v}_1,\dots,\boldsymbol{v}_j,\dots,\boldsymbol{v}_i,\dots,\boldsymbol{v}_n)=\boldsymbol{0},$$

即 $f(v')=-f(v)$. □

以上命题是说多重交错映射满足性质: 交换任意两个分量后映射变号 (这个性质也称作**反对称性**). 易证若 K 的特征 $\neq 2$ 且 n 线性映射 f 满足反对称性, 则 f 是交错 n 线性映射. 若 K 的特征是 2, 我们定义 2 重线性映射

$$f\colon K \times K \longrightarrow K, \qquad (x, y) \mapsto xy.$$

则 f 满足反对称性:

$$f(y, x) = yx = xy = -xy = -f(x, y).$$

但 f 不满足交错性, 因为只要 $x \neq 0$, 则 $f(x, x) = x^2 \neq 0$.

推论 4.6. 设 $f\colon V \times \cdots \times V \to W$ 是一个 n 线性映射, 且满足: 只要 $v = (\boldsymbol{v}_1, \ldots, \boldsymbol{v}_n) \in V \times \cdots \times V$ 中有指标 $1 \leqslant i \leqslant n-1$ 使得 $\boldsymbol{v}_i = \boldsymbol{v}_{i+1}$, 则 $f(v) = \mathbf{0}$, 那么 f 是一个交错 n 线性映射.

引理 4.7. 若映射 $f\colon \underbrace{V \times \cdots \times V}_{n\text{次}} \longrightarrow W$ 满足性质: 在交换任意相邻分量后 f 变号, 则 f 满足反对称性, 即交换任意两个分量后 f 变号.

证明. 任取 $v = (\boldsymbol{v}_1, \ldots, \boldsymbol{v}_n) \in V \times \cdots \times V$, 假设

$$v' = (\boldsymbol{v}_1, \ldots, \boldsymbol{v}_j, \ldots, \boldsymbol{v}_i, \ldots, \boldsymbol{v}_n)$$

是交换 v 的分量 i 和分量 j 后得到的 $(1 \leqslant i < j \leqslant n)$. 我们需要证明 $f(v) = -f(v')$. 若 $j = i+1$, 则由引理的假设自然有 $f(v') = -f(v)$. 下设 $j > i+1$.

首先对 v 进行一系列交换相邻分量的操作得到 v', 分成两个过程:

(1) 上升: 不断交换 $\boldsymbol{v}_i$ 和其后继分量 (从交换 $\boldsymbol{v}_i$ 和 $\boldsymbol{v}_{i+1}$ 开始), 直到得到

$$v'' := (\boldsymbol{v}_1, \ldots, \boldsymbol{v}_{i-1}, \boldsymbol{v}_{i+1}, \ldots, \boldsymbol{v}_j, \boldsymbol{v}_i, \boldsymbol{v}_{j+1}, \ldots, \boldsymbol{v}_n),$$

这一过程共有 $j - i$ 步.

(2) 下降: 从 v'' 开始, 不断交换 $\boldsymbol{v}_j$ 和其前继分量, 直到得到

$$v' = (\boldsymbol{v}_1, \ldots, \boldsymbol{v}_{i-1}, \boldsymbol{v}_j, \boldsymbol{v}_{i+1}, \ldots, \boldsymbol{v}_{j-1}, \boldsymbol{v}_i, \boldsymbol{v}_{j+1}, \ldots, \boldsymbol{v}_n),$$

这一过程共有 $j - i - 1$ 步.

因此, 通过 $2(j-i)-1$ 次交换相邻分量的操作后, 我们可从 v 得到 v', 而每次操作后 f 变号, 因此 $f(v') = (-1)^{2(j-i)-1} f(v) = -f(v)$. □

线性映射

$$\varphi\colon \underbrace{K^n \times \cdots \times K^n}_{n\text{次}} \longrightarrow M_{n\times n}(K), \qquad (\boldsymbol{a}_1, \ldots, \boldsymbol{a}_n) \longmapsto \begin{bmatrix} \boldsymbol{a}_1 \\ \vdots \\ \boldsymbol{a}_n \end{bmatrix}$$

是一个同构.

定义 4.8. 称函数 $D\colon M_{n\times n}(K) \to K$ 是一个

(1) n **线性函数**, 若 $D \circ \varphi$ 是 n 线性函数, 或说 D 是 n 阶方阵上的多重线性函数;

(2) **交错 n 线性函数**, 若 $D \circ \varphi$ 是交错 n 线性函数, 或说 D 是 n 阶方阵上的交错多重线性函数.

我们常将 $D\circ\varphi$ 简记成 D, 则 D 是 n 线性的当且仅当对任意 $1 \leqslant i \leqslant n$, 关系

$$D(\boldsymbol{a}_1, \ldots, c\boldsymbol{a}_i + \boldsymbol{b}, \ldots, \boldsymbol{a}_n) = cD(\boldsymbol{a}_1, \ldots, \boldsymbol{a}_n) + D(\boldsymbol{a}_1, \ldots, \boldsymbol{b}, \ldots, \boldsymbol{a}_n)$$

对所有 $\boldsymbol{A} = \begin{bmatrix} \boldsymbol{a}_1 \\ \vdots \\ \boldsymbol{a}_n \end{bmatrix}$, $\boldsymbol{b} \in K^n$ 和 $c \in K$ 都成立. 也把上述关系描述成 D 对第 i 行是线性的.

例 4.9. 给定一个双射 $\sigma\colon \{1, \ldots, n\} \to \{1, \ldots, n\}$, 定义

$$D\colon M_{n\times n}(K) \longrightarrow K, \qquad \boldsymbol{A} = [a_{ij}] \longmapsto a_{1,\sigma(1)} \cdots a_{n,\sigma(n)}.$$

我们来证明 D 是 n 线性函数 (在本例中不再区分 D 和 $D \circ \varphi$). 记 $\boldsymbol{A}$ 的行向量为 $\boldsymbol{a}_1, \ldots, \boldsymbol{a}_n$. 任取 $\boldsymbol{b} = (b_1, \ldots, b_n) \in K^n$, $1 \leqslant i \leqslant n$ 和 $c \in K$, 有

$$\begin{aligned} & D(\boldsymbol{a}_1, \ldots, c\boldsymbol{a}_i + \boldsymbol{b}, \ldots, \boldsymbol{a}_n) \\ & = a_{1,\sigma(1)} \cdots a_{i-1,\sigma(i-1)}(ca_{i,\sigma(i)} + b_{\sigma(i)})a_{i+1,\sigma(i+1)} \cdots a_{n,\sigma(n)} \\ & = ca_{1,\sigma(1)} \cdots a_{n,\sigma(n)} + a_{1,\sigma(1)} \cdots a_{i-1,\sigma(i-1)}b_{\sigma(i)}a_{i+1,\sigma(i+1)} \cdots a_{n,\sigma(n)} \\ & = cD(\boldsymbol{a}_1, \ldots, \boldsymbol{a}_n) + D(\boldsymbol{a}_1, \ldots, \boldsymbol{b}, \ldots, \boldsymbol{a}_n), \end{aligned}$$

可见 D 是 n 线性的.

定义 4.10. 称 n 阶方阵上的一个交错多重线性函数 D 为 n 阶方阵上的**行列式函数**, 若 $D(\boldsymbol{I}_n) = 1$.

显然, $D([a]) := a$ 给出了 1 阶方阵上唯一的行列式函数. 在本节我们将证明行列式函数的存在性, 而在下一节证明行列式函数的唯一性.

例 4.11. 定义

$$D\colon M_{2\times 2}(K) \longrightarrow K, \qquad \boldsymbol{A} = [a_{ij}] \longmapsto a_{11}a_{22} - a_{12}a_{21}.$$

易证 $D(\boldsymbol{I}_2) = 1$. 我们来验证 D 是 2 阶方阵上的线性交错函数.

交错性易证明: 若 $\boldsymbol{A}$ 中两行相等, 即 $a_{11} = a_{21}, a_{12} = a_{22}$, 则 $D(\boldsymbol{A}) = a_{11}a_{22} - a_{11}a_{22} = 0$.

再证多重线性性. 令 ϵ 为 $\{1,2\}$ 到 $\{1,2\}$ 的恒等映射, 由例 4.9 可知, $D_1(\boldsymbol{A}) := a_{1,\epsilon(1)}a_{2,\epsilon(2)} = a_{11}a_{22}$ 是一个 2 线性函数. 令 $\sigma(1) = 2$, $\sigma(2) = 1$, 则 σ 是 $\{1,2\}$ 到 $\{1,2\}$ 的一个双射. 同样由例 4.9 可知, $D_2(\boldsymbol{A}) := a_{1,\sigma(1)}a_{2,\sigma(2)} = a_{12}a_{21}$ 是一个 2 线性映射, 则 $D = D_1 - D_2$. 根据引理 4.3 可得 D 是一个 2 线性函数.

定义 4.12. 给定 $n > 1$ 及 $\boldsymbol{A} \in M_{n\times n}(K)$, 记 $\boldsymbol{A}[i,j]$ 为由 A 划去第 i 行第 j 列后得到的 $n-1$ 阶方阵, 若 D 是 $n-1$ 阶矩阵上的交错多重线性函数, 定义 $D_{ij}(\boldsymbol{A}) = D(\boldsymbol{A}[i,j])$.

定理 4.13. 给定 $n > 1$ 及 $n-1$ 阶矩阵上的交错多重线性映射 D, 对任意 $1 \leqslant j \leqslant n$, 定义

$$D_j\colon M_{n\times n}(K) \longrightarrow K, \qquad \boldsymbol{A} = [a_{ij}] \longmapsto \sum_{i=1}^{n} (-1)^{i+j} a_{ij} D_{ij}(\boldsymbol{A}),$$

则有

(1) D_j 是 n 阶方阵上的交错多重线性函数;

(2) 若 D 是行列式函数, 则 D_j 是行列式函数.

证明. (1) 首先证明 D_j 是多重线性的, 即 D_j 对第 k 行是线性的 $(1 \leqslant k \leqslant n)$. 当 $i \neq k$ 时, D_{ij} 对第 k 行是线性的, 再根据引理 4.3 可知, $\sum\limits_{1\leqslant i\leqslant n,\, i\neq k} (-1)^{i+j} a_{ij} D_{ij}$ 对第 k 行是线性的. 任取 $\boldsymbol{A} \in M_{n\times n}(K)$, $\boldsymbol{b} \in K^n$ 和 $c \in K$, 并假设 $\boldsymbol{A}$ 的行向量是 $\boldsymbol{a}_1, \ldots, \boldsymbol{a}_n$. 由于 D_{kj} 的定义与第 k 行无关, 即得

$$\begin{aligned} D_{kj}(\boldsymbol{a}_1, \ldots, c\boldsymbol{a}_k + \boldsymbol{b}, \ldots, \boldsymbol{a}_n) &= D_{kj}(\boldsymbol{a}_1, \ldots, \boldsymbol{a}_k, \ldots, \boldsymbol{a}_n) \\ &= D_{kj}(\boldsymbol{a}_1, \ldots, \boldsymbol{b}, \ldots, \boldsymbol{a}_n), \end{aligned}$$

从而有

$$\begin{aligned}&(ca_{kj}+b_j)D_{kj}(\boldsymbol{a}_1,\ldots,c\boldsymbol{a}_k+\boldsymbol{b},\ldots,\boldsymbol{a}_n))\\&=ca_{kj}D_{kj}(\boldsymbol{a}_1,\ldots,\boldsymbol{a}_k,\ldots,\boldsymbol{a}_n)+b_jD_{kj}(\boldsymbol{a}_1,\ldots,\boldsymbol{b},\ldots,\boldsymbol{a}_n).\end{aligned}\tag{4.1}$$

接下来计算

$$\begin{aligned}D_j(\boldsymbol{A})&=D_j(\boldsymbol{a}_1,\ldots,c\boldsymbol{a}_k+\boldsymbol{b},\ldots,\boldsymbol{a}_n)\\&=\sum_{1\leqslant i\leqslant n,\,i\neq k}(-1)^{i+j}a_{ij}D_{ij}(\boldsymbol{a}_1,\ldots,c\boldsymbol{a}_k+\boldsymbol{b},\ldots,\boldsymbol{a}_n)\\&\qquad+(-1)^{k+j}(ca_{kj}+b_j)D_{kj}(\boldsymbol{a}_1,\ldots,c\boldsymbol{a}_k+\boldsymbol{b},\ldots,\boldsymbol{a}_n)\\&=\Big(c\sum_{1\leqslant i\leqslant n,i\neq k}(-1)^{i+j}a_{ij}D_{ij}(\boldsymbol{a}_1,\ldots,\boldsymbol{a}_k,\ldots,\boldsymbol{a}_n)\\&\qquad+\sum_{1\leqslant i\leqslant n,\,i\neq k}(-1)^{i+j}a_{ij}D_{ij}(\boldsymbol{a}_1,\ldots,\boldsymbol{b},\ldots,\boldsymbol{a}_n)\Big)\\&\qquad\quad+\Big((-1)^{k+j}ca_{kj}D_{kj}(\boldsymbol{a}_1,\ldots,\boldsymbol{a}_k,\ldots,\boldsymbol{a}_n)\\&\qquad\qquad+(-1)^{k+j}b_jD_{kj}(\boldsymbol{a}_1,\ldots,\boldsymbol{b},\ldots,\boldsymbol{a}_n)\Big)\\&=\Big(c\sum_{1\leqslant i\leqslant n,\,i\neq k}(-1)^{i+j}a_{ij}D_{ij}(\boldsymbol{a}_1,\ldots,\boldsymbol{a}_k,\ldots,\boldsymbol{a}_n)\\&\qquad+c\cdot(-1)^{k+j}a_{kj}D_{kj}(\boldsymbol{a}_1,\ldots,\boldsymbol{a}_k,\ldots,\boldsymbol{a}_n)\Big)\\&\qquad\quad+\Big(\sum_{1\leqslant i\leqslant n,\,i\neq k}(-1)^{i+j}a_{ij}D_{ij}(\boldsymbol{a}_1,\ldots,\boldsymbol{b},\ldots,\boldsymbol{a}_n)\\&\qquad\qquad+(-1)^{k+j}b_jD_{kj}(\boldsymbol{a}_1,\ldots,\boldsymbol{b},\ldots,\boldsymbol{a}_n)\Big)\\&=cD_j(\boldsymbol{a}_1,\ldots,\boldsymbol{a}_k,\ldots,\boldsymbol{a}_n)+D_j(\boldsymbol{a}_1,\ldots,\boldsymbol{b},\ldots,\boldsymbol{a}_n),\end{aligned}$$

其中第三个等号分别用到了 $\sum\limits_{1\leqslant i\leqslant n,\,i\neq k}(-1)^{i+j}a_{ij}D_{ij}$ 对第 k 行是线性的以及式 (4.1). 这就证明了 D_j 对第 k 行是线性的.

再来证明 D_j 的交错性. 根据推论 4.6, 只需证明: 若 $\boldsymbol{A}$ 中有两行 $\boldsymbol{a}_k=\boldsymbol{a}_{k+1}$ 相等 $(1\leqslant k\leqslant n-1)$, 则 $D_j(\boldsymbol{A})=0$. 当 $i\neq k$ 或 $i\neq k+1$ 时, $\boldsymbol{A}[i,j]$ 有两行相同, 由 D 的交错性得到 $D_{ij}(\boldsymbol{A})=D(\boldsymbol{A}[i,j])=0$. 故此,

$$D_j(\boldsymbol{A})=(-1)^{k+j}a_{kj}D_{k,j}(\boldsymbol{A})+(-1)^{k+1+j}a_{k+1,j}D_{k+1,j}(\boldsymbol{A}).$$

由假设 $\boldsymbol{a}_k=\boldsymbol{a}_{k+1}$, 我们有 $a_{kj}=a_{k+1,j}$ 且 $\boldsymbol{A}[k,j]=\boldsymbol{A}[k+1,j]$, 从而 $D_j(\boldsymbol{A})=0$.

(2) 假设 D 是行列式函数, 我们需要证明 $D_j(\boldsymbol{I}_n)=1$. 记 $\boldsymbol{I}_n=[c_{ij}]$, 则 $c_{ij}=\delta_{ij}$, 从而有

$$D_j(\boldsymbol{I}_n)=(-1)^{j+j}D_{jj}(\boldsymbol{I}_n)=D_{jj}(\boldsymbol{I}_n)=D(\boldsymbol{I}_n(j,j)).$$

注意到 $\boldsymbol{I}_n(j,j)$ 是 $n-1$ 阶单位方阵, 而 D 是 $n-1$ 阶方阵上的行列式函数, 从而有 $D_{jj}(\boldsymbol{I}_n)=1$. □

我们知道 1 阶方阵上的行列式函数是唯一存在的, 利用定理 4.13, 便可归纳地得到 n 阶方阵上的行列式函数的存在性.

推论 4.14. 给定 $n\geqslant 1$, 存在 n 阶方阵上的行列式函数.

例 4.11 中给出的 2 阶方阵上的行列式函数便是利用了定理 4.13 的方式构造的.

4.2 行列式

设 D 是 n 阶方阵上的交错多重线性函数, 设 $\boldsymbol{A}=[a_{ij}]\in M_{n\times n}(K)$ 且记行向量为 $\boldsymbol{a}_1,\ldots,\boldsymbol{a}_n$. 令 $\boldsymbol{e}_1,\ldots,\boldsymbol{e}_n$ 为单位方阵 $\boldsymbol{I}_n$ 的行向量, 则有以下表达式

$$\boldsymbol{a}_1=\sum_{k_1=1}^{n}a_{1,k_1}\boldsymbol{e}_{k_1},\quad \boldsymbol{a}_2=\sum_{k_2=1}^{n}a_{2,k_2}\boldsymbol{e}_{k_2},\quad \ldots,\quad \boldsymbol{a}_n=\sum_{k_n=1}^{n}a_{n,k_n}\boldsymbol{e}_{k_n}.$$

因此有

$$\begin{aligned}
D(\boldsymbol{A})&=D(\boldsymbol{a}_1,\ldots,\boldsymbol{a}_n)\\
&=D\left(\sum_{k_1=1}^{n}a_{1,k_1}\boldsymbol{e}_{k_1},\sum_{k_2=1}^{n}a_{2,k_2}\boldsymbol{e}_{k_2},\ldots,\sum_{k_n=1}^{n}a_{n,k_n}\boldsymbol{e}_{k_n}\right)\\
&=\sum_{k_1=1}^{n}a_{1,k_1}D\left(\boldsymbol{e}_{k_1},\sum_{k_2=1}^{n}a_{2,k_2}\boldsymbol{e}_{k_2},\ldots,\sum_{k_n=1}^{n}a_{n,k_n}\boldsymbol{e}_{k_n}\right)\\
&=\sum_{k_2=1}^{n}\sum_{k_1=1}^{n}a_{2,k_2}a_{1,k_1}D\left(\boldsymbol{e}_{k_1},\boldsymbol{e}_{k_2},\ldots,\sum_{k_n=1}^{n}a_{n,k_n}\boldsymbol{e}_{k_n}\right)\\
&\cdots\\
&=\sum_{k_n=1}^{n}\cdots\sum_{k_2=1}^{n}\sum_{k_1=1}^{n}a_{n,k_n}\cdots a_{1,k_1}D(\boldsymbol{e}_{k_1},\ldots,\boldsymbol{e}_{k_n}).
\end{aligned}\tag{4.2}$$

每个求和项 $a_{n,k_n}\cdots a_{1,k_1}D(\boldsymbol{e}_{k_1},\ldots,\boldsymbol{e}_{j_n})$ 对应一个有序数组 $(k_1,\ldots,k_n)$, 若存在 $i\neq j$ 使得 $k_i=k_j$, 则由 D 的交错性可知该求和项为 0. 因此, 只需考虑其项为两两不同的有序数组 $(k_1,\ldots,k_n)$, 这样的数组也称作 $\{1,\ldots,n\}$ 的一个**排列**. 此时 (4.2) 可写作

$$D(\boldsymbol{A})=\sum_{(k_1,\ldots,k_n)} a_{n,k_n}\cdots a_{1,k_1}D(\boldsymbol{e}_{k_1},\ldots,\boldsymbol{e}_{k_n}), \tag{4.3}$$

其中 $(k_1,\ldots,k_n)$ 跑遍 $\{1,\ldots,n\}$ 的所有排列.

注意到, $\{1,\ldots,n\}$ 的一个排列 $(k_1,\ldots,k_n)$ 定义了一个双射

$$\sigma\colon\{1,\ldots,n\}\longrightarrow\{1,\ldots,n\},\qquad \sigma(1):=k_1,\ldots,\sigma(n):=k_n.$$

相反, 一个双射 $\sigma\colon\{1,2,\ldots,n\}\to\{1,2,\ldots,n\}$ 也定义了 $\{1,\ldots,n\}$ 的一个排列 $(\sigma(1),\ldots,\sigma(n))$.

定义 4.15. 集 $\{1,2,\ldots,n\}$ 上的一个**置换**是指一个双射 $\sigma\colon\{1,2,\ldots,n\}\to\{1,2,\ldots,n\}$, 又称 σ 为 n 次置换. 由所有 n 次置换所组成的集合记为 $\mathcal{S}_n$.

设 $1\leqslant i<j\leqslant n$. 定义 $\sigma(i)=j$, $\sigma(j)=i$, $\sigma(k)=k$. 若 $k\neq i,j$, 则 $\sigma\in\mathcal{S}_n$, 称这样的置换 σ 为**对换**. 若 σ 为对换, 则 σ^{-1} 亦为对换.

根据 $\mathcal{S}_n$ 与 $\{1,\ldots,n\}$ 的排列之间的对应关系, (4.3) 可写作

$$D(\boldsymbol{A})=\sum_{\sigma\in\mathcal{S}_n} a_{1,\sigma(1)}\cdots a_{n,\sigma(n)}D(\boldsymbol{e}_{\sigma(1)},\ldots,\boldsymbol{e}_{\sigma(n)}). \tag{4.4}$$

我们总可以通过有限步对换将排列 $(\sigma(1),\ldots,\sigma(n))$ 变成 $(1,\ldots,n)$. 例如, 可以首先将 $(\sigma(1),\ldots,\sigma(n))$ 中的 $\sigma(1)$ 和 1 进行对换, 得到 $(1,\sigma(2),\ldots,\sigma(1),\ldots,\sigma(n))$, 接着对换 $\sigma(2)$ 和 2, 如此一直进行下去便得到 $(1,\ldots,n)$. 通过一系列对换将 $(\sigma(1),\ldots,\sigma(n))$ 变为 $(1,\ldots,n)$ 的方法有很多, 其中经过的对换次数也可能不同. 我们断言: 无论用哪种方法, 用到的对换次数要么都是奇数, 要么都是偶数.

断言的证明. 设有一种方法可通过 m 次对换将 $(\sigma(1),\ldots,\sigma(n))$ 变为 $(1,\ldots,n)$. 首先固定一个多项式函数 D, 由 D 的反对称性 (命题 4.5), 每次对换后 D 变号, 故而有

$$D(\boldsymbol{e}_{\sigma(1)},\ldots,\boldsymbol{e}_{\sigma(n)})=(-1)^mD(\boldsymbol{e}_1,\ldots,\boldsymbol{e}_n)=(-1)^mD(\boldsymbol{I}_n)=(-1)^m. \tag{4.5}$$

假设有另外一种方法可通过 m' 次对换将 $(\sigma(1),\ldots,\sigma(n))$ 变为 $(1,\ldots,n)$, 同理可得

$$D(\boldsymbol{e}_{\sigma(1)},\ldots,\boldsymbol{e}_{\sigma(n)})=(-1)^{m'}.$$

因此, $(-1)^m = (-1)^{m'}$, 即 m' 和 m 要么同为奇数, 要么同为偶数. 断言得证. □

换言之, 通过一系列对换将 $(\sigma(1),\ldots,\sigma(n))$ 变为 $(1,\ldots,n)$ 时用到的对换次数的奇偶性只和 σ 有关, 而和选用的方法无关.

定义 4.16. 设 $\sigma \in \mathscr{S}_n$. 若可通过奇数次对换将 $(\sigma(1),\ldots,\sigma(n))$ 变为 $(1,\ldots,n)$, 则称 σ 是**奇置换**, 否则称为**偶置换**. 定义

$$\operatorname{sgn}(\sigma) = \begin{cases} -1, & \sigma\text{为奇置换;} \\ 1, & \sigma\text{为偶置换.} \end{cases}$$

称 $\operatorname{sgn}\colon \mathscr{S}_n \to \{-1,1\}$ 为 $\mathscr{S}_n$ 的**符号函数**, 称 $\operatorname{sgn}(\sigma)$ 为 σ 的**符号**.

设通过 m 次对换可将 $(\sigma(1),\ldots,\sigma(n))$ 变成 $(1,\ldots,n)$, 则 $\operatorname{sgn}(\sigma) = (-1)^m$. 由 (4.3) 和 (4.4), n 阶方阵上的交错多重线性函数满足公式

$$D(\boldsymbol{A}) = \sum_{\sigma\in\mathscr{S}_n} \operatorname{sgn}(\sigma) a_{1,\sigma(1)}\cdots a_{n,\sigma(n)} D(\boldsymbol{I}_n). \tag{4.6}$$

特别地, 若 D 是行列式函数, 则 $D(\boldsymbol{I}_n) = 1$, 代入 (4.6) 后便得到了 n 阶方阵上的行列式函数的唯一性及其公式.

定理 4.17. 存在唯一 n 阶方阵上的行列式函数 D, 并且对任意 $\boldsymbol{A} = [a_{ij}] \in M_{n\times n}(K)$, 有以下公式

$$D(\boldsymbol{A}) = \sum_{\sigma\in\mathscr{S}_n} \operatorname{sgn}(\sigma) a_{1,\sigma(1)}\cdots a_{n,\sigma(n)}.$$

定义 4.18. 以 det 记任意阶方阵上唯一的行列式函数. 若 $\boldsymbol{A} \in M_{n\times n}(K)$, 称 $\det \boldsymbol{A}$ 为 $\boldsymbol{A}$ 的**行列式**, 又记 $\det \boldsymbol{A}$ 为 $|\boldsymbol{A}|$. 一个 n 阶方阵的行列式也称作一个 n 阶行列式.

例 4.19. 显然有 $\mathscr{S}_2 = \{\epsilon,\sigma\}$, 其中 ϵ 为恒同置换, $\sigma(1) := 2$, $\sigma(2) := 1$. 易证 $\operatorname{sgn}(\epsilon) = 1$, $\operatorname{sgn}(\sigma) = -1$. 任取 $\boldsymbol{A} = [a_{ij}] \in M_2(K)$, 根据定理 4.17, 有

$$\det \boldsymbol{A} = \operatorname{sgn}(\epsilon) a_{1,\epsilon(1)} a_{2,\epsilon(2)} + \operatorname{sgn}(\sigma) a_{1,\sigma(1)} a_{2,\sigma(2)} = a_{11}a_{22} - a_{12}a_{21}.$$

将记号 $\det \boldsymbol{A}$ 代入 (4.6) 后即得下面推论.

推论 4.20. 设 $D\colon M_n(K) \to K$ 为交错多重线性函数, 则有

$$D(\boldsymbol{A}) = (\det \boldsymbol{A}) D(\boldsymbol{I}_n).$$

推论 4.21. 给定 $n>1$. 设 $\boldsymbol{A}=[a_{ij}]\in M_{n\times n}(K)$, 对任意 $1\leqslant j\leqslant n$ 有公式

$$\det \boldsymbol{A}=\sum_{i=1}^{n}(-1)^{i+j}a_{ij}\det(\boldsymbol{A}[i,j]).$$

称上式为 $\det \boldsymbol{A}$ 按第 j 列的展开式.

证明. 根据定理 4.13, $\det_j(\boldsymbol{A})=\sum\limits_{i=1}^{n}(-1)^{i+j}a_{ij}\det(\boldsymbol{A}[i,j])$ 是 n 阶方阵上的行列式函数, 由行列式函数的唯一性 (定理 4.17) 可得 $\det \boldsymbol{A}=\det_j(\boldsymbol{A})$. □

例 4.22. 设 $\boldsymbol{A}=[a_{ij}]\in M_3(K)$. 分别记 $\det_1(\boldsymbol{A})$, $\det_2(\boldsymbol{A})$ 和 $\det_3(\boldsymbol{A})$ 为 $\det \boldsymbol{A}$ 按第 1 列, 第 2 列和第 3 列的展开式, 则

$$\det_1(\boldsymbol{A})=a_{11}\begin{vmatrix}a_{22}&a_{23}\\a_{32}&a_{33}\end{vmatrix}-a_{21}\begin{vmatrix}a_{12}&a_{13}\\a_{32}&a_{33}\end{vmatrix}+a_{31}\begin{vmatrix}a_{12}&a_{13}\\a_{22}&a_{23}\end{vmatrix},$$

$$\det_2(\boldsymbol{A})=-a_{12}\begin{vmatrix}a_{21}&a_{23}\\a_{31}&a_{33}\end{vmatrix}+a_{22}\begin{vmatrix}a_{11}&a_{13}\\a_{31}&a_{33}\end{vmatrix}-a_{32}\begin{vmatrix}a_{11}&a_{13}\\a_{21}&a_{23}\end{vmatrix},$$

$$\det_3(\boldsymbol{A})=a_{13}\begin{vmatrix}a_{21}&a_{22}\\a_{31}&a_{32}\end{vmatrix}-a_{23}\begin{vmatrix}a_{11}&a_{12}\\a_{31}&a_{32}\end{vmatrix}+a_{33}\begin{vmatrix}a_{11}&a_{12}\\a_{21}&a_{22}\end{vmatrix}.$$

读者可继续将上面的 2 阶行列式展开, 并验证 $\det_1(\boldsymbol{A})=\det_2(\boldsymbol{A})=\det_3(\boldsymbol{A})$.

4.3 行列式性质

我们首先介绍行列式的一个重要性质, 即转置后行列式不变.

定理 4.23. $\det \boldsymbol{A}=\det \boldsymbol{A}^{\mathrm{T}}$.

上述定理说明了行列式对每一列是线性的 (参考定义 4.8 下方的说明). 为了方便证明, 我们引入置换的乘法. 设 $\sigma,\sigma'\in\mathcal{S}_n$, 我们以映射的合成定义两个置换 σ' 和 σ 的乘积 $\sigma'\sigma$, 即 $(\sigma'\sigma)(i)=\sigma'(\sigma(i))$, $1\leqslant i\leqslant n$.

以 ϵ 记恒等置换, 即对任意 i, $\epsilon(i)=i$. 因为 ϵ 为恒等置换, 故有

$$\sigma\epsilon=\epsilon\sigma=\sigma,\qquad \forall\sigma\in\mathcal{S}_n.$$

把置换 σ 的操作反过来得到的置换成为 σ 的**逆置换**, 记为 σ^{-1}, 则

$$\sigma\sigma^{-1}=\epsilon=\sigma^{-1}\sigma.$$

引理 4.24. 设 $\sigma,\sigma'\in\mathcal{S}_n$, 则 $\operatorname{sgn}(\sigma'\sigma)=\operatorname{sgn}(\sigma')\operatorname{sgn}(\sigma)$.

证明. 若通过 m 次对换可将 $(\sigma(1),\ldots,\sigma(n))$ 变成 $(1,\ldots,n)$, 则 $\operatorname{sgn}(\sigma)=(-1)^m$. 记第 i 次对换为 τ_i $(1\leqslant i\leqslant m)$, 则 $\tau_m\cdots\tau_1\sigma=\epsilon$, 等号两边同乘 $\tau_1^{-1}\cdots\tau_m^{-1}$ 得到

$$\tau_1^{-1}\cdots\tau_m^{-1}\tau_m\cdots\tau_1\sigma=\tau_1^{-1}\cdots\tau_m^{-1}.$$

注意到

$$\begin{aligned}\tau_1^{-1}\cdots\tau_m^{-1}\tau_m\cdots\tau_1&=\tau_1^{-1}\cdots(\tau_m^{-1}\tau_m)\cdots\tau_1\\&=\tau_1^{-1}\cdots\tau_{m-1}^{-1}\tau_{m-1}\cdots\tau_1=\cdots=\tau_1^{-1}\tau_1=\epsilon,\end{aligned}$$

进而有 $\sigma=\tau_1^{-1}\cdots\tau_m^{-1}$. 同理, 存在正整数 m' 以及对换 $\eta_1,\ldots,\eta_{m'}$, 使得 $\operatorname{sgn}(\sigma')=(-1)^{m'}$ 且 $\sigma'=\eta_1^{-1}\cdots\eta_{m'}^{-1}$. 因此有

$$\sigma'\sigma=\eta_1^{-1}\cdots\eta_{m'}^{-1}\tau_1^{-1}\cdots\tau_m^{-1}.$$

两边同乘 $\tau_m\cdots\tau_1\eta_{m'}\cdots\eta_1$ 得到

$$\tau_m\cdots\tau_1\eta_{m'}\cdots\eta_1(\sigma'\sigma)=\epsilon.$$

于是有

$$\operatorname{sgn}(\sigma'\sigma)=(-1)^{m'+m}=(-1)^{m'}(-1)^m=\operatorname{sgn}(\sigma')\operatorname{sgn}(\sigma).\qquad\square$$

定理 4.23 的证明. 设 $\boldsymbol{A}=[a_{ij}]\in M_{n\times n}(K)$. 任取 $\sigma\in\mathcal{S}_n$, 对任意 $1\leqslant i\leqslant n$, 记 $j=\sigma(i)$, 则 $i=\sigma^{-1}(j)$. 故 $a_{\sigma(i),i}=a_{j,\sigma^{-1}(j)}$, 且

$$a_{\sigma(1),1}\cdots a_{\sigma(n),n}=a_{1,\sigma^{-1}(1)}\cdots a_{n,\sigma^{-1}(n)}.$$

另一方面, 由引理 4.24 得

$$1=\operatorname{sgn}(\epsilon)=\operatorname{sgn}(\sigma^{-1}\sigma)=\operatorname{sgn}(\sigma)\operatorname{sgn}(\sigma'),$$

进而有 $\operatorname{sgn}(\sigma^{-1})=\operatorname{sgn}(\sigma)$. 因此

$$\begin{aligned}\det\boldsymbol{A}^{\mathrm{T}}&=\sum_{\sigma\in\mathcal{S}_n}\operatorname{sgn}(\sigma)a_{\sigma(1),1}\cdots a_{\sigma(n),n}\\&=\sum_{\sigma\in\mathcal{S}_n}\operatorname{sgn}(\sigma^{-1})a_{1,\sigma^{-1}(1)}\cdots a_{n,\sigma^{-1}(n)}=\det\boldsymbol{A},\end{aligned}$$

其中最后一个等号成立的原因是: 当 σ 取遍 $\mathcal{S}_n$ 时, σ^{-1} 亦取遍 $\mathcal{S}_n$. $\square$

推论 4.25. 设 $\boldsymbol{A}=[a_{ij}]\in M_{n\times n}(K)$, 则

$$\det\boldsymbol{A}=\sum_{j=1}^{n}(-1)^{i+j}a_{ij}\det(\boldsymbol{A}[i,j]).$$

我们称上式为 $\det\boldsymbol{A}$ 按第 i 行的展开式.

证明. 记 $[\boldsymbol{B}]_{ij}$ 为一个矩阵 $\boldsymbol{B}$ 的 (i,j) 元. 对 $\det\boldsymbol{A}^{\mathrm{T}}$ 按第 i 列展开得到

$$\det\boldsymbol{A}^{\mathrm{T}}=\sum_{j=1}^{n}(-1)^{j+i}[\boldsymbol{A}^{\mathrm{T}}]_{ji}\det\boldsymbol{A}^{\mathrm{T}}[j,i]=\sum_{j=1}^{n}(-1)^{i+j}a_{ij}\det\boldsymbol{A}[i,j].$$

结合定理 4.23 便证明了推论. □

例 4.26. 设 $\boldsymbol{A}=[a_{ij}]\in M_4(K)$. 写出 $\det\boldsymbol{A}$ 按第 3 行的展开式

$$\begin{aligned}\det\boldsymbol{A}=a_{31}&\begin{vmatrix}a_{12}&a_{13}&a_{14}\\a_{22}&a_{23}&a_{24}\\a_{42}&a_{43}&a_{44}\end{vmatrix}-a_{32}\begin{vmatrix}a_{11}&a_{13}&a_{14}\\a_{21}&a_{23}&a_{24}\\a_{41}&a_{43}&a_{44}\end{vmatrix}\\&+a_{33}\begin{vmatrix}a_{11}&a_{12}&a_{14}\\a_{21}&a_{22}&a_{24}\\a_{41}&a_{42}&a_{44}\end{vmatrix}-a_{34}\begin{vmatrix}a_{11}&a_{12}&a_{13}\\a_{21}&a_{22}&a_{23}\\a_{41}&a_{42}&a_{43}\end{vmatrix}.\end{aligned}$$

行列式保持矩阵的乘法.

定理 4.27. 设 $\boldsymbol{A},\boldsymbol{B}\in M_{n\times n}(K)$, 则 $\det(\boldsymbol{AB})=(\det\boldsymbol{A})(\det\boldsymbol{B})$.

证明. 固定 $\boldsymbol{B}\in M_{n\times n}(K)$. 定义

$$D\colon M_{n\times n}(K)\longrightarrow K,\qquad \boldsymbol{A}\longmapsto\det(\boldsymbol{AB}).$$

我们来验证 D 是交错 n 线性函数. 若记 $\boldsymbol{A}$ 的行向量为 $\boldsymbol{a}_1,\ldots,\boldsymbol{a}_n$, 则 $D(\boldsymbol{a}_1,\ldots,\boldsymbol{a}_n)=\det(\boldsymbol{a}_1\boldsymbol{B},\ldots,\boldsymbol{a}_n\boldsymbol{B})$, 其中每一项 $\boldsymbol{a}_j\boldsymbol{B}$ 为 $1\times n$ 矩阵 $\boldsymbol{a}_j$ 和 $n\times n$ 矩阵 $\boldsymbol{B}$ 的乘积. 任取 $1\leqslant i\leqslant n$, $\boldsymbol{a}'\in K^n$, $c\in K$, 有 $(c\boldsymbol{a}_i+\boldsymbol{a}'_i)\boldsymbol{B}=c\boldsymbol{a}_i\boldsymbol{B}+\boldsymbol{a}'_i\boldsymbol{B}$. 由于 det 是 n 线性的, 有

$$\begin{aligned}&D(\boldsymbol{a}_1,\ldots,c\boldsymbol{a}_i+\boldsymbol{a}'_i,\ldots,\boldsymbol{a}_n)\\&=\det(\boldsymbol{a}_1\boldsymbol{B},\ldots,c\boldsymbol{a}_i\boldsymbol{B}+\boldsymbol{a}'_i\boldsymbol{B},\ldots,\boldsymbol{a}_n)\\&=c\det(\boldsymbol{a}_1\boldsymbol{B},\ldots,\boldsymbol{a}_i\boldsymbol{B},\ldots,\boldsymbol{a}_n)+\det(\boldsymbol{a}_1\boldsymbol{B},\ldots,\boldsymbol{a}'_i\boldsymbol{B},\ldots,\boldsymbol{a}_n)\\&=cD(\boldsymbol{a}_1,\ldots,\boldsymbol{a}_i,\ldots,\boldsymbol{a}_n)+D(\boldsymbol{a}_1,\ldots,\boldsymbol{a}'_i,\ldots,\boldsymbol{a}_n),\end{aligned}$$

因此得 D 是 n 线性的. 若有 $\boldsymbol{a}_i = \boldsymbol{a}_j$ $(i \neq j)$, 则 $\boldsymbol{a}_i\boldsymbol{B} = \boldsymbol{a}_j\boldsymbol{B}$; 由 det 的交错性可得 D 是交错的, 从而是交错 n 线性的. 根据推论 4.20 有

$$D(\boldsymbol{A}) = (\det \boldsymbol{A})D(\boldsymbol{I}_n).$$

而 $D(\boldsymbol{I}_n) = \det \boldsymbol{B}$, 定理得证. □

推论 4.28. 若 $\boldsymbol{A} \in M_{n\times n}(K)$ 可逆, 则 $\det(\boldsymbol{A}^{-1}) = (\det \boldsymbol{A})^{-1}$.

设 $\phi: V \to V$ 为有限维 K 线性空间的线性映射, e 为 V 的基, 用 e 计算得 ϕ 的矩阵 $[\phi]_{e,e}$ (定义 2.43). 设 e' 是 V 的另一个基, $\boldsymbol{P}$ 是从 e 到 e' 的基变换矩阵 (定义 2.50). 按命题 2.55 有

$$[\phi]_{e',e'} = \boldsymbol{P}^{-1}[\phi]_{e,e}\boldsymbol{P},$$

于是 $\det([\phi]_{e',e'}) = \det([\phi]_{e,e})$.

定义 4.29. 设 $\phi: V \to V$ 为有限维 K 线性空间的线性映射. 定义 ϕ 的行列式为

$$\det \phi = \det([\phi]_{e,e}),$$

其中 $[\phi]_{e,e}$ 是用 V 的基 e 计算得 ϕ 的矩阵.

我们接下来看在对矩阵做初等行变换后行列式的变化.

命题 4.30. 设 $\boldsymbol{A} \in M_{n\times n}(K)$.

(1) 若 $\boldsymbol{A}'$ 是交换 $\boldsymbol{A}$ 的两行得到的矩阵, 则 $\det \boldsymbol{A}' = -\det \boldsymbol{A}$.

(2) 若 $\boldsymbol{A}'$ 是将 A 的某一行乘以纯量 $c \in K$ 后得到的矩阵, 则 $\det \boldsymbol{A}' = c \cdot \det \boldsymbol{A}$ (注意这里不要求 $c \neq 0$).

(3) 若 $\boldsymbol{A}'$ 是将 A 中某一行的倍数加到另一列得到的矩阵, 则 $\det \boldsymbol{A}' = \det \boldsymbol{A}$.

证明. 断言 (1) 是 det 的反对称性 (命题 4.5), 而断言 (2) 是 det 的多重线性性. 下证断言 (3).

设 $\boldsymbol{A}$ 的行向量为 $\boldsymbol{a}_1, \ldots, \boldsymbol{a}_n$. 设 $\boldsymbol{A}'$ 是将 $\boldsymbol{A}$ 的第 i 行的 c 倍加到第 j 行所得 $(1 \leqslant i \leqslant j \leqslant n)$. 由 det 的交错性有 $\det(\boldsymbol{a}_1, \ldots, \boldsymbol{a}_i, \ldots, \boldsymbol{a}_i, \ldots, \boldsymbol{a}_n) = 0$, 于是

$$\begin{aligned}
\det \boldsymbol{A}' &= \det(\boldsymbol{a}_1, \ldots, \boldsymbol{a}_i, \ldots, c\boldsymbol{a}_i + \boldsymbol{a}_j, \ldots, \boldsymbol{a}_n) \\
&= c\det(\boldsymbol{a}_1, \ldots, \boldsymbol{a}_i, \ldots, \boldsymbol{a}_i, \ldots, \boldsymbol{a}_n) + \det(\boldsymbol{a}_1, \ldots, \boldsymbol{a}_i, \ldots, \boldsymbol{a}_j, \ldots, \boldsymbol{a}_n) \\
&= \det \boldsymbol{A}.
\end{aligned}$$

□

对初等列变换我们有类似的结果.

命题 4.31. 设 $\boldsymbol{A}\in M_{n\times n}(K)$.

(1) 若 $\boldsymbol{A}'$ 是交换 $\boldsymbol{A}$ 的两列得到的矩阵, 则 $\det\boldsymbol{A}'=-\det\boldsymbol{A}$.

(2) 若 $\boldsymbol{A}'$ 是将 $\boldsymbol{A}$ 的某一列乘以纯量 $c\in K$ 后得到的矩阵, 则 $\det\boldsymbol{A}'=c\cdot\det\boldsymbol{A}$ (注意这里我们不要求 $c\neq 0$).

(3) 若 $\boldsymbol{A}'$ 是将 $\boldsymbol{A}$ 中某一列的倍数加到另一列得到的矩阵, 则 $\det\boldsymbol{A}'=\det\boldsymbol{A}$.

证明. 我们只证明断言 (1), 而把剩下两个断言留给读者. 设 $\boldsymbol{A}'$ 是交换 $\boldsymbol{A}$ 的第 i 列和第 j 列得到的矩阵, 则 $(\boldsymbol{A}')^{\mathrm{T}}$ 是交换 $\boldsymbol{A}^{\mathrm{T}}$ 的第 i 行和第 j 行得到的矩阵. 由命题 4.30 (1) 和定理 4.23 可得 $\det(\boldsymbol{A}')^{\mathrm{T}}=\det\boldsymbol{A}^{\mathrm{T}}=\det\boldsymbol{A}$. 再用一次定理 4.23 便得到 $\det\boldsymbol{A}'=\det((\boldsymbol{A}')^{\mathrm{T}})^{\mathrm{T}}=\det(\boldsymbol{A}')^{\mathrm{T}}=\det\boldsymbol{A}$. □

推论 4.32. 设 $\boldsymbol{A}\in M_{n\times n}(K)$.

(1) 若 $\boldsymbol{A}$ 的其中一行 (列) 全为零, 则 $\det\boldsymbol{A}=0$.

(2) 若 $\boldsymbol{A}$ 的其中一行 (列) 是另外一行 (列) 的倍数, 则 $\det\boldsymbol{A}=0$.

证明. 我们只证明行的情形.

(1) 若 $\boldsymbol{A}$ 中有一行全为零, 按这一行展开可得 $\det\boldsymbol{A}=0$.

(2) 假设 $\boldsymbol{A}$ 中第 j 行是第 i 行的 c 倍 ($c\in K$). 令 $\boldsymbol{A}'$ 是将 $\boldsymbol{A}$ 的第 i 行乘以 c 得到的矩阵, 则 $\boldsymbol{A}'$ 的第 i 行和第 j 行相同, 从而有 $\det\boldsymbol{A}'=0$. 由命题 4.30 (2) 可得 $0=\det\boldsymbol{A}'=c\cdot\det\boldsymbol{A}$, 即 $\det\boldsymbol{A}=0$. □

利用初等行变换和初等列变换, 可将一个复杂的行列式计算转化为较简单的情形.

例 4.33. 设 $x_1x_2\cdots x_n\neq 0$, $n\geqslant 2$. 证明: n 阶行列式

$$\Delta_n(x_1,\ldots,x_n):=\begin{vmatrix}1&1&\ldots&1\\x_1&x_2&\ldots&x_n\\x_1^2&x_2^2&\ldots&x_n^2\\\vdots&\vdots&&\vdots\\x_1^{n-1}&x_2^{n-1}&\ldots&x_n^{n-1}\end{vmatrix}=\prod_{1\leqslant i<j\leqslant n}(x_j-x_i).$$

我们对 n 做归纳. 易证 $\Delta_2(x_1,x_2)=x_2-x_1$.

现假设 $\Delta_{n-1}(x_2,\ldots,x_n)=\prod\limits_{2\leqslant i<j\leqslant n}(x_j-x_i)$ 成立. 从 $\Delta_n(x_1,\ldots,x_n)$ 的倒数第二行开始, 由下往上依次将这一行的 $(-x_1)$ 倍加到下一行, 由命

题 4.30, 每次操作后行列式的值不变. 于是得到

$$\Delta_n(x_1,\dots,x_n)=\begin{vmatrix}1 & 1 & \dots & 1\\ 0 & x_2-x_1 & \dots & x_n-x_1\\ 0 & x_2(x_2-x_1) & \dots & x_n(x_n-x_1)\\ \vdots & \vdots & & \vdots\\ 0 & x_2^{n-3}(x_2-x_1) & \dots & x_n^{n-3}(x_n-x_1)\\ 0 & x_2^{n-2}(x_2-x_1) & \dots & x_n^{n-2}(x_n-x_1)\end{vmatrix}.$$

按第一列展开得

$$\begin{aligned}\Delta_n(x_1,\dots,x_n)&=\begin{vmatrix}x_2-x_1 & \dots & x_n-x_1\\ x_2(x_2-x_1) & \dots & x_n(x_n-x_1)\\ \vdots & & \vdots\\ x_2^{n-3}(x_2-x_1) & \dots & x_n^{n-3}(x_n-x_1)\\ x_2^{n-2}(x_2-x_1) & \dots & x_n^{n-2}(x_n-x_1)\end{vmatrix}\\ &=(x_2-x_1)\cdots(x_n-x_1)\begin{vmatrix}1 & \dots & 1\\ x_2 & \dots & x_n\\ \vdots & & \vdots\\ x_2^{n-3} & \dots & x_n^{n-3}\\ x_2^{n-2} & \dots & x_n^{n-2}\end{vmatrix}\\ &=\prod_{1<j\leqslant n}(x_j-x_1)\cdot\Delta_{n-1}(x_2,\dots,x_n)\\ &=\prod_{1\leqslant i<j\leqslant n}(x_j-x_i),\end{aligned}$$

其中第二个等号是分别对每一列利用命题 4.31 (2) 得到的. 证毕.

称这样的 $\Delta_n(x_1,\dots,x_n)$ 为一个**范德蒙** (Vandermonde) 行列式. 特别地, 范德蒙行列式非零当且仅当 $x_1,\dots,x_n$ 两两不同.

本节的最后我们考虑分块上三角方阵的行列式.

引理 4.34. 给定 $k,l\geqslant 1$. 设 $\boldsymbol{A}\in M_k(K)$, $\boldsymbol{B}\in M_{k\times l}(K)$, $\boldsymbol{C}\in M_l(K)$, 则

$$\det\left[\begin{array}{c:c}\boldsymbol{A} & \boldsymbol{B}\\ \hdashline \boldsymbol{O} & \boldsymbol{C}\end{array}\right]=(\det\boldsymbol{A})(\det\boldsymbol{C}).$$

证明. 对 k 做归纳. 当 $k=1$ 时, 按矩阵的第一列展开即得结论. 假设 $k>1$. 对 $1\leqslant i\leqslant k$, 记 $\boldsymbol{B}_i$ 为由 $\boldsymbol{B}$ 划去第 i 行得到的矩阵. 对分块矩阵的

第一列展开得到

$$\det\left[\begin{array}{c:c} \boldsymbol{A} & \boldsymbol{B} \\ \hdashline \boldsymbol{O} & \boldsymbol{C} \end{array}\right] = \sum_{i=1}^{k}(-1)^{1+i}[\boldsymbol{A}]_{i1}\det\left[\begin{array}{c:c} \boldsymbol{A}[i,1] & \boldsymbol{B}_i \\ \hdashline \boldsymbol{O} & \boldsymbol{C} \end{array}\right].$$

由归纳假设, $\det\left[\begin{array}{c:c} \boldsymbol{A}[i,1] & \boldsymbol{B}_i \\ \hdashline \boldsymbol{O} & \boldsymbol{C} \end{array}\right] = (\det \boldsymbol{A}[i,1])(\det \boldsymbol{C})$ 对 $1 \leqslant i \leqslant n$ 成立, 从而有

$$\begin{aligned} \det\left[\begin{array}{c:c} \boldsymbol{A} & \boldsymbol{B} \\ \hdashline \boldsymbol{O} & \boldsymbol{C} \end{array}\right] &= \sum_{i=1}^{k}(-1)^{1+i}[\boldsymbol{A}]_{i1}(\det \boldsymbol{A}[i,1])(\det \boldsymbol{C}) \\ &= \left(\sum_{i=1}^{k}(-1)^{1+i}[\boldsymbol{A}]_{i1}\det \boldsymbol{A}[i,1]\right)(\det \boldsymbol{C}) \\ &= (\det \boldsymbol{A})(\det \boldsymbol{C}). \end{aligned}$$

□

命题 4.35. 给定 $m \geqslant 1$ 及系数在 K 上的分块上三角方阵

$$\boldsymbol{A} = \left[\begin{array}{c:c:c:c} \boldsymbol{A}_{11} & \boldsymbol{A}_{12} & \cdots & \boldsymbol{A}_{1m} \\ \hdashline \boldsymbol{O} & \boldsymbol{A}_{22} & \cdots & \boldsymbol{A}_{2m} \\ \hdashline \vdots & \vdots & \ddots & \vdots \\ \hdashline \boldsymbol{O} & \boldsymbol{O} & \cdots & \boldsymbol{A}_{mm} \end{array}\right],$$

其中 $\boldsymbol{A}_{ij}$ 是系数在 K 上的方阵, 则

$$\det \boldsymbol{A} = (\det \boldsymbol{A}_{11})(\det \boldsymbol{A}_{22})\cdots(\det \boldsymbol{A}_{mm}).$$

证明. 对 m 做归纳. 若 $m = 1$ 命题显然成立. 假设 $m > 1$. 根据引理 4.34 及归纳假设, 有

$$\begin{aligned} \det \boldsymbol{A} &= (\det \boldsymbol{A}_{11})\det\left[\begin{array}{c:c:c} \boldsymbol{A}_{22} & \cdots & \boldsymbol{A}_{2m} \\ \hdashline \vdots & \ddots & \vdots \\ \hdashline \boldsymbol{O} & \cdots & \boldsymbol{A}_{mm} \end{array}\right] \\ &= (\det \boldsymbol{A}_{11})(\det \boldsymbol{A}_{22})\cdots(\det \boldsymbol{A}_{mm}). \end{aligned}$$

□

把上三角矩阵看作分块全为 1×1 矩阵的分块上三角矩阵, 便得到

推论 4.36. 设 $\boldsymbol{A} = \begin{bmatrix} a_{11} & a_{12} & \cdots & a_{1n} \\ 0 & a_{22} & \cdots & a_{2n} \\ \vdots & \vdots & \ddots & \vdots \\ 0 & 0 & \cdots & a_{nn} \end{bmatrix}$ 为 n 阶上三角矩阵, 则 $\det \boldsymbol{A} = a_{11}a_{22}\cdots a_{nn}$.

4.4 代数余因子

给定 $\boldsymbol{A} \in M_{n\times n}(K)$ 及 $1 \leqslant j \leqslant n$, 则 $\det \boldsymbol{A}$ 按第 j 列的展开式为

$$\det \boldsymbol{A} = \sum_{i=1}^{j} (-1)^{i+j} a_{ij} \det \boldsymbol{A}[i,j].$$

称

$$C_{ij} \coloneqq (-1)^{i+j} \det \boldsymbol{A}[i,j]$$

为 $\boldsymbol{A}$ 的 (i,j) 元的**代数余因子**. 定义矩阵

$$\operatorname{adj} \boldsymbol{A} = \begin{bmatrix} C_{11} & C_{21} & \cdots & C_{n1} \\ C_{12} & C_{22} & \cdots & C_{n2} \\ \vdots & \vdots & & \vdots \\ C_{1n} & C_{2n} & \cdots & C_{nn} \end{bmatrix},$$

即 $[\operatorname{adj} \boldsymbol{A}]_{ij} = C_{ji}$, 称矩阵 $\operatorname{adj} \boldsymbol{A}$ 为 $\boldsymbol{A}$ 的**伴随矩阵**.

定理 4.37. 设 $\boldsymbol{A} \in M_{n\times n}(K)$, 则有以下**伴随矩阵公式**

$$(\operatorname{adj} \boldsymbol{A})\boldsymbol{A} = (\det \boldsymbol{A})\boldsymbol{I}_n = \boldsymbol{A}(\operatorname{adj} \boldsymbol{A}).$$

首先给出上述定理的一个重要推论. 在命题 3.1 和定理 3.40 中, 我们给出了方阵可逆的若干等价条件, 可以再添一个.

定理 4.38. 设 $\boldsymbol{A} \in M_{n\times n}(K)$, 则 $\boldsymbol{A}$ 可逆当且仅当 $\det \boldsymbol{A} \neq 0$. 当 $\boldsymbol{A}$ 可逆时, $\boldsymbol{A}^{-1} = \frac{1}{\det \boldsymbol{A}}(\operatorname{adj} \boldsymbol{A})$.

证明. 若 $\boldsymbol{A}$ 可逆, 则 $(\det \boldsymbol{A}^{-1})(\det \boldsymbol{A}) = \det(\boldsymbol{A}^{-1}\boldsymbol{A}) = \det \boldsymbol{I}_n = 1$, 故 $\det \boldsymbol{A} \neq 0$. 反过来, 假设 $\det \boldsymbol{A} \neq 0$. 由定理 4.37 知

$$\frac{1}{\det \boldsymbol{A}}(\operatorname{adj} \boldsymbol{A})\boldsymbol{A} = \boldsymbol{I}_n.$$

因此 $\boldsymbol{A}$ 可逆, 且其逆矩阵为 $\frac{1}{\det \boldsymbol{A}}(\operatorname{adj} \boldsymbol{A})$. □

定理 4.37 的证明. 我们只给出 $(\operatorname{adj} \boldsymbol{A})\boldsymbol{A} = (\det \boldsymbol{A})\boldsymbol{I}_n$ 的证明, $\boldsymbol{A}(\operatorname{adj} \boldsymbol{A}) = (\det \boldsymbol{A})\boldsymbol{I}_n$ 的证明是类似的. 矩阵 $(\operatorname{adj} \boldsymbol{A})\boldsymbol{A}$ 的 (i,j) 元为

$$[(\operatorname{adj} \boldsymbol{A})\boldsymbol{A}]_{ij} = \sum_{k=1}^{n} [\operatorname{adj} \boldsymbol{A}]_{ik} a_{kj} = \sum_{k=1}^{n} C_{ki} a_{kj} = \sum_{k=1}^{n} (-1)^{i+k} a_{kj} \det \boldsymbol{A}[k,i].$$

因此, 要证明 $(\mathrm{adj}\,\boldsymbol{A})\boldsymbol{A}=(\det\boldsymbol{A})\boldsymbol{I}_n$, 只需证明

$$\sum_{k=1}^{n}(-1)^{i+k}a_{kj}\det\boldsymbol{A}[k,i]=\delta_{ij}(\det\boldsymbol{A}).$$

当 $j=i$ 时,

$$\sum_{k=1}^{n}(-1)^{i+k}a_{kj}\det\boldsymbol{A}[k,i]=\sum_{k=1}^{n}(-1)^{i+k}a_{ki}\det\boldsymbol{A}[k,i].$$

等号右边是 $\det\boldsymbol{A}$ 按第 i 行的展开式, 即 $[(\mathrm{adj}\,\boldsymbol{A})\boldsymbol{A}]_{ij}=\det\boldsymbol{A}$. 假设 $j\neq i$, 将 $\boldsymbol{A}$ 的第 j 列替换成第 i 列后得到的矩阵记为 $\boldsymbol{B}$, 则对任意 $1\leqslant k\leqslant n$ 有 $[\boldsymbol{B}]_{kj}=a_{ki}$ 且 $\boldsymbol{B}[k,j]=\boldsymbol{A}[k,j]$. 又因为 $\boldsymbol{B}$ 有两列相同, 故 $\det\boldsymbol{B}=0$. 按第 j 列展开 $\det\boldsymbol{B}$, 得到

$$0=\det\boldsymbol{B}=\sum_{k=1}^{n}(-1)^{k+j}[\boldsymbol{B}]_{kj}\det\boldsymbol{B}[k,j]=\sum_{k=1}^{n}(-1)^{k+j}a_{kj}\det\boldsymbol{A}[k,j].\quad\square$$

最后我们介绍 Cramer 公式.

定理 4.39 (Cramer 公式). 设 $\boldsymbol{A}\in M_{n\times n}(K)$, $\boldsymbol{b}\in M_{n\times 1}(K)$ 且 $\det\boldsymbol{A}\neq 0$, 则方程组 $\boldsymbol{Ax}=\boldsymbol{b}$ 有唯一解 $\boldsymbol{s}=[s_1,\ldots,s_n]^{\mathrm{T}}$, 其中

$$s_1=\frac{\det\boldsymbol{A}_1}{\det\boldsymbol{A}},\quad s_2=\frac{\det\boldsymbol{A}_2}{\det\boldsymbol{A}},\quad\ldots,\quad s_n=\frac{\det\boldsymbol{A}_n}{\det\boldsymbol{A}},$$

而 $\boldsymbol{A}_j$ 是将 $\boldsymbol{A}$ 的第 j 列用 $\boldsymbol{b}$ 替换后得到的矩阵.

证明. 由 $\det\boldsymbol{A}=0$ 可知 $\boldsymbol{A}$ 可逆, 因此方程组 $\boldsymbol{Ax}=\boldsymbol{b}$ 有唯一解 $\boldsymbol{s}=\boldsymbol{A}^{-1}\boldsymbol{b}$. 根据定理 4.38 得到

$$\boldsymbol{s}=\boldsymbol{A}^{-1}\boldsymbol{b}=\frac{1}{\det\boldsymbol{A}}(\mathrm{adj}\,\boldsymbol{A})\boldsymbol{b}=\frac{1}{\det\boldsymbol{A}}\begin{bmatrix}C_{11}&C_{21}&\ldots&C_{n1}\\C_{12}&C_{22}&\ldots&C_{n2}\\\vdots&\vdots&&\vdots\\C_{1n}&C_{2n}&\ldots&C_{nn}\end{bmatrix}\begin{bmatrix}b_1\\b_2\\\vdots\\b_n\end{bmatrix},$$

因此有

$$s_j=\frac{b_1C_{1j}+b_2C_{2j}+\cdots+b_nC_{nj}}{\det\boldsymbol{A}}.$$

另一方面, 按矩阵 $\boldsymbol{A}_j$ 的第 j 列展开求行列式, 易得

$$\det\boldsymbol{A}_j=b_1C_{1j}+b_2C_{2j}+\cdots+b_nC_{nj},$$

于是有 $s_j=\dfrac{\det\boldsymbol{A}_j}{\det\boldsymbol{A}}$. 证毕. $\square$

历史上, 行列式的概念来源于求解线性方程组. Cramer 公式告诉我们如果线性方程组的系数矩阵为可逆方阵, 则它的解可用方程组的系数来表示, 这是具有重要理论意义的. 但是, 对于实际求解方程组而言, Cramer 公式中包含过多的行列式, 计算量较大.

习　题

1. 设 V, W 为域 K 线性空间, $f\colon V \times \cdots \times V \to W$ 是一个 n 线性映射. 证明: f 是一个线性映射.

2. 证明: $\#(\mathcal{S}_n) = n!$.

3. 证明: 任一置换 $\sigma \in \mathcal{S}_n$ 均可写成有限个对换的乘积.

4. 试说明: 当 $n \geqslant 2$ 时, 行列式函数 $\det\colon M_{n\times n}(K) \to K$ 不是线性映射.

5. (1) 令 V 是有限维 K 线性空间, $\phi\colon V \to V$ 是一个线性变换. 任取 V 的一组基 e, 定义
$$\det(\phi) = \det([\phi]_e).$$
证明: $\det(\phi)$ 的定义和基的选取无关, 即若 e' 是 V 的另一组基, 则 $\det([\phi]_e) = \det([\phi]_{e'})$.

   (2) 令 $\boldsymbol{B} \in M_{n\times n}(K)$. 定义线性映射
$$L_{\boldsymbol{B}}\colon M_{n\times n}(K) \longrightarrow M_{n\times n}(K), \qquad \boldsymbol{A} \longmapsto \boldsymbol{BA}.$$
证明: $\det(L_{\boldsymbol{B}}) = (\det \boldsymbol{B})^n$.

   (3) 令 $\boldsymbol{B} \in M_{n\times n}(K)$. 定义线性映射
$$R_{\boldsymbol{B}}\colon M_{n\times n}(K) \longrightarrow M_{n\times n}(K), \qquad \boldsymbol{A} \longmapsto \boldsymbol{AB}.$$
证明: $\det(R_{\boldsymbol{B}}) = (\det \boldsymbol{B})^n$.

6. 设 $\phi\colon V \to V$ 是有限维 K 线性空间 V 的线性变换, $W_1, \ldots, W_m$ 是 ϕ 不变子空间, 以 $\phi|_{W_i}$ 记 ϕ 限制至 W_i. 假设有直和 $V = W_1 \oplus \cdots \oplus W_m$. 证明:
$$\det \phi = \det(\phi|_{W_1}) \cdots \det(\phi|_{W_m}).$$

7. 计算 n 阶行列式:

(1) $\begin{vmatrix} x & a & a & \dots & a \\ a & x & a & \dots & a \\ a & a & x & \dots & a \\ \vdots & \vdots & \vdots & & \vdots \\ a & a & a & \dots & x \end{vmatrix}$, (2) $\begin{vmatrix} 1 & 2 & 2 & 2 & \dots & 2 \\ 2 & 2 & 2 & 2 & \dots & 2 \\ 2 & 2 & 3 & 2 & \dots & 2 \\ \vdots & \vdots & \vdots & \vdots & & \vdots \\ 2 & 2 & 2 & 2 & \dots & n \end{vmatrix}$,

(3) $\begin{vmatrix} 1 & 2 & 3 & \dots & n-2 & n-1 & n \\ 2 & 3 & 4 & \dots & n-1 & n & n \\ \vdots & \vdots & \vdots & & \vdots & \vdots & \vdots \\ n-1 & n & n & \dots & n & n & n \\ n & n & n & \dots & n & n & n \end{vmatrix}$.

8. 设 $\boldsymbol{A} \in M_{m\times n}(K)$. 任取 $1 \leqslant k \leqslant \min\{m, n\}$, 在 $\boldsymbol{A}$ 中任取 k 行和 k 列所成的 k^2 个交点得到的 k 阶方阵的行列式称为 $\boldsymbol{A}$ 的一个 k 阶**子式** (k-minor). 我们规定 $\boldsymbol{A}$ 的 0 阶子式为 1. 证明: $\operatorname{rank}(\boldsymbol{A}) = r$ 的充要条件为: 存在 $\boldsymbol{A}$ 的一个非零 r 阶子式, 且 $\boldsymbol{A}$ 的所有阶数比 r 大的子式 (若存在的话) 均为零, 即 r 是 $\boldsymbol{A}$ 的非零子式的最大阶数.

9. 设 $(x_0, y_0), (x_1, y_1), \dots, (x_n, y_n) \in K^2$, 其中 $x_0, x_1, \dots, x_n$ 两两不同. 证明: 存在唯一的系数在 K 上且次数 $\leqslant n$ 的多项式 $P(t)$, 使得

$$P(x_i) = y_i \qquad (\forall\, 0 \leqslant i \leqslant n).$$

10. 给定 $m \geqslant 1$ 及系数在 K 上的分块下三角方阵

$$\boldsymbol{A} = \begin{bmatrix} \boldsymbol{A}_{11} & \boldsymbol{O} & \cdots & \boldsymbol{O} \\ \boldsymbol{A}_{21} & \boldsymbol{A}_{22} & \cdots & \boldsymbol{O} \\ \vdots & \vdots & \ddots & \vdots \\ \boldsymbol{A}_{m1} & \boldsymbol{A}_{m2} & \cdots & \boldsymbol{A}_{mm} \end{bmatrix},$$

其中 $\boldsymbol{A}_{ij}$ 是系数在 K 上的方阵. 证明:

$$\det \boldsymbol{A} = (\det \boldsymbol{A}_{11})(\det \boldsymbol{A}_{22}) \cdots (\det \boldsymbol{A}_{mm}).$$

11. 证明: $\boldsymbol{a}_1 = (a_{11}, a_{12}, a_{13})$, $\boldsymbol{a}_2 = (a_{21}, a_{22}, a_{23})$, $\boldsymbol{a}_3 = (a_{31}, a_{32}, a_{33})$ 线性无关的充要条件为 $\begin{vmatrix} a_{11} & a_{12} & a_{13} \\ a_{21} & a_{22} & a_{23} \\ a_{31} & a_{32} & a_{33} \end{vmatrix} \neq 0$.

12. 设 $\boldsymbol{A}\in M_{n\times n}(K)$, 证明:

(1) $\det(\operatorname{adj}\boldsymbol{A})=(\det\boldsymbol{A})^{n-1}$;

(2) $\boldsymbol{A}$ 可逆当且仅当 $\operatorname{adj}\boldsymbol{A}$ 可逆.

13. 设 $\boldsymbol{A}\in M_{n\times n}(K)$ 且 $\operatorname{rank}(\boldsymbol{A})\leqslant n-1$. 证明: $\operatorname{rank}(\operatorname{adj}\boldsymbol{A})\leqslant 1$.

14. 设 $\boldsymbol{A},\boldsymbol{B}\in M_{n\times n}(K)$, 证明: $\operatorname{adj}(\boldsymbol{AB})=(\operatorname{adj}\boldsymbol{B})(\operatorname{adj}\boldsymbol{A})$.

15. 利用定理 4.38 证明: 可逆上 (下) 三角矩阵的逆仍是上 (下) 三角矩阵.

16. 若矩阵 $\boldsymbol{A}\in M_{n\times n}(K)$ 满足 $\boldsymbol{A}\boldsymbol{A}^{\mathrm{T}}=\boldsymbol{I}_n$, 则称 $\boldsymbol{A}$ 为一个**正交矩阵**.

(1) 假设 $\boldsymbol{A}\in M_{n\times n}(K)$ 是正交矩阵. 证明: $\det\boldsymbol{A}=\pm 1$.

(2) 证明: $\begin{bmatrix}\cos\theta & 0 & -\sin\theta\\ 0 & 1 & 0\\ \sin\theta & 0 & \cos\theta\end{bmatrix}\in M_3(\mathbb{R})$ 是正交矩阵 $(0\leqslant\theta<2\pi)$.

(3) 利用伴随矩阵的方法找出 (2) 中方阵的逆.

(4) 假设 $\boldsymbol{A}\in M_2(\mathbb{R})$ 是正交矩阵, 证明: $\boldsymbol{A}$ 总具有形式

$$\begin{bmatrix}\cos\theta & -\sin\theta\\ \sin\theta & \cos\theta\end{bmatrix}\ \text{或}\ \begin{bmatrix}\cos\theta & \sin\theta\\ \sin\theta & -\cos\theta\end{bmatrix},\quad 0\leqslant\theta<2\pi.$$

17. 若矩阵 $\boldsymbol{A}\in M_{n\times n}(K)$ 满足 $\boldsymbol{A}^{\mathrm{T}}=-\boldsymbol{A}$, 则称 $\boldsymbol{A}$ 为一个**斜对称矩阵**. 假设 $\boldsymbol{A}\in M_{n\times n}(K)$ 是斜对称矩阵且 $n\geqslant 2$, 证明:

(1) 若 n 为奇数, 则 $\det\boldsymbol{A}=0$;

(2) 若 n 为偶数且 $\det\boldsymbol{A}=0$, 则 $\operatorname{rank}(\boldsymbol{A})\leqslant n-2$.

18. 令 $\boldsymbol{A},\boldsymbol{B}\in M_n(K)$, 证明:

$$\begin{vmatrix}\boldsymbol{A} & \boldsymbol{B}\\ \boldsymbol{B} & \boldsymbol{A}\end{vmatrix}=|\boldsymbol{A}+\boldsymbol{B}||\boldsymbol{A}-\boldsymbol{B}|.$$

19. 设 $\boldsymbol{A}$ 是 $m\times m$ 矩阵, $\boldsymbol{B}$ 是 $m\times n$ 矩阵, $\boldsymbol{C}$ 是 $n\times m$ 矩阵, $\boldsymbol{D}$ 是 $n\times n$ 矩阵.

(1) 证明:

$$\begin{vmatrix}\boldsymbol{A} & \boldsymbol{B}\\ \boldsymbol{C} & \boldsymbol{O}\end{vmatrix}=\begin{cases}0, & \text{若 } m<n;\\ (-1)^n|\boldsymbol{B}||\boldsymbol{C}|, & \text{若 } m=n.\end{cases}$$

(2) 设 $\boldsymbol{A}$ 可逆, 证明:

$$\begin{bmatrix}\boldsymbol{A} & \boldsymbol{B}\\ \boldsymbol{C} & \boldsymbol{D}\end{bmatrix}\begin{bmatrix}\boldsymbol{A}^{-1} & -\boldsymbol{A}^{-1}\boldsymbol{B}\\ \boldsymbol{O} & \boldsymbol{I}\end{bmatrix}=\begin{bmatrix}\boldsymbol{I} & \boldsymbol{O}\\ \boldsymbol{C}\boldsymbol{A}^{-1} & \boldsymbol{D}-\boldsymbol{C}\boldsymbol{A}^{-1}\boldsymbol{B}\end{bmatrix}$$

和

$$\begin{vmatrix}\boldsymbol{A} & \boldsymbol{B}\\ \boldsymbol{C} & \boldsymbol{D}\end{vmatrix}=|\boldsymbol{A}||\boldsymbol{D}-\boldsymbol{C}\boldsymbol{A}^{-1}\boldsymbol{B}|.$$

若再加 $\boldsymbol{AB}=\boldsymbol{BA}$, 则证明:

$$\begin{vmatrix}\boldsymbol{A} & \boldsymbol{B}\\ \boldsymbol{C} & \boldsymbol{D}\end{vmatrix}=|\boldsymbol{DA}-\boldsymbol{CB}|.$$

20. 证明: n 阶行列式

$$\begin{vmatrix}1+x^2 & x & 0 & \dots & 0\\ x & 1+x^2 & x & \dots & 0\\ 0 & x & 1+x^2 & \dots & 0\\ \vdots & \vdots & \vdots & & \vdots\\ 0 & 0 & 0 & \dots & 1+x^2\end{vmatrix}$$

等于 $1+x^2+x^4+\cdots+x^{2n}$.

21. 设 $\Delta_n=\begin{vmatrix}1 & 1/2 & \dots & 1/n\\ 1/2 & 1/3 & \dots & 1/(n+1)\\ \vdots & \vdots & & \vdots\\ 1/n & 1/(n+1) & \dots & 1/(2n-1)\end{vmatrix}$.

证明: $\Delta_n=\frac{[(n-1)!]^4}{(2n-1)!(2n-2)!}\Delta_{n-1}$, 并计算 Δ_n.

22. 设 $a_{ij}=\frac{1}{(i+j+2k-1)!}$. 以 $\Delta_{n,k}$ 记 $n\times n$ 矩阵 $[a_{ij}]$ 的行列式.

证明: $\Delta_{n,k}=\frac{(-1)^{n-1}(n-1)!}{(n+2k)!}\Delta_{n-1,k+1}$, 并计算 $\Delta_{n,k}$.

23. 设 a_{ij} 是以 t 为变元的多项式, 以 D 记 $n\times n$ 矩阵 $[a_{ij}]$ 的行列式. 证明:

$$\frac{\mathrm{d}D}{\mathrm{d}t}=\begin{vmatrix}\frac{\mathrm{d}a_{11}}{\mathrm{d}t} & \cdots & \frac{\mathrm{d}a_{1n}}{\mathrm{d}t}\\ a_{21} & \cdots & a_{2n}\\ \vdots & & \vdots\\ a_{n1} & \dots & a_{nn}\end{vmatrix}+\begin{vmatrix}a_{11} & \dots & a_{1n}\\ \frac{\mathrm{d}a_{21}}{\mathrm{d}t} & \dots & \frac{\mathrm{d}a_{2n}}{\mathrm{d}t}\\ \vdots & & \vdots\\ a_{n1} & \dots & a_{nn}\end{vmatrix}+\cdots+\begin{vmatrix}a_{11} & \dots & a_{1n}\\ a_{21} & \dots & a_{2n}\\ \vdots & & \vdots\\ \frac{\mathrm{d}a_{n1}}{\mathrm{d}t} & \dots & \frac{\mathrm{d}a_{nn}}{\mathrm{d}t}\end{vmatrix}.$$

24. 若 $\delta: M_{n\times n}(K) \to K$ 是交错 n 线性函数, 证明: 则有常数 $c\in K$, 使得对任意 $\boldsymbol{A}\in M_{n\times n}(K)$, 必有 $\delta(\boldsymbol{A})=c|\boldsymbol{A}|$.

25. 给定 $\mathbb{R}^3$ 中的向量 $\boldsymbol{u}=(u_1,u_2,u_3)$, $\boldsymbol{v}=(v_1,v_2,v_3)$, 定义 $\boldsymbol{u},\boldsymbol{v}$ 的**点乘**为 $\boldsymbol{u}\cdot\boldsymbol{v}=u_1v_1+u_2v_2+u_3v_3$.

(1) 证明: $\boldsymbol{u}\cdot\boldsymbol{v}=\boldsymbol{v}\cdot\boldsymbol{u}$.

$\boldsymbol{u}$ 在 $\mathbb{R}^3$ 中的长度定义为 $\|\boldsymbol{u}\|=\sqrt{\boldsymbol{u}\cdot\boldsymbol{u}}$. 我们知道, $\boldsymbol{u}$ 可唯一表示成 $\boldsymbol{u}=\boldsymbol{u}_1+\boldsymbol{u}_2$, 其中 $\boldsymbol{u}_1$ 与 $\boldsymbol{v}$ 共线且 $\boldsymbol{u}_2$ 与 $\boldsymbol{v}$ 垂直 (即 $\boldsymbol{u}_2\cdot\boldsymbol{v}=0$), 称 $\boldsymbol{u}_1$ 为 $\boldsymbol{u}$ 在 $\boldsymbol{v}$ 上的**投影**, 记作 $\operatorname{proj}_{\boldsymbol{v}}\boldsymbol{u}$. 有公式

$$\operatorname{proj}_{\boldsymbol{v}}\boldsymbol{u}=\frac{\boldsymbol{u}\cdot\boldsymbol{v}}{\|\boldsymbol{v}\|^2}\boldsymbol{v}.$$

定义 $\boldsymbol{u},\boldsymbol{v}$ 的**叉乘**为 $\boldsymbol{u}\times\boldsymbol{v}=(u_2v_3-u_3v_2,u_3v_1-u_1v_3,u_1v_2-u_2v_1)$. 为了方便记忆, 把 $\boldsymbol{u}\times\boldsymbol{v}$ 写作以下行列式形式

$$\boldsymbol{u}\times\boldsymbol{v}=\begin{vmatrix}\boldsymbol{i}&\boldsymbol{j}&\boldsymbol{k}\\u_1&u_2&u_3\\v_1&v_2&v_3\end{vmatrix}=\begin{vmatrix}u_2&u_3\\v_2&v_3\end{vmatrix}\boldsymbol{i}-\begin{vmatrix}u_1&u_3\\v_1&v_3\end{vmatrix}\boldsymbol{j}+\begin{vmatrix}u_1&u_2\\v_1&v_2\end{vmatrix}\boldsymbol{k},$$

其中 $\boldsymbol{i}=(1,0,0)$, $\boldsymbol{j}=(0,1,0)$, $\boldsymbol{k}=(0,0,1)$. 我们知道 $\boldsymbol{u}\times\boldsymbol{v}$ 是 $\mathbb{R}^3$ 中的向量, 其长度是以 $\boldsymbol{u},\boldsymbol{v}$ 为边的平行四边形面积, 方向与 $\boldsymbol{u},\boldsymbol{v}$ 垂直并且有序向量组 $(\boldsymbol{u},\boldsymbol{v},\boldsymbol{u}\times\boldsymbol{v})$ 满足 “右手法则”.

(2) 证明: $\boldsymbol{v}\times\boldsymbol{u}=-(\boldsymbol{u}\times\boldsymbol{v})$.

给定 $\mathbb{R}^3$ 中另一向量 $\boldsymbol{w}=(w_1,w_2,w_3)$. 若 $\boldsymbol{u},\boldsymbol{v},\boldsymbol{w}$ 两两不共线, 则它们构成一个平行六面体 Σ (如下图所示).

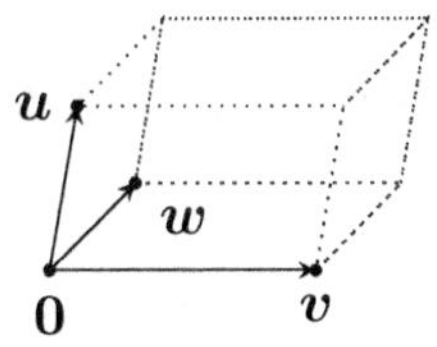

Σ 的体积 $\operatorname{vol}(\Sigma)$ 可由底面积乘以高得到.

(3) 证明: $\operatorname{vol}(\Sigma)=|\boldsymbol{u}\cdot(\boldsymbol{v}\times\boldsymbol{w})|$, 其中 $|\cdot|$ 表示 $\mathbb{R}$ 上的绝对值.

(4) 证明: $\operatorname{vol}(\Sigma)$ 等于行列式 $\begin{vmatrix}u_1&u_2&u_3\\v_1&v_2&v_3\\w_1&w_2&w_3\end{vmatrix}$ 的绝对值.

(提示: 若把以 $\boldsymbol{v},\boldsymbol{w}$ 为边的平行四边形看成 Σ 的底, 则 $\boldsymbol{u}$ 在 $\boldsymbol{v}\times\boldsymbol{w}$ 上投影的长度就是 Σ 的高.)

第 5 章　典范型

我们常称线性映射为算子. 例如矩阵 $\boldsymbol{A} \in M_n(K)$ 定义算子 $A: K^n \to K^n: \boldsymbol{v} \mapsto \boldsymbol{A}\boldsymbol{v}$; 在两个变元 x, y 的可微函数组成的空间 $\mathcal{C}$ 上有微分算子 $\frac{\partial^2}{\partial x^2} + \frac{\partial^2}{\partial y^2}$. 在 18、19 世纪, 人们发现若空间 V 有算子 $\phi: V \to V$, 或会有向量 $\boldsymbol{v} \in V$ 使得 $\phi(\boldsymbol{v}) = \lambda \boldsymbol{v}$, 其中 λ 是常数. 这是说, 沿着 $\boldsymbol{v}$ 的方向, 算子 ϕ 的作用是乘个常数 λ. 如果找到很多 $\boldsymbol{v}_i, \lambda_i$ 使得 $\phi(\boldsymbol{v}_i) = \lambda_i \boldsymbol{v}_i$, 我们构造仪器量度这些 λ_i, 便可以在 $\boldsymbol{v}_i$ 方向上控制算子 ϕ 了.

我们称 λ_i 为映射 ϕ 的特征值. 让我们回到矩阵 $\boldsymbol{A} \in M_n(K)$ 所定义的算子, 这时要求的条件是

$$\boldsymbol{A}\boldsymbol{v} = \lambda \boldsymbol{v}, \qquad \boldsymbol{v} \neq \boldsymbol{0},$$

即 $(\lambda \boldsymbol{I} - \boldsymbol{A})\boldsymbol{v} = \boldsymbol{0}$, $\boldsymbol{I}$ 是 $n \times n$ 单位矩阵, 也就是要求齐次方程有非零解, 所以行列式等于 0:

$$|\lambda \boldsymbol{I} - \boldsymbol{A}| = 0.$$

引入变元 t, 则 $\boldsymbol{A}$ 的任一特征值 λ_i 是 n 次多项式 $|t\boldsymbol{I} - \boldsymbol{A}|$ 的根.

设 K 是复数域 $\mathbb{C}$, 则有 $\lambda_1, \ldots, \lambda_n$ (其中可以有重复的) 使得

$$|t\boldsymbol{I} - \boldsymbol{A}| = \prod_{i=1}^{n} (t - \lambda_i).$$

取 $\boldsymbol{v}_i$ 对应于 λ_i, 又设 $\boldsymbol{v}_1, \ldots, \boldsymbol{v}_n$ 是 K^n 的基, 则由矩阵 $\boldsymbol{A}$ 所定义的映射在基 $\boldsymbol{v}_1, \ldots, \boldsymbol{v}_n$ 下的矩阵是对角元素为 $\lambda_1, \ldots, \lambda_n$ 的对角矩阵. 问: 倘若没有这些假设, 如何找映射最佳迫近对角矩阵的矩阵? 我们在本章约当形一节回答这个问题.

在本章你要留意三件事: 特征向量, 循环和怎样简化映射的矩阵为标准形.

5.1 特征向量

5.1.1 特征值

我们以 $\iota: V \to V$ 记域 K 上的线性空间 V 的恒等映射.

定义 5.1. 设 V 为域 K 上的线性空间, $\phi: V \to V$ 为线性映射. 若 $\boldsymbol{v} \in V$ 使得 $\boldsymbol{v} \neq \mathbf{0}$ 且 $\exists\, \lambda \in K$ 满足以下方程

$$\phi(\boldsymbol{v}) = \lambda \boldsymbol{v},$$

则称 λ 是映射 ϕ 的**特征值**或**特征根**, 称 $\boldsymbol{v}$ 是映射 ϕ (属于 λ) 的**特征向量**.

注意: 按定义 $\boldsymbol{v} \neq \mathbf{0}$, 但 λ 是可以为 0 的.

设有矩阵 $\boldsymbol{A} \in M_{n\times n}(K)$, 则有线性映射

$$\mu_{\boldsymbol{A}} : K^n \to K^n : \boldsymbol{x} \mapsto \boldsymbol{A}\boldsymbol{x},$$

其中 K^n 是列向量空间, 称 $\mu_{\boldsymbol{A}}$ 的特征值、特征向量为矩阵 $\boldsymbol{A}$ 的特征值、特征向量.

命题 5.2. 设 $\lambda_1, \ldots, \lambda_h$ 是线性映射 ϕ 的各不相同的特征值, $\boldsymbol{v}_i$ 是映射 ϕ 属于 λ_i 的特征向量, 则 $\boldsymbol{v}_1, \ldots, \boldsymbol{v}_h$ 是线性无关的.

证明. 对 h 做归纳证法. 若 $h = 1$, 由特征向量的定义, $\boldsymbol{v}_1 \neq \mathbf{0}$, 因此 $\boldsymbol{v}_1$ 是线性无关的.

设定理对 $\boldsymbol{v}_1, \ldots, \boldsymbol{v}_{h-1}$ 成立. 若有

$$\ddagger \qquad a_1\boldsymbol{v}_1 + \cdots + a_h\boldsymbol{v}_h = \mathbf{0},$$

则 $\phi(a_1\boldsymbol{v}_1 + \cdots + a_h\boldsymbol{v}_h) = \mathbf{0}$, 于是

$$a_1\lambda_1\boldsymbol{v}_1 + \cdots + a_h\lambda_h\boldsymbol{v}_h = \mathbf{0}.$$

因此

$$\begin{aligned}\mathbf{0} &= (a_1\lambda_1\boldsymbol{v}_1 + \cdots + a_h\lambda_h\boldsymbol{v}_h) - \lambda_h(a_1\boldsymbol{v}_1 + \cdots + a_h\boldsymbol{v}_h) \\ &= a_1(\lambda_1 - \lambda_h)\boldsymbol{v}_1 + \cdots + a_{h-1}(\lambda_{h-1} - \lambda_h)\boldsymbol{v}_{h-1}.\end{aligned}$$

由假设 $\boldsymbol{v}_1, \ldots, \boldsymbol{v}_{h-1}$ 是线性无关的, 便得

$$a_1(\lambda_1 - \lambda_h) = \cdots = a_{h-1}(\lambda_1 - \lambda_{h-1}) = 0.$$

因 $\lambda_1, \ldots, \lambda_h$ 是各不相同的, 所以 $a_1 = \cdots = a_{h-1} = 0$, 这样 $\ddagger$ 是 $a_h\boldsymbol{v}_h = \mathbf{0}$. 由于 $\boldsymbol{v}_h \neq \mathbf{0}$, 于是 $a_h = 0$, 得证 $\boldsymbol{v}_1, \ldots, \boldsymbol{v}_h$ 是线性无关的. □

若 λ 是线性映射 $\phi: V \to V$ 的特征值, 则以 V_λ 记 $\mathrm{Ker}(\lambda\iota - \phi)$, 其中 ι 是恒等映射, 按定义 $V_\lambda \neq 0$.

命题 5.3. 设 $\lambda_1, \ldots, \lambda_h$ 是线性映射 ϕ 的各不相同的特征值, 对 $1 \leqslant i \leqslant h$, 有

$$V_{\lambda_i} \cap (V_{\lambda_1} + \cdots + V_{\lambda_{i-1}} + V_{\lambda_{i+1}} + \cdots + V_{\lambda_h}) = 0.$$

证明. 可以设 $i = 1$, 其他情形是一样的. 现设有

$$\mathbf{0} \neq \boldsymbol{v} \in V_{\lambda_1} \cap (V_{\lambda_2} + \cdots + V_{\lambda_h}),$$

即有 $\mathbf{0} \neq \boldsymbol{v} = \boldsymbol{v}_1$, $\boldsymbol{v} = \boldsymbol{v}_2 + \cdots + \boldsymbol{v}_h$, $\boldsymbol{v}_i \in V_{\lambda_i}$, 在 $\boldsymbol{v}_2, \ldots, \boldsymbol{v}_h$ 中至少一个不是 $\mathbf{0}$. 于是在 $\boldsymbol{v}_1, \ldots, \boldsymbol{v}_h$ 中至少有两个特征向量属于不同特征值, 并且是线性相关的, 这与命题 5.2 相矛盾. □

命题 5.4. 设 V 为有限维 K 线性空间, $\{\lambda_1, \ldots, \lambda_k\}$ 是由线性映射 $\phi: V \to V$ 的全体特征值所组成的集. 若 V 是由 $V_{\lambda_1}, \ldots, V_{\lambda_k}$ 所生成, 则 ϕ 的矩阵相似于以下对角矩阵

$$\delta(\underbrace{\lambda_1, \ldots, \lambda_1}_{n_1}, \ldots, \underbrace{\lambda_k, \ldots, \lambda_k}_{n_k}),$$

其中 $n_i = \dim_K V_{\lambda_i}$.

证明. 以 $\boldsymbol{v}_1^j, \ldots, \boldsymbol{v}_{n_j}^j$ 记 V_{λ_j} 的基, 设矩阵 $\boldsymbol{T}$ 的列为

$$\boldsymbol{v}_1^1, \ldots, \boldsymbol{v}_{n_1}^1, \boldsymbol{v}_1^2, \ldots, \boldsymbol{v}_{n_2}^2, \ldots, \boldsymbol{v}_1^k, \ldots, \boldsymbol{v}_{n_k}^k,$$

$[\phi]$ 是由以上基所决定的 ϕ 的矩阵, 则

$$\begin{aligned}
[\phi]\boldsymbol{T} &= [[\phi]\boldsymbol{v}_1^1, \ldots, [\phi]\boldsymbol{v}_{n_k}^k] \\
&= [\lambda_1\boldsymbol{v}_1^1, \ldots, \lambda_k\boldsymbol{v}_{n_k}^k] \\
&= [\boldsymbol{v}_1^1, \ldots, \boldsymbol{v}_{n_k}^k]\delta(\underbrace{\lambda_1, \ldots, \lambda_1}_{n_1}, \ldots, \underbrace{\lambda_k, \ldots, \lambda_k}_{n_k}) \\
&= \boldsymbol{T}\delta(\underbrace{\lambda_1, \ldots, \lambda_1}_{n_1}, \ldots, \underbrace{\lambda_k, \ldots, \lambda_k}_{n_k}).
\end{aligned}$$

因 $\boldsymbol{v}_1^1, \ldots, \boldsymbol{v}_{n_1}^1, \ldots, \boldsymbol{v}_1^k, \ldots, \boldsymbol{v}_{n_k}^k$ 线性无关, $\boldsymbol{T}$ 是可逆矩阵. □

称有限维 K 线性空间 V 的线性映射 $\phi: V \to V$ 为可对角化, 若 V 有基 e 使得用 e 来计算的 ϕ 的矩阵 $[\phi]_{e,e}$ 是对角矩阵. 若方阵和对角矩阵相似, 便说此方阵是可对角化的.

5.1.2 特征多项式

设 V 为有限维 K 线性空间, $\phi: V \to V$ 为线性映射.

取定 V 的基便得到 ϕ 对应的矩阵 $\boldsymbol{A}$. 若变换 V 的基, ϕ 的矩阵变换为 $\boldsymbol{B} := \boldsymbol{T}^{-1}\boldsymbol{A}\boldsymbol{T}$. 由行列式给出的以 t 为变元的多项式有以下的性质

$$
\begin{aligned}
|t\boldsymbol{I} - \boldsymbol{B}| &= |t\boldsymbol{T}^{-1}\boldsymbol{I}\boldsymbol{T} - \boldsymbol{T}^{-1}\boldsymbol{A}\boldsymbol{T}| = |\boldsymbol{T}^{-1}(t\boldsymbol{I} - \boldsymbol{A})\boldsymbol{T}| \\
&= |\boldsymbol{T}|^{-1}|t\boldsymbol{I} - \boldsymbol{A}||\boldsymbol{T}| = |t\boldsymbol{I} - \boldsymbol{A}|.
\end{aligned}
$$

可见多项式与基的选取无关, 我们定义线性映射 ϕ 的**特征多项式**为 $|t\boldsymbol{I} - \boldsymbol{A}|$.

定理 5.5. 设 V 为有限维 K 线性空间, $\phi: V \to V$ 为线性映射, 则 ϕ 的特征根是 ϕ 的特征多项式 (在域 K 内) 的根.

证明. 取定 V 的基便得 $\boldsymbol{v} \in V$ 的坐标和 ϕ 的矩阵 $[\phi]$, 此时 $\phi\boldsymbol{v} = \boldsymbol{w} \iff [\phi][\boldsymbol{v}] = [\boldsymbol{w}]$.

记 $n = \dim V$. λ 是 ϕ 的特征值当且仅当 $\exists\, \boldsymbol{v} \neq \boldsymbol{0}$ 使得 $\phi(\boldsymbol{v}) = \lambda\boldsymbol{v}$, 当且仅当 $\exists\, \boldsymbol{0} \neq \boldsymbol{x} \in K^n$ 使得 $[\phi]\boldsymbol{x} = \lambda\boldsymbol{x}$, 即 $(\lambda\boldsymbol{I} - [\phi])\boldsymbol{x} = \boldsymbol{0}$. 证得: λ 是 ϕ 的特征值当且仅当 $|\lambda\boldsymbol{I} - [\phi]| = 0$. □

5.1.3 Cayley–Hamilton 定理

定理 5.6. K 是域, 取 $\boldsymbol{A} \in M_{n\times n}(K)$, $\boldsymbol{I}$ 是单位矩阵, 以 t 为变元, 展开行列式

$$
|t\boldsymbol{I} - \boldsymbol{A}| = t^n + c_1 t^{n-1} + \cdots + c_{n-1}t + c_n, \qquad c_j \in K,
$$

则

$$
\boldsymbol{A}^n + c_1\boldsymbol{A}^{n-1} + \cdots + c_{n-1}\boldsymbol{A} + c_n\boldsymbol{I} = \boldsymbol{O}.
$$

证明. $n \times n$ 矩阵 $\operatorname{adj}(t\boldsymbol{I} - \boldsymbol{A})$ 是以 t 为变元, 次数 $\leqslant n-1$ 的多项式. 于是有 $\boldsymbol{B}_j \in M_{n\times n}(K)$, 使得

$$
\operatorname{adj}(t\boldsymbol{I} - \boldsymbol{A}) = \boldsymbol{B}_0 t^{n-1} + \cdots + \boldsymbol{B}_{n-2}t + \boldsymbol{B}_{n-1}.
$$

代数余因子满足方程

$$
(t\boldsymbol{I} - \boldsymbol{A}) \cdot \operatorname{adj}(t\boldsymbol{I} - \boldsymbol{A}) = |t\boldsymbol{I} - \boldsymbol{A}| \cdot \boldsymbol{I},
$$

于是

$$
(t\boldsymbol{I} - \boldsymbol{A})(\boldsymbol{B}_0 t^{n-1} + \cdots + \boldsymbol{B}_{n-2}t + \boldsymbol{B}_{n-1}) = (t^n + c_1 t^{n-1} + \cdots + c_{n-1}t + c_n)\boldsymbol{I}.
$$

比较两边 t^j 的系数得

$$\begin{aligned}\boldsymbol{B}_0 &= \boldsymbol{I},\\ \boldsymbol{B}_1 - \boldsymbol{A}\boldsymbol{B}_0 &= c_1\boldsymbol{I},\\ \boldsymbol{B}_2 - \boldsymbol{A}\boldsymbol{B}_1 &= c_2\boldsymbol{I},\\ &\cdots\\ \boldsymbol{B}_{n-1} - \boldsymbol{A}\boldsymbol{B}_{n-2} &= c_{n-1}\boldsymbol{I},\\ -\boldsymbol{A}\boldsymbol{B}_{n-1} &= c_n\boldsymbol{I}.\end{aligned}$$

把这些方程顺序乘以 $\boldsymbol{A}^n, \ldots, \boldsymbol{A}, \boldsymbol{I}$ 然后相加, 得

$$\boldsymbol{O} = \boldsymbol{A}^n + c_1\boldsymbol{A}^{n-1} + \cdots + c_{n-1}\boldsymbol{A} + c_n\boldsymbol{I}. \qquad \square$$

推论 5.7. 设 V 为有限维 K 线性空间, $f(t)$ 是线性映射 $\phi: V \to V$ 的特征多项式, 则 $f(\phi) = 0$.

以 t 为变元, 系数属于域 K 次数为 n 的多项式是 $f(t) = a_0 + a_1 t + \cdots + a_n t^n$, $a_i \in K$, $a_n \neq 0$. 全体系数属于 K 的多项式记为 $K[t]$. 若 $a_n = 1$, 则称 $f(t)$ 为首一多项式.

取有限维 K 线性空间 V 的线性映射 $\phi: V \to V$. 按推论 5.7, 存在 $0 \neq f(t) \in K[t]$, 使得 $f(\phi) = 0$. 因此可以选 $m(t)$ 为 $K[t]$ 内次数最小的多项式, 使得 $m(\phi) = 0$, 我们还可以要求 $m(t)$ 为首一多项式.

断言: $m(t)$ 是由 ϕ 唯一决定的.

若有 $n(t)$ 满足同样条件, 设 $g(t) = m(t) - n(t)$, 有 $g(\phi) = 0$, 则 $g = 0$. 否则, 因为 $m(t)$, $n(t)$ 是次数相同的首一多项式, 所以 $g(t)$ 的次数 $< m(t)$ 的次数, 这与 $m(t)$ 是满足条件 $f(\phi) = 0$ 的次数最小的多项式相矛盾.

称 $m(t)$ 为 ϕ 的**最小多项式**.

命题 5.8. 设 ϕ 为有限维 K 线性空间 V 的线性映射, $m(t)$ 为 ϕ 的最小多项式, 则

(1) $f(t) \in K[t]$ 使得 $f(\phi) = 0 \Longrightarrow m(t)$ 整除 $f(t)$, 即 $\exists q(t) \in K[t]$, 使得 $f(t) = m(t)q(t)$;

(2) $m(t)$ 整除 $f(t) \Longrightarrow f(\phi) = 0$.

证明. (1) 用 $m(t)$ 除 $f(t)$ 得 $f(t) = m(t)q(t) + r(t)$, 其中 $r(t)$ 的次数 $< m(t)$ 的次数. 但是若 $r(t) \neq 0$, 则 $r(\phi) = f(\phi) - m(\phi)q(\phi) = 0$, 产生矛盾.

(2) 是显然的. $\square$

5.2 循环

命题 5.4 说若 a 是线性映射 $\phi: V \to V$ 的特征根和 $V = \mathrm{Ker}(\phi - a\iota)$，则 ϕ 的矩阵相似于对角矩阵 $\delta(a, \ldots, a)$. 我们引入一些术语来说明一个推广.

以下假设 V 是复数域 $\mathbb{C}$ 上线性空间. 给出线性映射 $\phi: V \to V$. 设 $a \in \mathbb{C}$, $\boldsymbol{v} \in V$, $\boldsymbol{v} \neq \boldsymbol{0}$. 若有整数 $r \geqslant 1$ 使得 $(\phi - a\iota)^r \boldsymbol{v} = \boldsymbol{0}$, 则称 $\boldsymbol{v}$ 是 $(\phi - a\iota)$ 循环的, 称最小的 r 为周期. 于是, 对 $0 \leqslant k < r$ 有 $(\phi - a\iota)^k \boldsymbol{v} \neq \boldsymbol{0}$. 称

$$\{\boldsymbol{v}, (\phi - a\iota)\boldsymbol{v}, (\phi - a\iota)^2 \boldsymbol{v}, \ldots, (\phi - a\iota)^{r-1} \boldsymbol{v}\}$$

为一个 $(\phi - a\iota)$ 循环或 (映射 ϕ 属于 a 的) 一个循环. 注意: 若 $\boldsymbol{v}$ 是 ϕ 属于特征值 a 的特征向量, 则 $\{\boldsymbol{v}\}$ 是周期为 1 的循环.

断言: 一个循环是个线性无关集. 记 $\psi = \phi - a\iota$. 循环的一个线性关系可以写为

$$f(\psi)\boldsymbol{v} = \boldsymbol{0},$$

其中多项式 $0 \neq f(t) = c_0 + c_1 t + \cdots + c_s t^s$ 和 $s \leqslant r - 1$, 即有

$$c_0 \boldsymbol{v} + c_1 \psi \boldsymbol{v} + \cdots + c_s \psi^s \boldsymbol{v} = \boldsymbol{0}.$$

按假设 $\psi^r \boldsymbol{v} = \boldsymbol{0}$, 记 $g(t) = t^r$. 设 h 是多项式 f 和 g 的最大公因子, 则有多项式 f_1, g_1 使得

$$h = f_1 f + g_1 g.$$

于是 $h(\psi)\boldsymbol{v} = \boldsymbol{0}$, 这样 h 的次数 $\leqslant r - 1$, 且 h 是 g 的因子. 因此 $h(t) = t^d$, $d < r$, 这与 r 是周期相矛盾.

若 V 是由一个 $(\phi - a\iota)$ 循环 $\{\boldsymbol{v}, \ldots, (\phi - a\iota)^{r-1} \boldsymbol{v}\}$ 生成, 以此循环为基, 则

$$\phi(\phi - a\iota)^k \boldsymbol{v} = a(\phi - a\iota)^k \boldsymbol{v} + (\phi - a\iota)^{k+1} \boldsymbol{v}.$$

于是 A 的矩阵是

$$\begin{bmatrix} a & & & & \\ 1 & a & & & \\ & 1 & \ddots & & \\ & & \ddots & a & \\ & & & 1 & a \end{bmatrix},$$

即对角线上的元素是 a, 对角线下的斜线的元素是 1, 其他位置是 0, 称此矩阵为 r 阶**约当块**. 此外可见一个周期的循环的最后元素 $(\phi - a\iota)^{r-1}\boldsymbol{v}$ 是 ϕ 属于特征值 a 的特征向量.

命题 5.9. 设 $V \neq 0$ 为有限维 $\mathbb{C}$ 线性空间, $\phi : V \to V$ 为线性映射并且有 $a \in \mathbb{C}$ 和整数 $r \geqslant 1$ 使得 $V = \operatorname{Ker}(\phi - a\iota)^r$, 则有直和分解 $V = S_1 \oplus \cdots \oplus S_\ell$, 其中每个 S_k 是由一个 $(\phi - a\iota)$ 循环生成的.

证明. 设 $\psi = \phi - a\iota$, 则 $\psi^r = 0$. **假设** r **是最小的整数**, 使得 $\psi^r = 0$, 于是 $\psi^{r-1} \neq 0$.

断言 1: $\psi V \subsetneqq V$. 存在 $\boldsymbol{w} \in V$ 使得 $\psi^{r-1}\boldsymbol{w} \neq \mathbf{0}$, 取 $\boldsymbol{v} = \psi^{r-1}\boldsymbol{w}$, 则 $\mathbf{0} \neq \boldsymbol{v} \in \operatorname{Ker}\psi$. 但 $\dim \psi V + \dim \operatorname{Ker}\psi = \dim V$, 因此 $\dim \psi V < \dim V$, 即 $\psi V \subsetneqq V$.

现在归纳假设有直和分解 $\psi V = W_1 \oplus \cdots \oplus W_m$, 其中每个 W_k 是由一个 ψ 循环 $\{\boldsymbol{w}_i, \psi\boldsymbol{w}_i, \ldots, \psi^{r_i-1}\boldsymbol{w}_i\}$ 生成的. 有 $\boldsymbol{v}_i \in V$ 使得 $\psi\boldsymbol{v}_i = \boldsymbol{w}_i$, 则 $\{\boldsymbol{v}_i, \psi\boldsymbol{v}_i, \ldots, \psi^{r_i}\boldsymbol{v}_i\}$ 是一个 ψ 循环. 由这个 ψ 循环生成 V 的子空间记为 V_i. 设

$$V^\natural = V_1 + \cdots + V_m.$$

断言 2: $V^\natural$ 是 V_i 的直和. 我们将证明: 任一 $\boldsymbol{u} \in V^\natural$ 有唯一的分解

$$\boldsymbol{u} = \boldsymbol{u}_1 + \cdots + \boldsymbol{u}_m, \qquad \boldsymbol{u}_i \in V_i.$$

V_i 的元素可以写为 $f_i(\psi)\boldsymbol{v}_i$, 其中 $f_i(t)$ 是次数 $\leqslant r_i$ 的多项式. 假设

$$\star \qquad f_1(\psi)\boldsymbol{v}_1 + \cdots + f_m(\psi)\boldsymbol{v}_m = \mathbf{0},$$

利用 $\psi f_i(\psi) = f_i(\psi)\psi$ 得

$$f_1(\psi)\boldsymbol{w}_1 + \cdots + f_m(\psi)\boldsymbol{w}_m = \mathbf{0}.$$

但是我们有直和分解 $\psi V = W_1 \oplus \cdots \oplus W_m$, 所以 $\forall i$ 有 $f_i(\psi)\boldsymbol{w}_i = \mathbf{0}$. 于是 $f_i(t)$ 是 t^{r_i} 乘个多项式, 因此有多项式 $g_i(t)$ 使得 $f_i(t) = g_i(t)t$. 这样等式 $\star$ 给出

$$g_1(\psi)\boldsymbol{w}_1 + \cdots + g_m(\psi)\boldsymbol{w}_m = \mathbf{0}.$$

同理 t^{r_i} 除 $g_i(t)$, 于是 t^{r_i+1} 除 $f_i(t)$, 因此 $f_i(\psi)v_i = 0$. 断言得证.

断言 3: $\psi V^\natural = \psi V$. ψV 的元素可写成

$$\boldsymbol{x} = f_1(\psi)\boldsymbol{w}_1 + \cdots + f_m(\psi)\boldsymbol{w}_m,$$

于是 $\boldsymbol{x} = \psi(f_1(\psi)\boldsymbol{v}_1 + \cdots + f_m(\psi)\boldsymbol{v}_m) \in \psi V^\natural$. 断言得证.

从断言 3 便得

$$V = V^\natural + \operatorname{Ker}\psi.$$

每一个循环的最后一个向量 $\boldsymbol{y}_i = \psi^{r_i}\boldsymbol{v}_i$ 是 ϕ 属于特征值 a 的特征向量. 由断言 2 知 $\{\boldsymbol{y}_1, \ldots, \boldsymbol{y}_m\}$ 是 $\operatorname{Ker}\psi$ 的线性无关集, 扩展此集为 $\operatorname{Ker}\psi$ 的基 $\{\boldsymbol{y}_1, \ldots, \boldsymbol{y}_m, \boldsymbol{z}_1, \ldots, \boldsymbol{z}_s\}$. 已知 $V^\natural$ 的基 $\mathscr{B}$ 是 ψ 循环的并集

$$\mathscr{B} = \cup_i\{\boldsymbol{v}_i, \psi\boldsymbol{v}_i, \ldots, \psi^{r_i}\boldsymbol{v}_i\}.$$

显然 $\mathscr{B} \cup \{\boldsymbol{z}_1, \ldots, \boldsymbol{z}_s\}$ 是 V 的基. 以 Z_j 记周期为 1 的循环 $\boldsymbol{z}_j$ 所生成的 1 维子空间, 则

$$V = V_1 \oplus \cdots \oplus V_m \oplus Z_1 \oplus \cdots \oplus Z_s$$

便是所求的直和分解. □

5.3 约当形

为了简化讨论, 我们只考虑复数域 $\mathbb{C}$ 上线性空间和映射. $\mathbb{C}[t]$ 记全体以 t 为变元取复数系数的多项式. 在黎景辉《高等线性代数学》(高等教育出版社) 的第 9 章, 讨论了一般域上的约当形.

命题 5.10. 设 V 为有限维 $\mathbb{C}$ 线性空间, $\phi : V \to V$ 为线性映射, $f(t) \in \mathbb{C}[t]$ 使得 $f(\phi) = 0$. 如果 $f_1, f_2 \in \mathbb{C}[t]$ 的最大公因子是 1, 并且 $f = f_1f_2$, 设

$$W_1 = \operatorname{Ker} f_1(\phi), \qquad W_2 = \operatorname{Ker} f_2(\phi),$$

则 $V = W_1 \oplus W_2$.

证明. 因为 $f_1, f_2 \in \mathbb{C}[t]$ 的最大公因子是 1, 所以有 $g_1, g_2 \in \mathbb{C}[t]$, 使得

$$g_1(t)f_1(t) + g_2(t)f_2(t) = 1,$$

于是

$$g_1(\phi)f_1(\phi) + g_2(\phi)f_2(\phi) = 1.$$

若 $\boldsymbol{v} \in V$, 则

$$\boldsymbol{v} = g_1(\phi)f_1(\phi)\boldsymbol{v} + g_2(\phi)f_2(\phi)\boldsymbol{v}.$$

由

$$f_2(\phi)g_1(\phi)f_1(\phi)\boldsymbol{v} = g_1(\phi)f_1(\phi)f_2(\phi)\boldsymbol{v} = g_1(\phi)f(\phi)\boldsymbol{v} = \boldsymbol{0}$$

知 $g_1(\phi)f_1(\phi)\boldsymbol{v} \in W_2$. 同理知 $g_2(\phi)f_2(\phi)\boldsymbol{v} \in W_1$. 于是得 $V = W_1 + W_2$.

余下要证: 若 $\boldsymbol{v} = \boldsymbol{w}_1 + \boldsymbol{w}_2$, $\boldsymbol{w}_1 \in W_1$, $\boldsymbol{w}_2 \in W_2$, 则 $\boldsymbol{w}_1, \boldsymbol{w}_2$ 是由 $\boldsymbol{v}$ 唯一决定的. 计算

$$\begin{aligned}\boldsymbol{w}_2 &= (g_1(\phi)f_1(\phi) + g_2(\phi)f_2(\phi))\boldsymbol{w}_2 \\ &= g_1(\phi)f_1(\phi)\boldsymbol{w}_2, \qquad (\text{因为 } f_2(\phi)\boldsymbol{w}_2 = 0) \\ &= g_1(\phi)f_1(\phi)\boldsymbol{v}, \qquad (\text{因为 } f_1(\phi)\boldsymbol{w}_1 = 0)\end{aligned}$$

同理 $\boldsymbol{w}_1 = g_2(\phi)f_2(\phi)\boldsymbol{v}$. □

命题 5.11. 设 V 为有限维 $\mathbb{C}$ 线性空间, $\phi : V \to V$ 为线性映射, $f(t) \in \mathbb{C}[t]$ 使得 $f(\phi) = 0$. 若 $a_1, \ldots, a_r$ 是 $f(t)$ 的各不相同的全体根, 并且

$$f(t) = (t - a_1)^{m_1} \cdots (t - a_r)^{m_r},$$

则 $V = \mathrm{Ker}((\phi - a_1\iota)^{m_1}) \oplus \cdots \oplus \mathrm{Ker}((\phi - a_r\iota)^{m_r})$, ι 是恒等映射.

证明. 用归纳法证. 设

$$W_1 = \mathrm{Ker}((\phi - a_j\iota)^{m_1}), \qquad W = \mathrm{Ker}((\phi - a_2\iota)^{m_2} \cdots (\phi - a_r\iota)^{m_r}),$$

用命题 5.10 得 $V = W_1 \oplus W$. 用归纳假设得

$$W = W_2 \oplus \cdots \oplus W_r,$$

其中 W_j 是 $(\phi - a_j\iota)^{m_j}|_W$ 的核 $(j = 2, \ldots, r)$, 于是

$$V = W_1 \oplus W_2 \oplus \cdots \oplus W_r.$$

余下需证明 W_j 是 $(\phi - a_j\iota)^{m_j}$ 在 V 的核. 取

$$\boldsymbol{v} = \boldsymbol{w}_1 + \boldsymbol{w}_2 + \cdots + \boldsymbol{w}_r, \qquad \boldsymbol{w}_j \in W_j,$$

设 $(\phi - a_j\iota)^{m_j}\boldsymbol{v} = \boldsymbol{0}$ $(j \geqslant 2)$, 则 $(\phi - a_2\iota)^{m_2} \cdots (\phi - a_r\iota)^{m_r}\boldsymbol{v} = \boldsymbol{0}$, 即 $\boldsymbol{v} \in W$, 于是 $\boldsymbol{w}_1 = \boldsymbol{0}$ ($W_1 \oplus W$ 是直和), 即 $\boldsymbol{v}$ 属于直和 $W_2 \oplus \cdots \oplus W_r$, 因此 $\boldsymbol{v} = \boldsymbol{w}_j$. □

使用 Cayley–Hamilton 定理、命题 5.11 和定理 5.9 便得以下定理.

定理 5.12. 设 $V \neq 0$ 为有限维 $\mathbb{C}$ 线性空间, $\phi : V \to V$ 为线性映射, 则 V 有基使得 ϕ 的矩阵是对角方块矩阵, 其中每个对角方块是约当块.

我们称定理中的矩阵为 ϕ 的约当典范型 (Jordan canonical form), 又称约当标准形. C. Jordan (1838–1922) 是从巴黎理工学院毕业的法国工程师数学家.

习　题

1. 证明: n 维 K 线性空间 V 的线性映射 $\phi: V \to V$ 可对角化当且仅当 V 有由 ϕ 的特征向量所组成的基, 即 V 有基 $e = \{\boldsymbol{v}_1, \ldots, \boldsymbol{v}_n\}$, $\phi(\boldsymbol{v}_1) = \lambda_1 \boldsymbol{v}_1, \ldots, \phi(\boldsymbol{v}_n) = \lambda_n \boldsymbol{v}_n$, 此时 $[\phi]_{e,e}$ 是对角矩阵 $\delta(\lambda_1, \ldots, \lambda_n)$.

2. 证明: $\begin{bmatrix} 1 & 1 \\ 0 & 1 \end{bmatrix}$ 不可对角化.

3. 求以下矩阵的全部特征多项式, 特征值和特征向量:

$$\begin{bmatrix} 1 & 2 \\ -1 & 4 \end{bmatrix}, \quad \begin{bmatrix} 2 & -2 & 2 \\ -2 & -1 & 4 \\ 2 & 4 & -1 \end{bmatrix}, \quad \begin{bmatrix} 0 & 1 & 0 \\ 0 & 0 & 1 \\ 1 & 0 & 0 \end{bmatrix}.$$

4. 求以下矩阵的约当典范型:

$$\begin{bmatrix} 0 & 1 \\ 0 & 0 \end{bmatrix}, \begin{bmatrix} 1 & 1 \\ 0 & -1 \end{bmatrix}, \begin{bmatrix} 1 & 1 & 0 \\ 0 & -1 & 1 \\ 0 & 0 & -1 \end{bmatrix}, \begin{bmatrix} 1 & 1 & 1 \\ 0 & -1 & 1 \\ 0 & 0 & -1 \end{bmatrix}, \begin{bmatrix} 1 & 1 & 0 \\ 0 & -1 & 1 \\ -1 & 0 & -1 \end{bmatrix}.$$

5. 计算以下矩阵的最小多项式:

$$\begin{bmatrix} 2 & 1 \\ 1 & 2 \end{bmatrix}, \quad \begin{bmatrix} 1 & 1 \\ 0 & 1 \end{bmatrix}, \quad \begin{bmatrix} 3 & -1 & 0 \\ 0 & 2 & 0 \\ 1 & -1 & 2 \end{bmatrix}.$$

6. 计算 $n \times n$ 单位矩阵 $\boldsymbol{I}$ 的特征多项式, 证明: $\boldsymbol{I}$ 的最小多项式是 $t-1$.

7. 设有线性映射 $\phi: V \to V$, $\boldsymbol{v} \in V$, $\lambda \in K$, $\phi(\boldsymbol{v}) = \lambda \boldsymbol{v}$. 证明: $\phi^m(\boldsymbol{v}) = \lambda^m \boldsymbol{v}$.

8. 设有 K 线性空间 V 的线性映射 $\phi: V \to V$ 和 $\boldsymbol{v} \in V$, $\lambda \in K$, $\phi(\boldsymbol{v}) = \lambda \boldsymbol{v}$, 取多项式 $f(X) \in K[X]$. 证明: $f(\phi)(\boldsymbol{v}) = f(\lambda)\boldsymbol{v}$.

9. 证明: 方阵 $\boldsymbol{A}$ 和它的转置矩阵 $\boldsymbol{A}^{\mathrm{T}}$ 有相同的特征多项式.

10. 证明: 矩阵

$$\begin{bmatrix} 1 & 1 & 0 & 0 \\ 0 & 1 & 0 & 0 \\ 0 & 0 & 2 & 0 \\ 0 & 0 & 0 & 2 \end{bmatrix}$$

的特征多项式是 $(t-1)^2(t-2)^2$, 最小多项式是 $(t-1)^2(t-2)$.

11. 设矩阵

$$\begin{bmatrix} 0 & c & -b & -a \\ -c & 0 & a & -b \\ b & -a & 0 & -c \\ a & b & c & 0 \end{bmatrix}$$

的特征多项式是 $c(t)$, 最小多项式是 $m(t)$. 证明: $c(t)=m(t)^2$.

12. 设 $\boldsymbol{J}$ 是 $n\times n$ 矩阵, 且 $\boldsymbol{J}^2=-\boldsymbol{I}$. 证明: n 是偶数, $\boldsymbol{J}$ 的特征多项式是 $(t^2+1)^{n/2}$, 最小多项式是 t^2+1.

13. 证明: 矩阵 $\boldsymbol{A}$ 与 $\boldsymbol{P}^{-1}\boldsymbol{AP}$ 的最小多项式是相同的.

14. 设有线性映射 $f:V\to V$ 使得 $f^2=1_V$, $f\neq\pm 1_V$. 证明:
$\mathrm{Img}(1_V+f)=\mathrm{Ker}(1_V-f)$, $\mathrm{Img}(1_V-f)=\mathrm{Ker}(1_V+f)$,
$V=\mathrm{Ker}(1_V-f)\oplus\mathrm{Ker}(1_V+f)$.

15. 设有线性映射 $f:V\to V$ 使得 $f^3=f^2$, $f^2\neq f$, $f^2\neq 1_v$, $f\neq 0$. 证明: $\mathrm{Ker}\,f\subset\mathrm{Ker}\,f^2$, $V=\mathrm{Ker}(f-1_V)\oplus\mathrm{Ker}\,f^2$.

16. 设有线性映射 $f:V\to V$ 使得 $f^3=f$. 证明: $V=V_0\oplus V_1\oplus V_{-1}$, 其中 $V_0=\mathrm{Ker}\,f$, $V_1=\mathrm{Ker}(f-1_V)$, $V_{-1}=\mathrm{Ker}(f+1_V)$.

17. 设有有限维线性空间 V 的线性映射 $\phi:V\to V$ 和 V 的子空间 W, 使得 $\phi(W)\subseteq W$, 以 $\iota:W\to V$ 记包含映射, 则 $\psi=\phi\circ\iota$ 是线性映射 $\psi:W\to W$. 证明: ψ 的特征多项式是 ϕ 的特征多项式的因子.

18. 设 $\phi:V\to V$ 是 n 维 K 线性空间 V 的线性映射. 证明: 存在一个次数不超过 n^2 的非零多项式 $f(X)\in K[X]$, 使得 $f(\phi)=0$.

第6章 内积空间

在实平面取互相垂直的坐标轴, 设平面内的点 $\boldsymbol{x}$ 的坐标是 (x_1, x_2), 记此为 $\boldsymbol{x} = (x_1, x_2)$. 根据勾股定理, 从原点 $\mathbf{0}$ 到点 $\boldsymbol{x}$ 的向量的长度是

$$\|\boldsymbol{x}\| = \sqrt{x_1^2 + x_2^2}.$$

过了两千年西人才学会考虑两点 $\boldsymbol{x}$, $\boldsymbol{y}$! 以 θ 记从 $\mathbf{0}$ 到 $\boldsymbol{x}$ 的向量与从 $\mathbf{0}$ 到 $\boldsymbol{y}$ 的向量的夹角, 则

$$\|\boldsymbol{x}\|\|\boldsymbol{y}\|\cos\theta = \langle \boldsymbol{x}, \boldsymbol{y} \rangle,$$

其中 $\langle \boldsymbol{x}, \boldsymbol{y} \rangle = x_1y_1 + x_2y_2$. 这是神奇公式. 留意 $\langle \boldsymbol{x}, \boldsymbol{x} \rangle = \|\boldsymbol{x}\|^2$.

我们容易对其进行推广. 考虑 $\mathbb{R}^n$, 取 $\boldsymbol{x} = (x_1, \ldots, x_n) \in \mathbb{R}^n$, 定义

$$\langle \boldsymbol{x}, \boldsymbol{y} \rangle = x_1y_1 + \cdots + x_ny_n,$$

称此为 $\boldsymbol{x}$ 与 $\boldsymbol{y}$ 的**标准内积**, 则不难证明

(1) 对 $a \in \mathbb{R}$, 有

$$\langle a\boldsymbol{x}_1 + \boldsymbol{x}_2, \boldsymbol{y} \rangle = a\langle \boldsymbol{x}_1, \boldsymbol{y} \rangle + \langle \boldsymbol{x}_2, \boldsymbol{y} \rangle,$$
$$\langle \boldsymbol{x}, a\boldsymbol{y}_1 + \boldsymbol{y}_2 \rangle = a\langle \boldsymbol{x}, \boldsymbol{y}_1 \rangle + \langle \boldsymbol{x}, \boldsymbol{y}_2 \rangle;$$

(2) $\langle \boldsymbol{x}, \boldsymbol{y} \rangle = \langle \boldsymbol{y}, \boldsymbol{x} \rangle$;

(3) $\langle \boldsymbol{x}, \boldsymbol{x} \rangle \geq 0$; $\langle \boldsymbol{x}, \boldsymbol{x} \rangle = 0$ 当且仅当 $\boldsymbol{x} = \mathbf{0}$.

和考虑行列式的时候一样, 下一步我们放弃 $\langle \boldsymbol{x}, \boldsymbol{y} \rangle$ 的公式, 只研究在向量空间 V 上有性质 (1), (2), (3) 的函数

$$V \times V \to K : \boldsymbol{x}, \boldsymbol{y} \mapsto \langle \boldsymbol{x}, \boldsymbol{y} \rangle.$$

我们的目的是证明实内积空间自伴映射的谱分解定理. 本章假设所有域 K 的特征不是 2, 于是 K 包含 $\frac{1}{2}$.

6.1 非退化对称双线性型

6.1.1 定义

定义 6.1. 设 V 都是域 K 上的向量空间, 称 $\sigma: V\times V\to K$ 为 K **双线性型**, 如果对任意的 $a\in K$, $\boldsymbol{v}_1,\boldsymbol{v}_2,\boldsymbol{v}\in V$, $\boldsymbol{w},\boldsymbol{w}_1,\boldsymbol{w}_2\in V$, 有

$$\sigma(a\boldsymbol{v}_1+\boldsymbol{v}_2,\boldsymbol{w})=a\sigma(\boldsymbol{v}_1,\boldsymbol{w})+\sigma(\boldsymbol{v}_2,\boldsymbol{w}),$$
$$\sigma(\boldsymbol{v},a\boldsymbol{w}_1+\boldsymbol{w}_2)=a\sigma(\boldsymbol{v},\boldsymbol{w}_1)+\sigma(\boldsymbol{v},\boldsymbol{w}_2).$$

若 $\sigma(V\times V)=0$, 则称此为零双线性型. 由所有 V 上的双线性型所组成的集合记为 $\mathscr{L}(V\times V)$, 不难证明这是 K 向量空间, 并且 $\dim\mathscr{L}(V\times V)=(\dim V)^2$.

定义 6.2. 给定一个双线性型 σ, 称 σ 是**对称的**, 如果对任意的 $\boldsymbol{x},\boldsymbol{y}\in V$ 有 $\sigma(\boldsymbol{x},\boldsymbol{y})=\sigma(\boldsymbol{y},\boldsymbol{x})$; 称 σ 是**斜对称的**, 如果 $\sigma(\boldsymbol{x},\boldsymbol{y})=-\sigma(\boldsymbol{y},\boldsymbol{x})$ 对任意的 $\boldsymbol{x},\boldsymbol{y}\in V$ 都成立.

定义 6.3. 给定 K 向量空间 V 上的一个对称或斜对称双线性型 σ, 如果 $\boldsymbol{x},\boldsymbol{y}\in V$ 满足 $\sigma(\boldsymbol{x},\boldsymbol{y})=0$, 则称 $\boldsymbol{x},\boldsymbol{y}$ 是**正交的** (或者 $\boldsymbol{x}$ 垂直于 $\boldsymbol{y}$), 记作 $\boldsymbol{x}\perp\boldsymbol{y}$.

对于子集 $X,Y\subset V$, 记作 $X\perp Y$, 如果 $\sigma(\boldsymbol{x},\boldsymbol{y})=0$ 对所有的 $\boldsymbol{x}\in X$, $\boldsymbol{y}\in Y$ 都成立.

对于一个子集 $X\subset V$, 令 $X^\perp:=\{\boldsymbol{y}\in V:\boldsymbol{y}\perp X\}$, 称 $V^\perp$ 是 σ 的**根** (或零化子). 称 σ 是**非退化的** (或非奇异的、正则的), 如果 $V^\perp=0$.

所以 σ 为向量空间 V 上的对称或斜对称非退化双线性型, 是指不存在非零向量 $\boldsymbol{y}\in V$, 使得对任意的 $\boldsymbol{x}\in V$, 有 $\sigma(\boldsymbol{x},\boldsymbol{y})=0$.

6.1.2 双线性型的矩阵

(1) 设 V 是域 K 上的 n 维线性空间, σ 是 V 上的双线性型, $\boldsymbol{v}_1,\ldots,\boldsymbol{v}_n$ 是 V 的基, 则称

$$\boldsymbol{A}=[\sigma(\boldsymbol{v}_i,\boldsymbol{v}_j)]=\begin{bmatrix}\sigma(\boldsymbol{v}_1,\boldsymbol{v}_1)&\ldots&\sigma(\boldsymbol{v}_1,\boldsymbol{v}_n)\\ \vdots&\ddots&\vdots\\ \sigma(\boldsymbol{v}_n,\boldsymbol{v}_1)&\ldots&\sigma(\boldsymbol{v}_n,\boldsymbol{v}_n)\end{bmatrix}$$

为 (用基 $\boldsymbol{v}_1,\ldots,\boldsymbol{v}_n$ 得的) σ 的矩阵. 从 V 中取 $\boldsymbol{x}=\sum_{i=1}^n x_i\boldsymbol{v}_i$ 和 $\boldsymbol{y}=\sum_{i=1}^n y_i\boldsymbol{v}_i$, 则

$$\begin{aligned}\sigma(\boldsymbol{x},\boldsymbol{y})&=\sigma\Big(\sum_{i=1}^n x_i\boldsymbol{v}_i,\sum_{j=1}^n y_j\boldsymbol{v}_j\Big)\\&=\sum_{i=1}^n\sum_{j=1}^n x_iy_j\sigma(\boldsymbol{v}_i,\boldsymbol{v}_j)=[\boldsymbol{x}]^{\mathrm{T}}\boldsymbol{A}[\boldsymbol{y}],\end{aligned}$$

其中 $[\boldsymbol{x}]=(x_1,\ldots,x_n)^{\mathrm{T}}$, $[\boldsymbol{y}]=(y_1,\ldots,y_n)^{\mathrm{T}}\in K^n_{\mathrm{Col}}$, 而 K^n_{Col} 是以 $n\times 1$ 列矩阵为元素的 K 线性空间, $\boldsymbol{A}^{\mathrm{T}}$ 表示矩阵 $\boldsymbol{A}$ 的转置矩阵.

(2) 若 $\boldsymbol{A}=\boldsymbol{A}^{\mathrm{T}}$, 则称方阵 $\boldsymbol{A}$ 为**对称矩阵**; 若 $\boldsymbol{A}+\boldsymbol{A}^{\mathrm{T}}=\boldsymbol{O}$, 则称方阵 $\boldsymbol{A}$ 为**斜对称矩阵**.

命题 6.4. (1) 对称双线性型 σ 的矩阵是对称的.

(2) 反过来, 若 $\boldsymbol{A}\in M_{n\times n}(K)$ 是对称的, V 是任意给的 n 维 K 线性空间, $\boldsymbol{v}_1,\ldots,\boldsymbol{v}_n$ 是 V 的任意给定的基, 则 V 有唯一的对称双线性型 σ, 使得用基 $\boldsymbol{v}_1,\ldots,\boldsymbol{v}_n$ 得的 σ 的矩阵是 $\boldsymbol{A}$.

证明. (1) 设用基 $\boldsymbol{v}_1,\ldots,\boldsymbol{v}_n$ 得的 σ 的矩阵是 $\boldsymbol{A}=(a_{ij})$. 由假设 σ 是对称的, 于是 $[\boldsymbol{x}]^{\mathrm{T}}\boldsymbol{A}[\boldsymbol{y}]=[\boldsymbol{y}]^{\mathrm{T}}\boldsymbol{A}[\boldsymbol{x}]$. 取 $[\boldsymbol{x}]$ 是在 i 位等于 1, 其他位等于 0; 取 $[\boldsymbol{y}]$ 是在 j 位等于 1, 其他位等于 0, 则得 $a_{ij}=a_{ji}$, 即 $\boldsymbol{A}=\boldsymbol{A}^{\mathrm{T}}$.

(2) 对 $\boldsymbol{x}\in V$, 以 $[\boldsymbol{x}]$ 记 $\boldsymbol{x}$ 对于已给的基 $\boldsymbol{v}_1,\ldots,\boldsymbol{v}_n$ 的坐标, 现定义 $\sigma(\boldsymbol{x},\boldsymbol{y})=[\boldsymbol{x}]^{\mathrm{T}}\boldsymbol{A}[\boldsymbol{y}]$. 容易验证余下所求. □

(3) 设 σ 是 n 维线性空间 V 上的双线性型. 设用基 $\boldsymbol{v}_1,\ldots,\boldsymbol{v}_n$ 得的 σ 的矩阵是 $\boldsymbol{A}$. 在用 $v=\{\boldsymbol{v}_1,\ldots,\boldsymbol{v}_n\}$ 为基时, $\boldsymbol{x}$ 的坐标记为 $[\boldsymbol{x}]_v$. V 另有基 $u=\{\boldsymbol{u}_1,\ldots,\boldsymbol{u}_n\}$, 把 $\boldsymbol{u}_j$ 写为 $\boldsymbol{v}_i$ 的线性组合

$$\boldsymbol{u}_j=\sum_{i=1}^n p_{ij}\boldsymbol{v}_i,$$

则对 $\boldsymbol{x}\in V$ 有 $[\boldsymbol{x}]_v=\boldsymbol{P}[\boldsymbol{x}]_u$, 其中基变换矩阵 $\boldsymbol{P}=(p_{ij})$ 是可逆矩阵. 因为

$$\sigma(\boldsymbol{x},\boldsymbol{y})=[\boldsymbol{x}]_v^{\mathrm{T}}\boldsymbol{A}[\boldsymbol{y}]_v=[\boldsymbol{x}]_u^{\mathrm{T}}\boldsymbol{P}^{\mathrm{T}}\boldsymbol{A}\boldsymbol{P}[\boldsymbol{y}]_u,$$

于是知用基 $\boldsymbol{u}_1,\ldots,\boldsymbol{u}_n$ 得的 σ 的矩阵是 $\boldsymbol{P}^{\mathrm{T}}\boldsymbol{A}\boldsymbol{P}$.

设 $\boldsymbol{P}$ 为可逆矩阵, 我们称 $\boldsymbol{A}$ 与 $\boldsymbol{P}^{\mathrm{T}}\boldsymbol{A}\boldsymbol{P}$ 是**相合**或**合同**的.

6.2 正交分解

定义 6.5. 如果 V 有子空间 $V_1, V_2, \ldots, V_k$, 使得 V 是一个直和

$$V = V_1 \oplus \cdots \oplus V_k,$$

并且对于 $i \neq j$, $V_i \perp V_j$, 则称之为 V 的一个正交分解, 记作

$$V = V_1 \boxplus \cdots \boxplus V_k.$$

称一个子空间 U 分解 V, 如果存在 V 的一个子空间 W, 使得 $V = U \boxplus W$.

引理 6.6. 有限维向量空间 V 的对偶空间记为 V^*. 给定一个双线性型 $\sigma : V \times V \to K$, 定义一个映射

$$\hat{\sigma} : V \to V^*.$$

对于 $\boldsymbol{x} \in V$, 定义 $\hat{\sigma}\boldsymbol{x} \in V^*$ 如下:

$$(\hat{\sigma}\boldsymbol{x})(\boldsymbol{y}) = \sigma(\boldsymbol{x}, \boldsymbol{y}), \qquad \forall \boldsymbol{y} \in V,$$

则

(1) $\hat{\sigma}$ 是 K 线性的;

(2) $\operatorname{Ker}\hat{\sigma} = V^{\perp}$;

(3) σ 是非退化的 $\Longleftrightarrow$ $\hat{\sigma}$ 是一个同构映射;

(4) 设 U 为 V 的子空间, 则任一线性函数 $U \to K$ 必可表达为 $\boldsymbol{y} \mapsto \sigma(\boldsymbol{x}, \boldsymbol{y})$ (或 $\boldsymbol{y} \mapsto \sigma(\boldsymbol{y}, \boldsymbol{x})$), 其中 $\boldsymbol{x} \in V$.

证明. 性质 (1) 容易验证.

$$\begin{aligned}
\boldsymbol{x} \in \operatorname{Ker}\hat{\sigma} &\Longleftrightarrow \hat{\sigma}\boldsymbol{x} = 0 \in V^* \\
&\Longleftrightarrow \hat{\sigma}\boldsymbol{x}(\boldsymbol{y}) = \sigma(\boldsymbol{x}, \boldsymbol{y}) = 0 \quad (\forall \boldsymbol{y} \in V) \\
&\Longleftrightarrow \boldsymbol{x} \in V^{\perp}.
\end{aligned}$$

σ 为非退化的意味着 $V^{\perp} = 0$, 即由性质 (2) 可得 $\operatorname{Ker}\hat{\sigma} = 0$, 这说明 $\hat{\sigma}$ 是单射, 从而也是一个同构映射, 因为 V 与 V^* 具有相同的维数. □

命题 6.7. σ 是 V 的双线性型. 设 W 是 V 的一个子空间, 并且 σ 在 W 上的限制 $\sigma|_W$ 是非退化的, 则 $V = W^{\perp} \boxplus W$.

证明. 显然由定义可知 $W^{\perp} \perp W$, 还需证明 $V = W \oplus V^{\perp}$, 即证

(i) $W \cap W^{\perp} = \{\mathbf{0}\}$;

(ii) 任给 $\boldsymbol{x} \in V$ 均可写成一个和式 $\boldsymbol{x} = \boldsymbol{y} + \boldsymbol{z}$, 其中 $\boldsymbol{y} \in W$, $\boldsymbol{z} \in W^{\perp}$.

(i) 的证明: 按定义 $W^{\perp} = \{\boldsymbol{x} \in V : \sigma(\boldsymbol{x}, W) = 0\}$, 选取 $\boldsymbol{x} \in W \cap W^{\perp}$, 则 $\boldsymbol{x}$ 属于限制到 W 的双线性映射 $\sigma|_W : W \times W \to K$ 的根. 但是, 根据假设, $\sigma|_W$ 是非退化的, 从而 $\boldsymbol{x} = \mathbf{0}$.

(ii) 的证明: 选取任意的 $\boldsymbol{x} \in V$, 注意到线性映射 $\hat{\sigma} : V \to V^*$, 从而 $\hat{\sigma}\boldsymbol{x} \in V^*$, 即 $\hat{\sigma}\boldsymbol{x} : V \to K$. 可以将 $\hat{\sigma}\boldsymbol{x}$ 限制在 W 上, 即 $(\hat{\sigma}\boldsymbol{x})|_W : W \to K$ 或 $(\hat{\sigma}\boldsymbol{x})|_W \in W^*$.

现在, 利用双线性型 $\sigma|_W : W \times W \to K$ 是非退化的事实, 可以推出 $\widehat{\sigma|_W} : W \to W^*$ 是一个同构映射. 由于 $(\hat{\sigma}\boldsymbol{x})|_W \in W^*$, 则存在 $\boldsymbol{y} \in W$, 使得

$$\widehat{\sigma|_W}(\boldsymbol{y}) = \hat{\sigma}(\boldsymbol{x})|_W.$$

于是对任给的 $\boldsymbol{z} \in W$, 有

$$\sigma(\boldsymbol{y}, \boldsymbol{z}) = \widehat{\sigma|_W}(\boldsymbol{y})(\boldsymbol{z}) = \hat{\sigma}(\boldsymbol{x})(\boldsymbol{z}) = \sigma(\boldsymbol{x}, \boldsymbol{z}),$$

即对所有的 $\boldsymbol{z} \in W$, $\sigma(\boldsymbol{x} - \boldsymbol{y}, \boldsymbol{z}) = 0$, 于是 $\boldsymbol{x} - \boldsymbol{y} \in W^{\perp}$.

因此, 给定 $\boldsymbol{x} \in V$, 存在 $\boldsymbol{y} \in W$, 使得 $\boldsymbol{x} = \boldsymbol{y} + \boldsymbol{x} - \boldsymbol{y}$, $\boldsymbol{x} - \boldsymbol{y} \in W^{\perp}$. □

引理 6.8. 线性空间 V 的对称双线性型 σ 在子空间 W 是非退化的当且仅当 $W \cap W^{\perp} = 0$.

证明. σ 在子空间 W 是非退化的, 当且仅当 $\mathbf{0}$ 是唯一的 $\boldsymbol{u} \in W$, 使得 $\forall \boldsymbol{w} \in W$ 有 $\sigma(\boldsymbol{u}, \boldsymbol{w}) = 0$, 也等于是说 $\mathbf{0}$ 是 $W \cap W^{\perp}$ 的唯一元素. □

命题 6.9. 设 $\sigma \neq 0$ 是 n 维 K 线性空间 V 的对称双线性型, 则存在 V 的子空间 W 使得 $V = W \boxplus V^{\perp}$, 并且 $\sigma|_W$ 是非退化的.

证明. 因为 $\sigma \neq 0$, 所以 $V^{\perp} \neq V$. 设 $\dim_K V^{\perp} = n - r$, 在 $V^{\perp}$ 中取基 $\boldsymbol{v}_{r+1}, \ldots, \boldsymbol{v}_n$. 可取 $\boldsymbol{v}_j$ $(1 \leqslant j \leqslant r)$ 使得 $\boldsymbol{v}_1, \ldots, \boldsymbol{v}_r, \boldsymbol{v}_{r+1}, \ldots, \boldsymbol{v}_n$ 是 V 的基. 以 W 记 $\boldsymbol{v}_1, \ldots, \boldsymbol{v}_r$ 生成的子空间, 则立得 $V = W \boxplus V^{\perp}$.

设有 $\boldsymbol{u} \in W$ 使得 $\forall \boldsymbol{w} \in W$ 有 $\sigma(\boldsymbol{u}, \boldsymbol{w}) = 0$, 则 $\sigma(\boldsymbol{u}, \boldsymbol{v}_1) = 0, \ldots, \sigma(\boldsymbol{u}, \boldsymbol{v}_r) = 0$; 并且 $\sigma(\boldsymbol{u}, \boldsymbol{v}_k) = 0$, $r + 1 \leqslant k \leqslant n$, 因为这些 $\boldsymbol{v}_k \in V^{\perp}$. 于是 $\forall \boldsymbol{v} \in V$ 有 $\sigma(\boldsymbol{u}, \boldsymbol{v}) = 0$. 这样, $\boldsymbol{u} \in W \cap V^{\perp} = 0$. 所以得知 $\sigma|_W$ 是非退化的. □

命题 6.10. 设 V 是 n 维 K 线性空间, σ 是 V 的非退化对称双线性型, 则存在正交分解

$$V = V_1 \boxplus \cdots \boxplus V_n, \qquad \dim_K V_j = 1.$$

证明. 对 n 做归纳证明. 当 $n=1$ 时, 取 $V_1 = V$. 现设 $n>1$, 因为 σ 在 V 是非退化的, 所以 V 有向量 $\boldsymbol{v}_1 \neq \boldsymbol{0}$ 使得 $\sigma(\boldsymbol{v}_1, \boldsymbol{v}_1) \neq 0$, 否则按极化等式

$$\sigma(\boldsymbol{u}, \boldsymbol{v}) = \frac{1}{4}\sigma(\boldsymbol{u}+\boldsymbol{v}, \boldsymbol{u}+\boldsymbol{v}) - \frac{1}{4}\sigma(\boldsymbol{u}-\boldsymbol{v}, \boldsymbol{u}-\boldsymbol{v})$$

得 $\sigma = 0$. 以 V_1 记 $\boldsymbol{v}_1$ 所生成的子空间.

我们断言: $V = V_1 \oplus V_1^{\perp}$.

先证 $V_1 \cap V_1^{\perp} = 0$. 取 $c\boldsymbol{v}_1 \in V_1 \cap V_1^{\perp}$, 则 $\sigma(c\boldsymbol{v}_1, c\boldsymbol{v}_1) = c^2\sigma(\boldsymbol{v}_1, \boldsymbol{v}_1) = 0$. 但是 $\sigma(\boldsymbol{v}_1, \boldsymbol{v}_1) \neq 0$, 所以 $c = 0$.

其次证: $V = V_1 + V_1^{\perp}$. 取任意 $\boldsymbol{v} \in V$, 设

$$\boldsymbol{w} = \boldsymbol{v} - \frac{\sigma(\boldsymbol{v}, \boldsymbol{v}_1)}{\sigma(\boldsymbol{v}_1, \boldsymbol{v}_1)}\boldsymbol{v}_1,$$

则

$$\sigma(\boldsymbol{v}_1, \boldsymbol{w}) = \sigma(\boldsymbol{v}_1, \boldsymbol{v}) - \frac{\sigma(\boldsymbol{v}, \boldsymbol{v}_1)}{\sigma(\boldsymbol{v}_1, \boldsymbol{v}_1)}\sigma(\boldsymbol{v}_1, \boldsymbol{v}_1) = 0.$$

即 $\boldsymbol{w} \in V_1^{\perp}$. 于是

$$\boldsymbol{v} = \frac{\sigma(\boldsymbol{v}, \boldsymbol{v}_1)}{\sigma(\boldsymbol{v}_1, \boldsymbol{v}_1)}\boldsymbol{v}_1 + \boldsymbol{w},$$

断言得证. 立刻得 $\dim_K V_1^{\perp} = n-1$.

σ 限制至 $V_1^{\perp}$ 是对称双线性型. 从 $V_1 \cap V_1^{\perp} = 0$ 得 $(V_1^{\perp})^{\perp} \cap V_1^{\perp} = 0$, 于是 $\sigma|_{V_1^{\perp}}$ 是非退化的. 可对 $V_1^{\perp}$ 用归纳假设得 $V_1^{\perp}$ 的正交基 $\boldsymbol{v}_2, \ldots, \boldsymbol{v}_n$, 于是 $\boldsymbol{v}_1, \boldsymbol{v}_2, \ldots, \boldsymbol{v}_n$ 是 V 的正交基. 取 V_j 为 $\boldsymbol{v}_j$ 生成的 1 维子空间便可得命题结论. □

从前面两个命题立刻得以下命题.

命题 6.11. 设 $\sigma \neq 0$ 是有限维 K 线性空间 V 的对称双线性型, 则存在正交分解

$$V = V_1 \boxplus \cdots \boxplus V_r \boxplus V^{\perp},$$

其中 σ 限制至 1 维空间 V_j 是非退化的.

6.3 内积

设 V 为实数域 $\mathbb{R}$ 上的向量空间. 一个从 V 到实数域 $\mathbb{R}$ 的双线性型 $\sigma: V\times V\to\mathbb{R}$ 称为**正定的**, 如果对所有的 $\boldsymbol{v}\in V$, 有

$$\sigma(\boldsymbol{v},\boldsymbol{v})\geq 0,\quad \sigma(\boldsymbol{v},\boldsymbol{v})=0 \text{ 当且仅当 } \boldsymbol{v}=0.$$

特别地, 如果 $\boldsymbol{w}\in V$ 使得 $\sigma(\boldsymbol{w},\boldsymbol{v})=0$ 对所有的 $\boldsymbol{v}\in V$ 都成立, 则 $\sigma(\boldsymbol{w},\boldsymbol{w})=0$, 由正定性可得 $\boldsymbol{w}=0$. 这就是说如果 σ 是正定的, 则 σ 是非退化的. 正定性是一个很强的要求, 三维空间的正定双线性型 $x_1y_1+x_2y_2+x_3y_3$ 把我们限制在牛顿力学的世界, 爱因斯坦说四维时空的双线性型 $c^2t_xt_y-x_1y_1-x_2y_2-x_3y_3$ 不是正定的.

称实向量空间 V 上的正定对称双线性型 σ 为**内积**, 称 V 是一个**实内积空间**. 通常将内积 $\sigma(\boldsymbol{v},\boldsymbol{w})$ 记为 $\langle\boldsymbol{v},\boldsymbol{w}\rangle$. 此时, 定义一个元 $\boldsymbol{v}\in V$ 的**范数**为

$$\|\boldsymbol{v}\|:=\sqrt{\langle\boldsymbol{v},\boldsymbol{v}\rangle}.$$

命题 6.12. 设 $(V,\langle\cdot,\cdot\rangle)$ 是实内积空间, 则对所有的 $\boldsymbol{u},\boldsymbol{v}\in V$, 有

(1) **Schwarz 不等式** $|\langle\boldsymbol{u},\boldsymbol{v}\rangle|\leqslant\|\boldsymbol{u}\|\|\boldsymbol{v}\|$;

(2) **三角不等式** $\|\boldsymbol{u}+\boldsymbol{v}\|\leqslant\|\boldsymbol{u}\|+\|\boldsymbol{v}\|$;

(3) **极化等式**

$$\langle\boldsymbol{u},\boldsymbol{v}\rangle=\frac{1}{4}\|\boldsymbol{u}+\boldsymbol{v}\|^2-\frac{1}{4}\|\boldsymbol{u}-\boldsymbol{v}\|^2.$$

证明. (1) 设 $A=\|\boldsymbol{u}\|^2$, $B=|\langle\boldsymbol{u},\boldsymbol{v}\rangle|$ 和 $C=\|\boldsymbol{v}\|^2$. 取 $c=+1$ 或 -1 使得 $c\langle\boldsymbol{v},\boldsymbol{u}\rangle=B$. 取任意实数 r, 则

$$0\leqslant\langle\boldsymbol{u}-rc\boldsymbol{v},\boldsymbol{u}-rc\boldsymbol{v}\rangle=\langle\boldsymbol{u},\boldsymbol{u}\rangle-rc\langle\boldsymbol{v},\boldsymbol{u}\rangle-rc\langle\boldsymbol{u},\boldsymbol{v}\rangle+r^2\langle\boldsymbol{v},\boldsymbol{v}\rangle,$$

即对任意实数 r, 有

$$A-2Br+Cr^2\geqslant 0.$$

若 $C=0$ 和 $B\neq 0$, 则只要取 $r>\frac{A}{2B}$ 便与上式相矛盾. 因此若 $C=0$, 则 $B=0$; 若 $C\neq 0$, 则在上式取 $r=\frac{B}{C}$ 便得 $B^2\leqslant AC$.

(2) 利用 Schwarz 不等式,

$$\begin{aligned}\|\boldsymbol{u}+\boldsymbol{v}\|^2&=\langle\boldsymbol{u},\boldsymbol{u}\rangle+\langle\boldsymbol{u},\boldsymbol{v}\rangle+\langle\boldsymbol{v},\boldsymbol{u}\rangle+\langle\boldsymbol{v},\boldsymbol{v}\rangle\\&\leqslant\|\boldsymbol{u}\|^2+2\|\boldsymbol{u}\|\|\boldsymbol{v}\|+\|\boldsymbol{v}\|^2=(\|\boldsymbol{u}\|+\|\boldsymbol{v}\|)^2.\end{aligned}$$

(3) 利用内积性质把极化等式的右边展开便得左边. □

6.4 正交化过程

考虑实内积空间 $(V, \langle\cdot,\cdot\rangle)$.

如上所述, 称向量 $\boldsymbol{u}, \boldsymbol{v} \in V$ 是**正交的**, 如果 $\langle \boldsymbol{u}, \boldsymbol{v}\rangle = 0$, 记作 $\boldsymbol{u} \perp \boldsymbol{v}$. 称 $S \subset V$ 是一个**正交集**, 如果 S 中所有不同的向量对都是正交的. 一个**法正交集** S 是指一个正交集并赋予附加性质: $\|\boldsymbol{u}\| = 1$ 对所有的 $\boldsymbol{u} \in S$ 都成立. 若 V 的基同时是法正交集, 便称它为**法正交基**.

对于一个子集 $X \subset V$, 令 $X^{\perp} := \{\boldsymbol{y} \in V : \boldsymbol{y} \perp X\}$, 称 $X^{\perp}$ 为 X 的**正交补**.

例 6.13. 设 $\boldsymbol{E}^{pq}$ 是 $n \times n$ 矩阵, 其唯一非零元是位于第 p 行、第 q 列的元 1, 则集合 $\{\boldsymbol{E}^{pq} : 1 \leqslant p, q \leqslant n\}$ 关于由所有 $n \times n$ 实矩阵组成的 $\mathbb{R}$ 向量空间 $\mathbb{R}^{n\times n}$ 是规范正交的, 因为

$$\langle \boldsymbol{E}^{pq}, \boldsymbol{E}^{rs}\rangle = \operatorname{Tr}(\boldsymbol{E}^{pq}\boldsymbol{E}^{sr}) = \delta_{qs}\operatorname{Tr}(\boldsymbol{E}^{pr}) = \delta_{qs}\delta_{pr}.$$

命题 6.14. 实内积空间内非零向量所组成的正交集是线性无关的.

证明. 以 S 记给出的非零向量所组成的正交集, 取各不相同的 $\boldsymbol{v}_1, \ldots, \boldsymbol{v}_m \in S$. 设 $\boldsymbol{w} = c_1\boldsymbol{v}_1 + \cdots + c_m\boldsymbol{v}_m$, 则

$$\langle \boldsymbol{w}, \boldsymbol{v}_k\rangle = \left\langle \sum_j c_j\boldsymbol{v}_j, \boldsymbol{v}_k\right\rangle = \sum_j c_j\langle \boldsymbol{v}_j, \boldsymbol{v}_k\rangle = c_k\langle \boldsymbol{v}_k, \boldsymbol{v}_k\rangle.$$

因为 $\langle \boldsymbol{v}_k, \boldsymbol{v}_k\rangle \neq 0$, 所以对 $1 \leqslant k \leqslant m$ 有

$$c_k = \frac{\langle \boldsymbol{w}, \boldsymbol{v}_k\rangle}{\|\boldsymbol{v}_k\|^2}.$$

于是, 若 $\boldsymbol{w} = \boldsymbol{0}$, 则所有 $c_k = 0$, 从而得 S 是线性无关的. □

给定一个内积空间 V, 我们感兴趣的是构造 V 的有限生成子空间的正交基. 这可以通过基于正交投影思想的 **Gram–Schmidt 正交化过程**来完成.

首先我们看看简单的情形. 考虑 $V = \mathbb{R}^2$ 和 $W = \mathbb{R}\boldsymbol{w}_1$, 其中 $\boldsymbol{w}_1 = (2, 0)$. 任取向量 $\boldsymbol{v} = (v_1, v_2)$, 则 $\boldsymbol{v}$ 在 W 上的投影是

$$\boldsymbol{u} = (v_1, 0) = \frac{\langle \boldsymbol{v}, \boldsymbol{w}_1\rangle}{\langle \boldsymbol{w}_1, \boldsymbol{w}_1\rangle}\boldsymbol{w}_1,$$

且 $v - u$ 与 W 是正交的, 因为

$$\langle \boldsymbol{v} - \boldsymbol{u}, \boldsymbol{w}_1\rangle = \langle \boldsymbol{v}, \boldsymbol{w}_1\rangle - \frac{\langle \boldsymbol{v}, \boldsymbol{w}_1\rangle}{\langle \boldsymbol{w}_1, \boldsymbol{w}_1\rangle}\langle \boldsymbol{w}_1, \boldsymbol{w}_1\rangle = 0.$$

最好是通过画图来了解这一点.

如果取 $V=\mathbb{R}^3$ 和 $W=\mathbb{R}\boldsymbol{w}_1+\mathbb{R}\boldsymbol{w}_2$, 其中 $\boldsymbol{w}_1=(2,0,0)$, $\boldsymbol{w}_2=(0,3,0)$, 则 $\boldsymbol{v}=(v_1,v_2,v_3)$ 在 W 上的投影 $\boldsymbol{u}=(v_1,v_2,0)$ 是 $\boldsymbol{v}$ 在 $\mathbb{R}\boldsymbol{w}_1$ 和 $\mathbb{R}\boldsymbol{w}_2$ 上的投影之和, 即

$$\boldsymbol{u}=\frac{\langle\boldsymbol{v},\boldsymbol{w}_1\rangle}{\langle\boldsymbol{w}_1,\boldsymbol{w}_1\rangle}\boldsymbol{w}_1+\frac{\langle\boldsymbol{v},\boldsymbol{w}_2\rangle}{\langle\boldsymbol{w}_2,\boldsymbol{w}_2\rangle}\boldsymbol{w}_2,$$

且由 $\boldsymbol{w}_1\perp\boldsymbol{w}_2$ 和上述计算方法可推出 $(\boldsymbol{v}-\boldsymbol{u})\perp W$.

下面给出的定理的证明需要 Gram–Schmidt 正交化过程.

定理 6.15. 设 V 是一个实内积空间, $\boldsymbol{v}_1,\ldots,\boldsymbol{v}_n$ 是 V 的任意线性无关的向量, 则存在 V 的正交集 $\{\boldsymbol{w}_1,\ldots,\boldsymbol{w}_n\}$, 使得对于每个 $1\le k\leqslant n$, 集合 $\{\boldsymbol{w}_1,\ldots,\boldsymbol{w}_k\}$ 是由 $\boldsymbol{v}_1,\ldots,\boldsymbol{v}_k$ 生成的子空间的一个正交基.

证明. 我们通过归纳构造 $\boldsymbol{w}_j$. 首先, 设 $\boldsymbol{w}_1=\boldsymbol{v}_1$. 假设已构造了 $\boldsymbol{w}_1,\ldots,\boldsymbol{w}_m$ 满足所要求的条件, 其中 $1\leqslant m<n$. 特别地, $\boldsymbol{w}_1,\ldots,\boldsymbol{w}_m$ 是由 $\boldsymbol{v}_1,\ldots,\boldsymbol{v}_m$ 生成的子空间的一个正交基. 这时要处理的下一个向量是 $\boldsymbol{v}_{m+1}$. 令

$$\boldsymbol{u}_{m+1}=\sum_{k=1}^{m}\frac{\langle\boldsymbol{v}_{m+1},\boldsymbol{w}_k\rangle}{\langle\boldsymbol{w}_k,\boldsymbol{w}_k\rangle}\boldsymbol{w}_k$$

(这是 $\boldsymbol{v}_{m+1}$ 到由 $\boldsymbol{w}_1,\ldots,\boldsymbol{w}_m$ 生成的子空间的 "投影"), 再令

$$\boldsymbol{w}_{m+1}=\boldsymbol{v}_{m+1}-\boldsymbol{u}_{m+1}.$$

我们断言 $\boldsymbol{w}_{m+1}\neq\mathbf{0}$. 否则, $\boldsymbol{v}_{m+1}$ 是 $\boldsymbol{w}_1,\ldots,\boldsymbol{w}_m$ 的一个线性组合, 从而也是 $\boldsymbol{v}_1,\ldots,\boldsymbol{v}_m$ 的一个线性组合, 这与 $\{\boldsymbol{v}_1,\ldots,\boldsymbol{v}_n\}$ 的线性无关性矛盾. 再者, 对于 $1\le k,j\leqslant m$, 由 $\langle\boldsymbol{w}_k,\boldsymbol{w}_j\rangle=\delta_{kj}$, 我们有

$$\begin{aligned}\langle\boldsymbol{w}_{m+1},\boldsymbol{w}_j\rangle&=\langle\boldsymbol{v}_{m+1},\boldsymbol{w}_j\rangle-\sum_{k=1}^{m}\frac{\langle\boldsymbol{v}_{m+1},\boldsymbol{w}_k\rangle}{\langle\boldsymbol{w}_k,\boldsymbol{w}_k\rangle}\langle\boldsymbol{w}_k,\boldsymbol{w}_j\rangle\\&=\langle\boldsymbol{v}_{m+1},\boldsymbol{w}_j\rangle-\langle\boldsymbol{v}_{m+1},\boldsymbol{w}_j\rangle=0.\end{aligned}$$

因此 $\{\boldsymbol{w}_1,\ldots,\boldsymbol{w}_{m+1}\}$ 是一个正交集, 其生成子空间和由 $\{\boldsymbol{v}_1,\ldots,\boldsymbol{v}_{m+1}\}$ 生成的子空间相同. 既然任意正交集是线性无关的, 依归纳法原理定理证毕. □

推论 6.16. 有限维实内积空间有法正交基.

证明. 取有限维实内积空间 V 的基 $\boldsymbol{v}_1,\ldots,\boldsymbol{v}_n$, 使用 Gram–Schmidt 正交化过程得正交基 $\{\boldsymbol{w}_1,\ldots,\boldsymbol{w}_n\}$. 取 $\boldsymbol{u}_j=\boldsymbol{w}_j/\|\boldsymbol{w}_j\|$, 则 $\boldsymbol{u}_1,\ldots,\boldsymbol{u}_n$ 是 V 的法正交基. □

6.5 自伴映射

定义 6.17. 设实内积空间 V 有线性映射 $T: V \to V$. 若对所有的 $\boldsymbol{u}, \boldsymbol{v} \in V$, 线性映射 $T^\dagger: V \to V$ 满足条件

$$\langle T\boldsymbol{u}, \boldsymbol{v}\rangle = \langle \boldsymbol{u}, T^\dagger \boldsymbol{v}\rangle,$$

则称 $T^\dagger$ 为 T 的**伴随映射**.

称线性映射 $T: V \to V$ 为 (对于内积 $\langle\cdot,\cdot\rangle$ 的) **自伴映射**, 也称对称映射, 如果 $T = T^\dagger$.

命题 6.18. 设 $f: V \to \mathbb{R}$ 是一个有限维实内积空间 V 上的一个线性函数, 则存在唯一的向量 $\boldsymbol{v}_f \in V$, 使得 $f(\boldsymbol{u}) = \langle \boldsymbol{u}, \boldsymbol{v}_f\rangle$ 对所有的 $\boldsymbol{u} \in V$ 都成立.

证明. 设 $\{\boldsymbol{u}_1, \ldots, \boldsymbol{u}_n\}$ 是 V 的一个正交基. 令

$$\boldsymbol{v}_f := \sum_{j=1}^{n} f(\boldsymbol{u}_j)\boldsymbol{u}_j,$$

且定义 $g: V \to \mathbb{R}$ 使得 $g(\boldsymbol{u}) = \langle \boldsymbol{u}, \boldsymbol{v}_f\rangle$, 则

$$g(\boldsymbol{u}_k) = f(\boldsymbol{u}_k)$$

对所有的基向量 $\boldsymbol{u}_k$ 都成立, 因此 $f = g$.

假设有 $\boldsymbol{w} \in V$ 使得 $\langle \boldsymbol{u}, \boldsymbol{v}_f\rangle = \langle \boldsymbol{u}, \boldsymbol{w}\rangle$ 对所有的 $\boldsymbol{u}$ 都成立, 则 $\langle \boldsymbol{v}_f - \boldsymbol{w}, \boldsymbol{v}_f - \boldsymbol{w}\rangle = 0$, 从而 $\boldsymbol{w} = \boldsymbol{v}_f$. 这就证明了唯一性. □

命题 6.19. 有限维实内积空间 V 的线性映射 $T: V \to V$ 必有伴随映射 $T^\dagger$.

证明. 对于给定的 $\boldsymbol{u} \in V$, 我们可得一个线性函数 $\boldsymbol{u} \mapsto \langle T\boldsymbol{u}, \boldsymbol{v}\rangle$. 于是由上述关于线性函数的定理可知, 存在唯一的 $\boldsymbol{v}' \in V$, 使得对于每个 $\boldsymbol{u} \in V$ 都有

$$\langle T\boldsymbol{u}, \boldsymbol{v}\rangle = \langle \boldsymbol{u}, \boldsymbol{v}'\rangle.$$

设 $T^\dagger$ 表示映射 $\boldsymbol{v} \mapsto \boldsymbol{v}'$, 于是上述条件唯一地确定 $T^\dagger$. 余下需证明映射 $T^\dagger$ 是线性的.

对于 $c \in \mathbb{R}$, 有

$$\begin{aligned}\langle \boldsymbol{u}, T^\dagger(c\boldsymbol{v} + \boldsymbol{w})\rangle &= \langle T\boldsymbol{u}, c\boldsymbol{v}\rangle + \langle T\boldsymbol{u}, \boldsymbol{w}\rangle \\ &= c\langle T\boldsymbol{u}, \boldsymbol{v}\rangle + \langle T\boldsymbol{u}, \boldsymbol{w}\rangle = c\langle \boldsymbol{u}, T^\dagger\boldsymbol{v}\rangle + \langle \boldsymbol{u}, T^\dagger\boldsymbol{w}\rangle \\ &= \langle \boldsymbol{u}, cT^\dagger\boldsymbol{v}\rangle + \langle \boldsymbol{u}, T^\dagger\boldsymbol{w}\rangle = \langle \boldsymbol{u}, cT^\dagger\boldsymbol{v} + T^\dagger\boldsymbol{w}\rangle,\end{aligned}$$

从而 $T^\dagger(c\boldsymbol{v} + \boldsymbol{w}) = cT^\dagger\boldsymbol{v} + T^\dagger\boldsymbol{w}$. □

命题 6.20. 设 $T:V\to V$ 是有限维实内积空间 V 的线性映射.

(1) 使用 V 的法正交基 $\{\boldsymbol{u}_1,\ldots,\boldsymbol{u}_n\}$, 则 T 的矩阵是 $[a_{kj}]$, 其中

$$a_{kj}=[\langle T\boldsymbol{u}_j,\boldsymbol{u}_k\rangle].$$

(2) 使用 V 的法正交基, 则 T 和它的伴随映射 $T^\dagger$ 的矩阵有以下关系

$$[T^\dagger]=[T]^{\mathrm{T}},$$

其中记矩阵 $\boldsymbol{A}$ 的转置为 $\boldsymbol{A}^{\mathrm{T}}$.

(3) 自伴映射对法正交基的矩阵是对称矩阵.

证明. (1) 使用法正交基有 $\boldsymbol{v}=\sum_{k=1}^n\langle\boldsymbol{v},\boldsymbol{u}_k\rangle\boldsymbol{u}_k$, 于是

$$T\boldsymbol{u}_j=\sum_{k=1}^n\langle T\boldsymbol{u}_j,\boldsymbol{u}_k\rangle\boldsymbol{u}_k,$$

比较 T 的矩阵的定义

$$T\boldsymbol{u}_j=\sum_{k=1}^n a_{kj}\boldsymbol{u}_k$$

得 $a_{kj}=\langle T\boldsymbol{u}_j,\boldsymbol{u}_k\rangle$.

(2) 记 $[T]=[a_{ij}]$, $[T^\dagger]=[b_{ij}]$, 则 $a_{kj}=\langle T\boldsymbol{u}_j,\boldsymbol{u}_k\rangle$, $b_{kj}=\langle T^\dagger\boldsymbol{u}_j,\boldsymbol{u}_k\rangle$. 由 $T^\dagger$ 的定义得

$$b_{kj}=\langle T^\dagger\boldsymbol{u}_j,\boldsymbol{u}_k\rangle=\langle\boldsymbol{u}_k,T^\dagger\boldsymbol{u}_j\rangle=\langle T\boldsymbol{u}_k,\boldsymbol{u}_j\rangle=a_{jk}. \qquad \square$$

命题 6.21. 设 $\boldsymbol{A}$ 是 n 阶对称实矩阵, $\lambda\in\mathbb{C}$ 是 $\boldsymbol{A}$ 的特征根, 则 $\lambda\in\mathbb{R}$.

若 $\boldsymbol{0}\neq\boldsymbol{z}\in\mathbb{C}^n$ 是矩阵 $\boldsymbol{A}$ 的属于 λ 的特征向量, 并且 $\boldsymbol{z}=\boldsymbol{x}+\mathrm{i}\,\boldsymbol{y}$, 其中 $\boldsymbol{x},\boldsymbol{y}\in\mathbb{R}^n$, 则 $\boldsymbol{x},\boldsymbol{y}$ 是矩阵 $\boldsymbol{A}$ 的属于 λ 的特征向量, 并且 $\boldsymbol{x}$ 或 $\boldsymbol{y}\neq\boldsymbol{0}$.

证明. 取 $\boldsymbol{z}=[z_1,\ldots,z_n]^{\mathrm{T}}$, $z_j\in\mathbb{C}$. 以 $\bar{z}$ 记复数 z 的复共轭, 则

$$\boldsymbol{z}\bar{\boldsymbol{z}}=\bar{\boldsymbol{z}}\boldsymbol{z}=\bar{\boldsymbol{z}}^{\mathrm{T}}\boldsymbol{z}=\bar{z}_1z_1+\cdots+\bar{z}_nz_n=|z_1|^2+\cdots+|z_n|^2>0.$$

按假设 $\boldsymbol{A}\boldsymbol{z}=\lambda\boldsymbol{z}$, 但是 $\overline{\boldsymbol{A}\boldsymbol{z}}=\overline{\boldsymbol{A}}\bar{\boldsymbol{z}}=\boldsymbol{A}\bar{\boldsymbol{z}}$ 和 $\overline{\boldsymbol{A}\boldsymbol{z}}=\overline{\lambda\boldsymbol{z}}=\bar{\lambda}\bar{\boldsymbol{z}}$, 于是 $A\bar{\boldsymbol{z}}=\bar{\lambda}\bar{\boldsymbol{z}}$. 另一方面,

$$\bar{\boldsymbol{z}}^{\mathrm{T}}\boldsymbol{A}\boldsymbol{z}=\bar{\boldsymbol{z}}^{\mathrm{T}}\lambda\boldsymbol{z}=\lambda\bar{\boldsymbol{z}}^{\mathrm{T}}\boldsymbol{z},$$

转置不改变 1×1 矩阵, 因此

$$\lambda\bar{\boldsymbol{z}}^{\mathrm{T}}\boldsymbol{z}=\boldsymbol{z}^{\mathrm{T}}\boldsymbol{A}^{\mathrm{T}}\bar{\boldsymbol{z}}=\boldsymbol{z}^{\mathrm{T}}\boldsymbol{A}\bar{\boldsymbol{z}}=\bar{\lambda}\boldsymbol{z}^{\mathrm{T}}\bar{\boldsymbol{z}}.$$

因为 $\boldsymbol{z}^{\mathrm{T}}\bar{\boldsymbol{z}}\neq0$, 所以 $\lambda=\bar{\lambda}$, 即 $\lambda\in\mathbb{R}$.

从 $\boldsymbol{A}\boldsymbol{z}=\lambda\boldsymbol{z}$ 得 $\boldsymbol{A}\boldsymbol{x}+\mathrm{i}\boldsymbol{A}\boldsymbol{y}=\lambda\boldsymbol{x}+\mathrm{i}\,\lambda\boldsymbol{y}$. 因为 $\boldsymbol{A},\boldsymbol{x},\boldsymbol{y}$ 是实矩阵, 所以 $\boldsymbol{A}\boldsymbol{x}=\lambda\boldsymbol{x}$, $\boldsymbol{A}\boldsymbol{y}=\lambda\boldsymbol{y}$. $\square$

你当留意我们在本章是考虑实数域 $\mathbb{R}$ 上的线性空间. 一般的课本是同时讲实数域 $\mathbb{R}$ 和复数域 $\mathbb{C}$ 上的内积空间. 我们没有这样, 因为我们认为这是对学习增加不必要的麻烦. 我们把复数域上的内积空间理论放在习题, 你定要去看看.

推论 6.22. 对称实矩阵有非零实特征向量.

推论 6.23. 有限维实内积空间的自伴映射有非零特征向量.

我们称子集 $S \subset V$ 在映射 $T: V \to V$ 下是**稳定的** (或称 T 不变), 若 $T(S) \subset S$.

命题 6.24. 设有限维实内积空间 V 的自伴映射 $T: V \to V$, $\boldsymbol{v}$ 是 T 的非零特征向量.

(1) 若 $\boldsymbol{w} \in V$ 和 $\boldsymbol{w} \perp \boldsymbol{v}$, 则 $T\boldsymbol{w} \perp \boldsymbol{v}$.

(2) 若 V 的子空间 W 在 T 下是稳定的, 则 $W^{\perp}$ 在 T 下是稳定的.

证明. (1) 设 $\boldsymbol{v}$ 是 T 的特征向量, 则

$$\langle T\boldsymbol{w}, \boldsymbol{v}\rangle = \langle \boldsymbol{w}, T\boldsymbol{v}\rangle = \langle \boldsymbol{w}, \lambda\boldsymbol{v}\rangle = \lambda\langle \boldsymbol{w}, \boldsymbol{v}\rangle = 0,$$

即 $T\boldsymbol{w} \perp \boldsymbol{v}$.

(2) 若 $TW \subset W$, 取 $\boldsymbol{u} \in W^{\perp}$, 则从 $\boldsymbol{w} \in W$ 得 $T\boldsymbol{w} \in W$, 于是

$$\langle T\boldsymbol{u}, \boldsymbol{w}\rangle = \langle \boldsymbol{u}, T\boldsymbol{w}\rangle = 0,$$

即 $T\boldsymbol{u} \in W^{\perp}$. □

定理 6.25 (谱定理)**.** 设 V 是 n 维实内积空间 $(n > 0)$, $T: V \to V$ 是自伴映射, 则 V 有以 T 的特征向量组成的法正交基.

证明. 取 T 的非零特征向量 $\boldsymbol{v}$ (推论 6.23), 以 W 记 $\boldsymbol{v}$ 所生成的 1 维子空间, 于是 $TW \subset W$. 用命题 6.24 得 $TW^{\perp} \subset W^{\perp}$, 这样把 T 限制至 $W^{\perp}$ 是 $n-1$ 维内积空间的自伴映射. 于是可以进行归纳证明.

改记 $\boldsymbol{v}$ 为 $\boldsymbol{v}_1$, 按归纳假设, $W^{\perp}$ 有以特征向量 $\boldsymbol{v}_2, \ldots, \boldsymbol{v}_n$ 组成的基, 于是 $\{\boldsymbol{v}_1, \boldsymbol{v}_2, \ldots, \boldsymbol{v}_n\}$ 是由特征向量组成的正交基. 取 $\boldsymbol{u}_j = \boldsymbol{v}_j / \|\boldsymbol{v}_j\|$, 则 $\{\boldsymbol{u}_1, \ldots, \boldsymbol{u}_n\}$ 是所求的由特征向量组成的法正交基. □

使用以自伴映射 T 的特征向量组成的法正交基 $\{\boldsymbol{u}_1, \ldots, \boldsymbol{u}_n\}$, 则 T 的矩阵是

$$\begin{bmatrix} \lambda_1 & 0 & \cdots & 0 \\ 0 & \lambda_2 & \cdots & 0 \\ \vdots & \vdots & & \vdots \\ 0 & 0 & \cdots & \lambda_n \end{bmatrix}, \qquad T\boldsymbol{u}_j = \lambda_j \boldsymbol{u}_j.$$

常称 $\{\lambda_1, \ldots, \lambda_n\}$ 为 T 的**谱**. 这个概念将在泛函分析推广至无穷维线性空间的线性映射. "谱" 字也引申至不同数学而有不同的意义.

称 $\boldsymbol{R} \in M_n(\mathbb{R})$ 为正交矩阵, 若 (转置) $\boldsymbol{R}^{\mathrm{T}} = \boldsymbol{R}^{-1}$.

定理 6.26 (主轴定理). 设 $\boldsymbol{S} \in M_n(\mathbb{R})$ 为对称矩阵, 则

(1) 所有 $\boldsymbol{S}$ 的特征根为实数;

(2) 存在正交矩阵 $\boldsymbol{R}$, 使得 $\boldsymbol{R}^{-1}\boldsymbol{S}\boldsymbol{R}$ 为以 $\boldsymbol{S}$ 的特征值组成的对角矩阵, 并且 $\boldsymbol{R}$ 的列向量为 $\boldsymbol{S}$ 的特征向量.

证明. (1) 在命题 6.21 中已证. 在 $\mathbb{R}^n$ 取标准内积, 设以 $\mathbb{R}^n$ 的标准基 $e = \{\boldsymbol{e}_1, \ldots, \boldsymbol{e}_n\}$ 来计算线性映射 $\phi : \mathbb{R}^n \to \mathbb{R}^n$ 的矩阵是 $\boldsymbol{S}$. $\boldsymbol{S}$ 为对称矩阵, 因此 ϕ 是自伴映射. 按谱定理 6.25, 存在 $\mathbb{R}^n$ 的法正交基 $f = \{\boldsymbol{f}_1, \ldots, \boldsymbol{f}_n\}$, 使得 ϕ 的矩阵 $[\phi]_{f,f}$ 是对角矩阵. 以 e 到 f 的基变换矩阵 $\boldsymbol{R} = [\mathrm{id}]_{f,e}$, 则 $\boldsymbol{R}^{-1}\boldsymbol{S}\boldsymbol{R}$ 是对角矩阵 $\boldsymbol{D}$. $\boldsymbol{S}$ 与 $\boldsymbol{R}^{-1}\boldsymbol{S}\boldsymbol{R}$ 的特征多项式相同, 所以 $\boldsymbol{R}^{-1}\boldsymbol{S}\boldsymbol{R}$ 的对角元素是 $\boldsymbol{S}$ 的特征值. 设 $\boldsymbol{R} = [r_{ij}]$, 则 $\boldsymbol{f}_i = \sum_{j=1}^{n} r_{ji}\boldsymbol{e}_j$. 因为 f 是法正交基, 于是 $\langle \boldsymbol{w}_i, \boldsymbol{w}_i \rangle = 1$, $\langle \boldsymbol{w}_i, \boldsymbol{w}_j \rangle = 0$. 因此 $\boldsymbol{R}^{\mathrm{T}}\boldsymbol{R} = \boldsymbol{I}$.

我们现以 $\boldsymbol{r}_j$ 记矩阵 $\boldsymbol{R}$ 的第 j 列, 即 $\boldsymbol{R} = [\boldsymbol{r}_1, \ldots, \boldsymbol{r}_n]$. 从 $\boldsymbol{R}^{-1}\boldsymbol{S}\boldsymbol{R} = \boldsymbol{D}$ 得

$$\boldsymbol{S}[\boldsymbol{r}_1, \ldots, \boldsymbol{r}_n] = [\boldsymbol{r}_1, \ldots, \boldsymbol{r}_n] \begin{bmatrix} \lambda_1 & & \\ & \ddots & \\ & & \lambda_n \end{bmatrix},$$

乘积后得 $[\boldsymbol{S}\boldsymbol{r}_1, \ldots, \boldsymbol{S}\boldsymbol{r}_n] = [\lambda_1\boldsymbol{r}_1, \ldots, \lambda_n\boldsymbol{r}_n]$. 比较两边矩阵的列便得 $\boldsymbol{S}\boldsymbol{r}_j = \lambda_j\boldsymbol{r}_j$. □

设 $\boldsymbol{S} \in M_n(\mathbb{R})$ 为对称矩阵, 则称函数

$$q_{\boldsymbol{S}} : \mathbb{R}^n \to \mathbb{R} : \boldsymbol{x} \mapsto \boldsymbol{x}^{\mathrm{T}}\boldsymbol{S}\boldsymbol{x}$$

为**二次型**, 展开 $\boldsymbol{x}^{\mathrm{T}}\boldsymbol{S}\boldsymbol{x}$ 只会出现 x_i^2, x_ix_j. 主轴定理说: 在坐标转换 $\boldsymbol{x} = \boldsymbol{R}\boldsymbol{y}$ 后, $\boldsymbol{x}^{\mathrm{T}}\boldsymbol{S}\boldsymbol{x} = \boldsymbol{y}^{\mathrm{T}}\boldsymbol{R}^{\mathrm{T}}\boldsymbol{S}\boldsymbol{R}\boldsymbol{y}$, 即 $q_{\boldsymbol{S}}(\boldsymbol{y}) = \sum \lambda_i y_i^2$, 其中 λ_i 是 $\boldsymbol{S}$ 的特征值.

例如, 当 $n = 3$ 时, 我们称 $\{\boldsymbol{x} : q_{\boldsymbol{S}}(\boldsymbol{x}) = 0\}$ 为二次曲面, 以上的讨论便给出三维空间中二次曲面的分类了.

习 题

1. 设 $\boldsymbol{A}$ 为可逆对称矩阵, 证明: $\boldsymbol{A}^{-1}$ 为可逆对称矩阵.

2. 证明: 任何矩阵是对称矩阵及斜对称矩阵的和.

3. 设 $\boldsymbol{A}$, $\boldsymbol{B}$ 是 n 阶对称矩阵. 证明: $\boldsymbol{AB}$ 是对称矩阵当且仅当 $\boldsymbol{AB} = \boldsymbol{BA}$.

4. 设 σ 是有限维 K 向量空间 V 上的非退化双线性型, $f: V \to V$ 是线性映射, 使得对所有 $\boldsymbol{v}, \boldsymbol{w} \in V$ 有 $\sigma(f(\boldsymbol{v}), f(\boldsymbol{w})) = \sigma(\boldsymbol{v}, \boldsymbol{w})$. 证明: $\det([f]) = \pm 1$.

5. 用 Gram–Schmidt 正交化过程, 求: (1) 由 $(1,1,-1)$, $(1,0,1)$ 所生成的 $\mathbb{R}^3$ 的子空间的法正交基; (2) 由 $(1,2,1,0)$, $(1,2,3,1)$ 所生成的 $\mathbb{R}^4$ 的子空间的法正交基; (3) 由 $(1,1,0,0)$, $(1,-1,1,1)$, $(-1,0,2,1)$ 所生成的 $\mathbb{R}^4$ 的子空间的法正交基; (4) 由 $(1,0,1,0)$, $(1,1,1,1)$, $(0,1,2,1)$ 所生成的 $\mathbb{R}^4$ 的子空间的法正交基.

6. 设 V 是由函数 $1, t, t^2$ 所生成的 $\mathbb{R}$ 向量空间. 对 $f, g \in V$, 设
$$\langle f, g \rangle = \int_0^1 f(t)g(t)dt.$$
证明: $\langle \cdot, \cdot \rangle$ 是 V 的内积, 求 V 的法正交基.

7. 设 V 是有限维实内积空间, 取线性函数 $f: V \to \mathbb{R}$.
(1) 证明: 存在唯一向量 $\boldsymbol{v}_f \in V$, 使得 $f(\boldsymbol{u}) = \langle \boldsymbol{u}, \boldsymbol{v}_f \rangle$, $\forall \boldsymbol{u} \in V$.
(2) 证明: 对应 $f \mapsto \boldsymbol{v}_f$ 给出 V 的对偶空间 V^* 到 V 上的线性同构.

8. 设 $T: V \to W$ 是有限维实内积空间 V, W 的线性映射, $e = \{\boldsymbol{e}_1, \ldots, \boldsymbol{e}_n\}$, $f = \{\boldsymbol{f}_1, \ldots, \boldsymbol{f}_m\}$ 分别是 V, W 的法正交基. 证明: T 的矩阵 $[T]_{e,f}$ 的 i, j 位置是 $\langle T\boldsymbol{e}_j, \boldsymbol{f}_i \rangle$.

9. 设有限维实内积空间 V 有子空间 W_1, W_2 使得 $V = W_1 \oplus W_2$. 定义线性映射 $T: V \to V$ 如下: 若 $\boldsymbol{x} = \boldsymbol{x}_1 + \boldsymbol{x}_2$, $\boldsymbol{x}_i \in W_i$, 则 $T(\boldsymbol{x}) = \boldsymbol{x}_1$, 称 T 为 V 到 W_1 的投影.
(1) 证明: $\operatorname{Ker} T = W_2$, $\operatorname{Img} T = W_1$. 若投影 T 满足条件 $(\operatorname{Img} T)^{\perp} = \operatorname{Ker} T$ 和 $(\operatorname{Ker} T)^{\perp} = \operatorname{Img} T$, 则称 T 为正交投影.
(2) 证明: 有限维实内积空间 V 的线性映射 $T: V \to V$ 是正交投影

当且仅当 T 有伴随映射 $T^\dagger$, 并且 $T^2 = T = T^\dagger$.

(3) T 是有限维实内积空间 V 的投影, 使得对任意 $\boldsymbol{x} \in V$ 有 $\|T(\boldsymbol{x})\| \leqslant \|\boldsymbol{x}\|$, 证明: T 为正交投影.

10. 设复数 $z = x + \mathrm{i}y$, $x, y \in \mathbb{R}$, $\mathrm{i}^2 = -1$, $\operatorname{Re} z = x$, 称 $\bar{z} = x - \mathrm{i}y$ 为 z 的共轭复数. 设 $\boldsymbol{A} = [a_{ij}] \in M_n(\mathbb{C})$, 记 $\boldsymbol{A}^\dagger = [\overline{a_{ij}}]^{\mathrm{T}}$, 称为 $\boldsymbol{A}$ 的共轭转置矩阵.

设 V 为 $\mathbb{C}$ 向量空间. 称函数 $[\ ,\ ] : V \times V \to \mathbb{C}$ 为 V 的复内积, 若 $\forall \boldsymbol{x}, \boldsymbol{y}, \boldsymbol{z} \in V$, $\forall c \in \mathbb{C}$, 以下条件成立:

(a) $[\boldsymbol{x} + \boldsymbol{z}, \boldsymbol{y}] = [\boldsymbol{x}, \boldsymbol{y}] + [\boldsymbol{z}, \boldsymbol{y}]$;

(b) $[c\boldsymbol{x}, \boldsymbol{y}] = c[\boldsymbol{x}, \boldsymbol{y}]$;

(c) $\overline{[\boldsymbol{x}, \boldsymbol{y}]} = [\boldsymbol{y}, \boldsymbol{x}]$;

(d) $[\boldsymbol{x}, \boldsymbol{x}] > 0$, 若 $\boldsymbol{x} \neq \boldsymbol{0}$,

则称 $(V, [\ ,\ ])$ 为复内积空间.

(1) 证明: $[\boldsymbol{x}, c\boldsymbol{y}] = \bar{c}[\boldsymbol{x}, \boldsymbol{y}]$.

(2) 设 $\|\boldsymbol{x}\| = \sqrt{[\boldsymbol{x}, \boldsymbol{x}]}$, 证明: $|[\boldsymbol{x}, \boldsymbol{y}]| \leqslant \|\boldsymbol{x}\|\|\boldsymbol{y}\|$ 和 $\|\boldsymbol{x}+\boldsymbol{y}\| \leqslant \|\boldsymbol{x}\|+\|\boldsymbol{y}\|$.

(3) 设 $V = \mathbb{C}^n$, $\boldsymbol{z} = (z_1, \ldots, z_n)$, $\boldsymbol{w} = (w_1, \ldots, w_n) \in V$, 定义

$$[\boldsymbol{z}, \boldsymbol{w}] = z_1\overline{w_1} + \cdots + z_n\overline{w_n}.$$

证明: $[\boldsymbol{z}, \boldsymbol{w}]$ 是 $\mathbb{C}^n$ 的复内积, 称为标准复内积.

(4) 称 V 的基 $\{\boldsymbol{e}_1, \ldots, \boldsymbol{e}_n\}$ 为法正交基, 若 $[\boldsymbol{e}_i, \boldsymbol{e}_j] = \delta_{ij}$.

(a) 证明: 复内积向量空间必有法正交基.

(b) 设 $\{\boldsymbol{e}_1, \ldots, \boldsymbol{e}_n\}$ 为 V 的法正交基, $\boldsymbol{x}, \boldsymbol{y} \in V$, 证明:

$$[\boldsymbol{x}, \boldsymbol{y}] = \sum_{i=1}^{n} [\boldsymbol{x}, \boldsymbol{e}_i]\overline{[\boldsymbol{y}, \boldsymbol{e}_i]}.$$

(c) 取 $\boldsymbol{A} \in M_n(\mathbb{C})$, 证明: $\boldsymbol{A}\boldsymbol{A}^\dagger = \boldsymbol{I} \iff \boldsymbol{A}$ 的行向量是 $\mathbb{C}^n$ 的法正交基.

11. 取 $\boldsymbol{A}, \boldsymbol{B} \in M_n(\mathbb{C})$, 定义 $\operatorname{Tr}(\boldsymbol{A}) = \sum_{i=1}^n a_{ii}$, $[\boldsymbol{A}, \boldsymbol{B}] = \operatorname{Tr}(\boldsymbol{B}^\dagger \boldsymbol{A})$. 证明: $[\boldsymbol{A}, \boldsymbol{B}]$ 是 $M_n(\mathbb{C})$ 的复内积.

12. 设 $(V, [\ ,\ ])$ 是复内积空间, 把 $\mathbb{C}$ 向量空间看作 $\mathbb{R}$ 向量空间, 并取 $\langle \boldsymbol{x}, \boldsymbol{y} \rangle = \operatorname{Re}[\boldsymbol{x}, \boldsymbol{y}]$. 证明: $(V, \langle\ ,\ \rangle)$ 是实内积空间, 并且 $\forall \boldsymbol{x} \in V$ 有 $\langle \boldsymbol{x}, \mathrm{i}\boldsymbol{x} \rangle = 0$.

13. 设 V 为 $\mathbb{C}$ 向量空间. 假设把 V 看作 $\mathbb{R}$ 向量空间时有实内积 $\langle\ ,\ \rangle$, 使得 $\forall \boldsymbol{x} \in V$ 有 $\langle \boldsymbol{x}, \mathrm{i}\boldsymbol{x} \rangle = 0$. 定义 $[\boldsymbol{x}, \boldsymbol{y}] = \langle \boldsymbol{x}, \boldsymbol{y} \rangle + \mathrm{i}\langle \boldsymbol{x}, \mathrm{i}\boldsymbol{y} \rangle$. 证明: $[\boldsymbol{x}, \boldsymbol{y}]$ 是 V 的复内积.

14. 取 $n \times n$ 矩阵 $\boldsymbol{A} \in M_n(\mathbb{C})$, 称 $\boldsymbol{A}$ 为酉矩阵, 若 $\boldsymbol{A}^\dagger \boldsymbol{A} = \boldsymbol{I}_n$. 称 $\boldsymbol{A}$ 为 Hermite 矩阵, 若 $\boldsymbol{A}^\dagger = \boldsymbol{A}$. 证明:
(1) $\det \boldsymbol{A}$ 是实数;
(2) Hermite 矩阵的所有特征根是实数;
(3) 若 $\boldsymbol{A}$ 是 Hermite 矩阵, 则存在酉矩阵 $\boldsymbol{U} \in M_n(\mathbb{C})$, 使得 $\boldsymbol{U}^\dagger \boldsymbol{A}\boldsymbol{U}$ 是以 $\boldsymbol{A}$ 的特征值为元素的对角矩阵;
(4) 若 Hermite 矩阵 $\boldsymbol{A}$ 的特征根是各不相同, 则 $\boldsymbol{A}$ 有特征向量 $\{\boldsymbol{v}_1, \ldots, \boldsymbol{v}_n\}$ 是 $\mathbb{C}^n$ 的法正交基.

15. 称 $n \times n$ 矩阵 $\boldsymbol{A} \in M_n(\mathbb{C})$ 为正规矩阵, 若 $\boldsymbol{A}^\dagger \boldsymbol{A} = \boldsymbol{A}\boldsymbol{A}^\dagger$. 设 $\boldsymbol{A} \in M_n(\mathbb{C})$ 为正规矩阵, $\lambda_1, \ldots, \lambda_n$ 是 $\boldsymbol{A}$ 的特征值. 证明:
(1) 存在酉矩阵 $\boldsymbol{U} \in M_n(\mathbb{C})$, 使得 $\boldsymbol{U}^\dagger \boldsymbol{A}\boldsymbol{U}$ 是以 λ_j 为元素的对角矩阵;
(2) $\mathbb{C}^n$ 有法正交基 $\{\boldsymbol{v}_1, \ldots, \boldsymbol{v}_n\}$, 其中 $A\boldsymbol{v}_j = \lambda_j \boldsymbol{v}_j$;
(3) 设 $\boldsymbol{v}_i = (v_{i,1}, \ldots, v_{i,n})$, 从 $\boldsymbol{A}$ 删去第 j 行 j 列得到的 $(n-1)\times(n-1)$ 矩阵记为 $\boldsymbol{M}_j$. 用伴随矩阵公式证

$$\det(\lambda_i \boldsymbol{I}_{n-1} - \boldsymbol{M}_j) = \left(\prod_{k=1,\, k\neq i}^{n} (\lambda_i - \lambda_k) \right) |v_{i,j}|^2.$$

16. 设 $(V, [\ ,\ ]_V)$, $(W, [\ ,\ ]_W)$ 是有限维复内积空间, $\varphi : V \to W$ 为线性映射. 证明:
(1) 存在唯一的线性映射 $\varphi^\dagger : W \to V$, 使得 $\forall \boldsymbol{v} \in V$, $\forall \boldsymbol{w} \in W$, 有 $[\varphi(\boldsymbol{v}), \boldsymbol{w}]_W = [\boldsymbol{v}, \varphi^\dagger(\boldsymbol{w})]_V$;
(2) $\forall \boldsymbol{v} \in V$, $\varphi^\dagger \varphi(\boldsymbol{v}) = 0 \Longleftrightarrow \varphi(\boldsymbol{v}) = 0$;
(3) $\forall \boldsymbol{0} \neq \boldsymbol{v} \in V$, $[\varphi^\dagger \varphi(\boldsymbol{v}), \boldsymbol{v}]_V \geqslant 0$.

17. 设 V, W 是复内积空间, $\varphi : V \to W$ 为秩 r 的线性映射. 证明: V 有法正交基 $\{\boldsymbol{v}_1, \ldots, \boldsymbol{v}_n\}$, W 有法正交基 $\{\boldsymbol{w}_1, \ldots, \boldsymbol{w}_m\}$, 有正实数 $\sigma_1 \geqslant \sigma_2 \geqslant \cdots \geqslant \sigma_r$, 使得

$$\varphi(\boldsymbol{v}_i) = \begin{cases} \sigma_i \boldsymbol{w}_i, & 若\ 1 \leqslant i \leqslant r; \\ 0, & 若\ i > r. \end{cases}$$

当 $1 \leqslant i \leqslant r$ 时, $\boldsymbol{v}_i$ 是 $T^\dagger T$ 的属于特征值 σ_i^2 的特征向量.

18. 称 $n \times n$ 矩阵 $\boldsymbol{A} = [a_{ij}] \in M_n(\mathbb{C})$ 为复 H 矩阵, 若满足以下条件:
(a) $|a_{jk}| = 1,\ j, k = 1, 2, \ldots, n$; (b) $\boldsymbol{A}^\dagger \boldsymbol{A} = n\boldsymbol{I}_n$.
(1) 证明: 以下是复 H 矩阵

$$\boldsymbol{F}_n := \begin{bmatrix} 1 & 1 & 1 & \ldots & 1 & 1 \\ 1 & \omega & \omega^2 & \ldots & \omega^{n-2} & \omega^{n-1} \\ 1 & \omega^2 & \omega^4 & \ldots & \omega^{2(n-2)} & \omega^{2(n-1)} \\ \vdots & \vdots & \vdots & & \vdots & \vdots \\ 1 & \omega^{(n-2)} & \omega^{2(n-2)} & \ldots & \omega^{(n-2)(n-2)} & \omega^{(n-2)(n-1)} \\ 1 & \omega^{(n-1)} & \omega^{2(n-1)} & \ldots & \omega^{(n-2)(n-1)} & \omega^{(n-1)(n-1)} \end{bmatrix},$$

其中 $\omega = \exp(2\pi\mathrm{i}/n)$. 留意 $\boldsymbol{F}_n$ 的 (j, k) 元是 $\exp[(2\pi\mathrm{i}(j-1)(k-1)/n]$.
(2) 所有位置都是 1 的矩阵记为 N. 定义 $\boldsymbol{A} \bullet \boldsymbol{B} = [m_{ij}]$, 其中 $m_{ij} = a_{ij} b_{ij}$. 证明:

$$\boldsymbol{A} \bullet \boldsymbol{N} = \boldsymbol{A} = \boldsymbol{N} \bullet \boldsymbol{A}, \quad \boldsymbol{A} \bullet \boldsymbol{B} = \boldsymbol{B} \bullet \boldsymbol{A}, \quad (\boldsymbol{A} \bullet \boldsymbol{B})^\dagger = \boldsymbol{A}^\dagger \bullet \boldsymbol{B}^\dagger.$$

问: 若 $\boldsymbol{A}, \boldsymbol{B}$ 为复 H 矩阵, 则 $\frac{1}{\sqrt{n}}\boldsymbol{A} \bullet \frac{1}{\sqrt{n}}\boldsymbol{B}$ 是复 H 矩阵吗?
(3) 设 $\boldsymbol{A}, \boldsymbol{B}$ 为复 H 矩阵, 若存在对角酉矩阵 $\boldsymbol{d}_1, \boldsymbol{d}_2$ 和置换矩阵 $\boldsymbol{p}_1, \boldsymbol{p}_2$, 使得

$$\boldsymbol{A} = \boldsymbol{d}_1 \boldsymbol{p}_1 \boldsymbol{B} \boldsymbol{p}_2 \boldsymbol{d}_2,$$

则记 $\boldsymbol{A} \sim \boldsymbol{B}$. 证明: $\sim$ 是等价关系. 对 $n = 1, 2, 3, 4, 5, 6$ 请写下所有等价类.

19. 设 $[\boldsymbol{z}, \boldsymbol{w}]$ 是 $\mathbb{C}^n$ 的标准复内积. 称 $\mathbb{C}^n$ 的基 $\{\boldsymbol{e}_1, \ldots, \boldsymbol{e}_n\}$ 为法正交基, 若 $[\boldsymbol{e}_i, \boldsymbol{e}_j] = \delta_{ij}$. 设 $\mathscr{B}_k = \{\boldsymbol{e}_1^{(k)}, \ldots, \boldsymbol{e}_n^{(k)}\}$ 是 $\mathbb{C}^n$ 的法正交基. 称 $\mathscr{B}_0, \ldots, \mathscr{B}_m$ 为 $\mathbb{C}^n$ 的无偏基组, 若对 $k \neq \ell$, 有

$$|[\boldsymbol{e}_i^{(\ell)}, \boldsymbol{e}_j^{(k)}]| = \frac{1}{\sqrt{n}}.$$

设矩阵 $\boldsymbol{U}_\ell$ 的 (i, j) 元是 $[\boldsymbol{e}_j^{(\ell)}, \boldsymbol{e}_i^{(0)}]$.
(1) 证明: $\boldsymbol{U}_\ell$ 是酉矩阵, $\sqrt{n}\boldsymbol{U}_\ell$ 是复 H 矩阵, $\sqrt{n}\boldsymbol{U}_\ell^\dagger \boldsymbol{U}_\ell = \boldsymbol{N}$.
(2) 以 μ_n 记 $\mathbb{C}^n$ 的最大无偏基组的元素个数. 对 $n = 1, 2, 3, 4, 5, 6$ 计算 μ_n.

第 7 章　投射空间、仿射空间和凸集

本章定义的仿射空间是与代数几何里的 $\operatorname{Spec} K[X_1, \ldots, X_n]$ 不同的. 这里的仿射空间常在 Coxeter 群和 Hecke 代数表示论中出现, 因此有必要在此介绍. 本章定义的投射空间也与代数几何里的 $\operatorname{Proj} K[X_0, \ldots, X_n]$ 有些不同, 我们不在此说明了. 本章材料源自 N. Bourbaki, Algebra (Springer) 第 2 章 §9.

7.1　投射空间和映射

命题 7.1. K 是域, 设 V 是 K 向量空间. 在集 $V \setminus \{\mathbf{0}\}$ 定义关系

$$\boldsymbol{x} \sim \boldsymbol{y} \iff \exists\, c \in K \setminus \{0\},\ 使得\ \boldsymbol{y} = c\boldsymbol{x},$$

则 $\sim$ 是等价关系.

定义 7.2. K 是域, 设 V 是 K 向量空间. 定义 V 的**投射空间** $\mathbb{P}(V)$ 为在 $V \setminus \{\mathbf{0}\}$ 的等价关系下全体等价类组成的集, 即 $\mathbb{P}(V) = (V \setminus \{\mathbf{0}\})/\sim$.

常称投射空间为**射影空间**, 又记 $\mathbb{P}(K^{n+1})$ 为 $\mathbb{P}^n(K)$.

对 $\boldsymbol{x} \in V \setminus \{\mathbf{0}\}$, 以 $\langle \boldsymbol{x} \rangle$ 记 $\boldsymbol{x}$ 的等价类, 则 $\langle \boldsymbol{x} \rangle$ 是 $\mathbb{P}(V)$ 的**点**, 但又是 V 内通过 $\mathbf{0}$ 但不含 $\mathbf{0}$ 的**线**:

$$\langle \boldsymbol{x} \rangle = \mathbf{0} \neq \boldsymbol{y} \in V : \boldsymbol{y} = c\boldsymbol{x},\ c \in K \setminus \{0\}.$$

这样若 U 是 V 的子空间, $\boldsymbol{u} \in U$, 则在 U 内的线 $\langle \boldsymbol{u} \rangle$ 亦是 V 内的线, 于是 $\mathbb{P}(U) \subseteq \mathbb{P}(V)$.

设 V 有基 $\{\boldsymbol{e}_0, \ldots, \boldsymbol{e}_n\}$. 若 $\boldsymbol{x}$ 是 V 的非零向量, 并且

$$\boldsymbol{x} = \sum_{i=0}^{n} c_i \boldsymbol{e}_i, \qquad c_i \in K,$$

则说 $\boldsymbol{x}$ 在基 $\{\boldsymbol{e}_0, \dots, \boldsymbol{e}_n\}$ 下的**齐性坐标**是 $(c_0, \dots, c_n)$.

设非零向量 $\boldsymbol{x}' = \sum_{i=0}^n c_i' \boldsymbol{e}_i$, 则 $\langle \boldsymbol{x} \rangle = \langle \boldsymbol{x}' \rangle$ 当且仅当 $\exists 0 \neq c \in K$, 使得 $c_i' = c_i \ (\forall i)$.

设 $f: V \to V'$ 是 K 向量空间的 K 线性映射. f 的核 $f^{-1}(\boldsymbol{0})$ 是 V 的子空间, 于是 $\mathbb{P}(f^{-1}(\boldsymbol{0})) \subseteq \mathbb{P}(V)$. 取 $\langle \boldsymbol{x} \rangle$ 不属于 $\mathbb{P}(f^{-1}(\boldsymbol{0}))$, 便得映射

$$\overline{f}: \mathbb{P}(V) \setminus \mathbb{P}(f^{-1}(\boldsymbol{0})) \to \mathbb{P}(V'): \langle \boldsymbol{x} \rangle \mapsto \langle f(\boldsymbol{x}) \rangle,$$

称 $\overline{f}$ 为 f 所诱导的**投射映射**, 称 $\mathbb{P}(f^{-1}(\boldsymbol{0}))$ 为 $\overline{f}$ 的**中心**.

例 7.3. 考虑实投射线 $\mathbb{P}^1(\mathbb{R}) = (\mathbb{R}^2 \setminus \{(0,0)\})/\sim$. 以 $\langle x, y \rangle$ 记 $(x, y) \in \mathbb{R}^2$ 所给 $\mathbb{P}^1(\mathbb{R})$ 的点, 看作等价类, $\langle x, y \rangle$ 是平面里通过 $(0,0)$ 和 (x, y) 的直线除去原点. 设

$$U_2 = \{\langle x, y \rangle : y \neq 0\}, \qquad U_1 = \{\langle x, y \rangle : x \neq 0\},$$

则有双射 $U_1 \to \mathbb{R}: \langle x, y \rangle = \langle 1, \frac{y}{x} \rangle \mapsto \frac{y}{x}$ 和 $U_2 \to \mathbb{R}: \langle x, y \rangle = \langle \frac{x}{y}, 1 \rangle \mapsto \frac{x}{y}$. 于是 $\mathbb{P}^1(\mathbb{R}) = U_2 \cup \{\langle 1, 0 \rangle\} = U_1 \cup \{\langle 0, 1 \rangle\}$. 我们可以把实投射线 $\mathbb{P}^1(\mathbb{R})$ 看作实线 $\mathbb{R}$ 加一个无穷远点; 在 U_2 时无穷远点是 $\langle 1, 0 \rangle$; 在 U_1 时无穷远点是 $\langle 0, 1 \rangle$.

7.2 仿射空间和映射

定义 7.4. K 是域. 设 T 是 K 向量空间. 称非空集 E 是以 T 为平移的**仿射空间**, 若

(1) T 作用在 E 上, 我们用 $+$ 记这作用, 即有映射

$$T \times E \to E: \boldsymbol{t}, a \mapsto \boldsymbol{t} + a,$$

使得 $\boldsymbol{s} + (\boldsymbol{t} + a) = (\boldsymbol{s} + \boldsymbol{t}) + a$, $\boldsymbol{0} + a = a$, $\forall \boldsymbol{s}, \boldsymbol{t} \in T$, $a \in E$;

(2) $\forall a \in E$, 有双射

$$T \to E: \boldsymbol{t} \mapsto \boldsymbol{t} + a.$$

命题 7.5. 设 E 是以 K 向量空间 T 为平移的仿射空间. 若有 $b = \boldsymbol{t} + a$, 则记 $\boldsymbol{t}$ 为 $b - a$.

(1) 于是得映射

$$\phi: E \times E \to T: b, a \mapsto b - a.$$

取 $a, b, c \in E$, 则

$$a - a = 0,\ \ a - b = -(b - a),$$
$$b = (b - a) + a,\ \ (c - b) + (b - a) = c - a.$$

(2) 固定 $a \in E$, 则 $E \to T : x \mapsto x - a$ 是双射. 利用这个双射 E 得以 a 为原点 $\mathbf{0}$ 的 K 向量空间结构.

在此注意:

(1) $+$ 号有两个意义: 当 $\boldsymbol{s}, \boldsymbol{t}$ 是 T 的向量时, $\boldsymbol{s} + \boldsymbol{t}$ 是 T 的向量加法; 若 $a \in E, \boldsymbol{t} \in T$, 则 $\boldsymbol{t} + a$ 是由 T 在 E 上的作用给出.

(2) $-$ 号有两个意义: 当 a, b 是 E 的元素时, $b - a$ 是指由以上命题给出的 T 的向量, 以 $\boldsymbol{t}$ 记 $b - a$. 这是说 $\boldsymbol{t}$ 作用在 a 等于 b, 即 $b = \boldsymbol{t} + a = (b - a) + a$. 当 $\boldsymbol{s}, \boldsymbol{t}$ 是 T 的向量时, $\boldsymbol{s} - \boldsymbol{t}$ 是 T 的向量相减.

例 7.6. K 向量空间 T 以 T 的向量加法作用在 T 上, 并且 T 是以 T 为平移的仿射空间.

定义 7.7. 设 T, T' 是 K 上向量空间. 设 E 是以 T 为平移的仿射空间, E' 是以 T' 为平移的仿射空间, 称映射 $u : E \to E'$ 为**仿射映射**, 若对任意 $\{x_\iota : \iota \in I\} \subset E$, $\{\lambda_\iota : \iota \in I\} \subset K$ 满足条件: 只有有限个 λ_ι 是非零并且 $\sum_{\iota \in I} \lambda_\iota = 1$, 则有

$$u\left(\sum_{\iota \in I} \lambda_\iota x_\iota\right) = \sum_{\iota \in I} \lambda_\iota u(x_\iota).$$

命题 7.8. 设 $u : E \to E'$ 为仿射映射, 则存在唯一的线性映射 $v : T \to T'$, 使得对任意 $x \in E, \boldsymbol{t} \in T$ 有

$$u(\boldsymbol{t} + x) = v(\boldsymbol{t}) + u(x).$$

证明. 任意取 $a \in E$, 则映射

$$v_a : T \to T' : \boldsymbol{t} \mapsto u(\boldsymbol{t} + a) - u(a)$$

是线性的, 这是因为

$$\lambda \boldsymbol{t} + a = \lambda(\boldsymbol{t} + a) - (1 - \lambda)a,$$
$$\boldsymbol{s} + \boldsymbol{t} + a = (\boldsymbol{s} + a) + (\boldsymbol{t} + a) - a.$$

于是从仿射映射的定义得 $v_a(\lambda \boldsymbol{t}) = \lambda v_a(\boldsymbol{t})$ 和 $v_a(\boldsymbol{s} + \boldsymbol{t}) = v_a(\boldsymbol{s}) + v_a(\boldsymbol{t})$.

另取 $b \in E$. 从 $(b - a) + (\boldsymbol{t} + a) = \boldsymbol{t} + b$ 得

$$u(\boldsymbol{t} + a) - u(a) + u(b) = u(\boldsymbol{t} + b),$$

于是 $u(\boldsymbol{t}+a)-u(a)=u(\boldsymbol{t}+b)-u(b)$, 即 $v_a=v_b$. 因此可定义所求的 v 为 v_a, 其中 a 是任意取的. 唯一性是显然的. □

我们说线性映射 $v: T\to T'$ 是由仿射映射 $u: E\to E'$ 所决定的.

让我们用点几何直观重看命题 7.5 和定义 7.4.

我们说非空集 E 是 K 仿射空间, 若有 K 向量空间 T 和映射 $\phi: E\times E\to T$ 满足以下条件:

(1) 对 $a,b,c\in E$ 有 $\phi(c,b)+\phi(b,a)=\phi(c,a)$;

(2) $\forall\, a\in E, \forall\, \boldsymbol{t}\in T$, 存在唯一的 $b\in E$, 使得 $\phi(b,a)=\boldsymbol{t}$.

显然这样定义的仿射空间与定义 7.4 无异. 现在我们称 E 的元素为点, 说 $\phi(b,a)$ 是从点 a 到点 b 的箭:

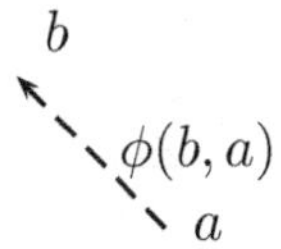

我们取 E 的某一点 o 为"原点", 以 $\boldsymbol{x}$ 记从点 o 到点 a 的向量 $\phi(a,o)$, 以 $\boldsymbol{y}$ 记从点 o 到点 b 的向量 $\phi(b,o)$, 称 $\boldsymbol{x}$ 为 a 的坐标向量, 则显然在向量空间 T 内有 $(\boldsymbol{y}-\boldsymbol{x})+\boldsymbol{x}=\boldsymbol{y}$, 并且在取原点后 $\phi(b,a)$ 是向量 $(\boldsymbol{y}-\boldsymbol{x})$.

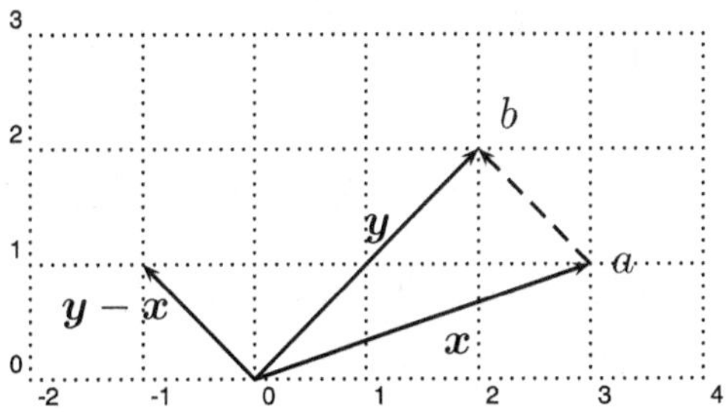

随着 t 走遍所有实数, $t(\boldsymbol{y}-\boldsymbol{x})+\boldsymbol{x}$ 便是通过 a,b 的直线所有的点的坐标向量. 显然仿射空间内通过两点的直线这个概念是和原点的选择无关的. 留意若另选原点 o', 则点 b 对应于原点 o, o' 的坐标向量 $\boldsymbol{y},\boldsymbol{y}'$ 有关系 $\phi(o',o)+\boldsymbol{y}'=\boldsymbol{y}$.

从 E 取 $r+1$ 点 $a_0,a_1,\ldots,a_r$. 取原点 o, 记对应的坐标向量为 $\boldsymbol{x}_0$, $\boldsymbol{x}_1,\ldots,\boldsymbol{x}_r$, 取 $\xi_0,\ldots,\xi_r\in K$ 满足 $\sum_{j=0}^r\xi_j=1$, 在 T 的向量 $\boldsymbol{x}=\sum_{j=0}^r\xi_j\boldsymbol{x}_j$ 是 E 的点 b 的坐标向量. 断言: b 与原点的选择无关. 证明: 改变原点是等

于把 $\boldsymbol{x}_j$ 改为 $\boldsymbol{c}+\boldsymbol{x}_j$. 这样,

$$\sum_{j=0}^{r}\xi_j(\boldsymbol{c}+\boldsymbol{x}_j)=\sum_{j=0}^{r}\xi_j\boldsymbol{c}+\sum_{j=0}^{r}\xi_j\boldsymbol{x}_j=\boldsymbol{c}+\boldsymbol{x},$$

但是用新的原点以 $\boldsymbol{c}+\boldsymbol{x}$ 为坐标向量的 E 的点仍然是 b.

从现在开始让我们简化记号: 用同样记号记 E 的点和与这点对应的坐标向量, 即 x 同时代表 E 的点 x 和点 x 的坐标向量.

设 $\dim_K T=q$, 从 E 取 $r+1$ 点 $x_0,x_1,\ldots,x_q$, 使得 $x_1-x_0,\ldots,x_q-x_0$ 是向量空间 T 的基. 于是对任意 $x\in E$ 唯一决定 $\xi_1,\ldots,\xi_q\in K$, 使得

$$x-x_0=\sum_{j=1}^{q}\xi_j(x_j-x_0).$$

取 $\xi_0=1-\sum_{j=1}^{q}\xi_j$, 则有唯一表示

$$x=\sum_{j=0}^{q}\xi_jx_j,\qquad \sum_{j=0}^{q}\xi_j=1.$$

此后取域 K 为实数域 $\mathbb{R}$.

定义 7.9. 设 E 是 $\mathbb{R}$ 仿射空间, 称子集 $X\subset E$ 为**凸集**, 若对任意两点 $x,y\in X$, 从 y 到 x 的线段 $\{tx+(1-t)y:0\leqslant t\leqslant 1\}$ 是 X 的子集.

例 7.10. 从 $\mathbb{R}$ 仿射空间取点 $a_1,\ldots,a_r$, 设

$$X=\left\{x=\sum_{j=1}^{q}\xi_jx_j:\sum_{j=1}^{q}\xi_j=1,\xi_j\geqslant 0\right\},$$

则 X 是凸集. 取 X 的点 $x=\sum_{j=1}^{q}\xi_jx_j$ 和 $y=\sum_{j=1}^{q}\eta_jx_j$, $0\leqslant t\leqslant 1$, 则点

$$tx+(1-t)y=\sum(t\xi_j+(1-t)\eta_j)a_j$$

属于 X 当且仅当

$$\sum(t\xi_j+(1-t)\eta_j)=1,\qquad t\xi_j+(1-t)\eta_j\geqslant 0.$$

第一个等式成立是因为 $\sum\xi_j=1$ 和 $\sum\eta_j=1$, 第二个不等式成立是因为 $\xi_j,\eta_j,t,1-t$ 都 $\geqslant 0$.

设有实数 $\mu_j\geqslant 0$, $1\leqslant j\leqslant r$. 取 $\mu=\sum_{j=1}^{r}\mu_j$, 则 $\mu_j/\mu\geqslant 0$ 和 $\sum(\mu_j/\mu)=1$. 称 $b=\sum(\mu_j/\mu)a_j$ 为 $(a_1,\mu_1),\ldots,(a_r,\mu_r)$ 的重心. 若我们想象在 a_j 有质点 μ_j/μ, 则 b 正是这 r 个质点的重心.

引理 7.11. 设 Y 是实仿射空间 E 的凸集, $a_1, \ldots, a_r \in Y$, 则 Y 的所有重心属于 Y.

证明. 对 r 进行归纳证法. $r=1$ 时引理是对的. 假设已对 $r-1$ 证引理. 取实数 $\mu_j \geqslant 0$ $(1 \leqslant j \leqslant r)$ 和 $\sum(\mu_j/\mu)=1$, $\mu=\sum_{j=1}^r \mu_j$, 并设 $\mu_1>0$. 设 b_1 为 $(a_1,\mu_1),\ldots,(a_{r-1},\mu_{r-1})$ 的重心, 记 $\mu'=\mu_1+\cdots+\mu_{r-1}$, 则

$$b=\sum_{j=1}^r(\mu_j/\mu)a_j=\frac{\mu'}{\mu}b_1+\frac{\mu_r}{\mu}a_r=tb_1+(1-t)a_r,$$

其中 $t=\mu'/\mu$. 按归纳假设 $b_1 \in Y$, 因此 $b \in Y$. □

集 $X \subset E$ 的**凸包**是指包含 X 的最小凸集. 因为凸集的交集是凸集和 E 是凸集, 所以必存在凸包.

定理 7.12. 实仿射空间 E 的 r 点 $a_1,\ldots,a_r$ 的凸包是

$$\left\{x=\sum_{j=1}^r \xi_j : \sum \xi=1,\ \xi \geqslant 0\right\}.$$

证明. 显然此是凸集, 按引理 7.11 任何包含 $a_1,\ldots,a_r$ 的凸集必包含此集. □

7.3 凸集

凸是线性空间的一种有广泛应用的性质. 我们在前一节讨论了仿射空间的凸集, 本节介绍内积空间的凸集的基本性质. 在 $\mathbb{R}^n$ 取标准内积, 并常以 V 记此内积空间. 我们将重复上节的部分证明.

我们分别以 $[a,b]$, $(a,b]$, (a,b) 记实数集 $\{a \leqslant x \leqslant b\}$, $\{a<x \leqslant b\}$, $\{a<x<b\}$, 其中 $a \leqslant b$ 为适当实数或 $\pm\infty$, 称这些集为实数区间.

取 $\boldsymbol{x},\boldsymbol{y} \in V$. 我们分别以 $[\boldsymbol{x},\boldsymbol{y}]$, $(\boldsymbol{x},\boldsymbol{y}]$, $(\boldsymbol{x},\boldsymbol{y})$ 记 V 的子集 $\{\lambda\boldsymbol{y}+(1-\lambda)\boldsymbol{x}: 0 \leqslant \lambda \leqslant 1\}$, $\{\lambda\boldsymbol{y}+(1-\lambda)\boldsymbol{x}: 0<\lambda \leqslant 1\}$, $\{\lambda\boldsymbol{y}+(1-\lambda)\boldsymbol{x}: 0<\lambda<1\}$.

定义 7.13. 实向量空间 V 的点 $\boldsymbol{x}_1,\ldots,\boldsymbol{x}_n$ 的**凸组合**是指

$$\boldsymbol{x}=\sum_{i=1}^n \lambda_i\boldsymbol{x}_i, \qquad \mathbb{R} \ni \lambda_i \geqslant 0, \quad \sum_{i=1}^n \lambda_i=1.$$

称 $A \subset V$ 为**凸集**, 若 $\forall \boldsymbol{x},\boldsymbol{y} \in A$ 有 $[\boldsymbol{x},\boldsymbol{y}] \subset A$.

A 的**凸包**是指包含 A 的最小凸集, 记 A 的凸包为 $\mathrm{co}(A)$ 或 $A^{\smile}$.

以下定理证明如定理 7.12.

定理 7.14. V 的子集 A 的凸包 $A^{\smile}$ 是由 A 的所有有限子集的凸组合所组成的.

命题 7.15. 设 A, B 为 V 的凸集, 则

$$(A \cup B)^{\smile} = \bigcup_{0 \leqslant \lambda \leqslant 1} ((1-\lambda)A + \lambda B).$$

证明. 若 $\boldsymbol{a} \in A$, $\boldsymbol{b} \in B$, $0 \leqslant \lambda \leqslant 1$, 则 $(1-\lambda)\boldsymbol{a} + \lambda \boldsymbol{b} \in (A \cup B)^{\smile}$. 暂以 D 记命题等式右边的并集. 取 $\boldsymbol{x}, \boldsymbol{y} \in D$, 则有 $\boldsymbol{a}_1, \boldsymbol{a}_2 \in A$, $\boldsymbol{b}_1, \boldsymbol{b}_2 \in B$, 使得 $\boldsymbol{x} \in [\boldsymbol{a}_1, \boldsymbol{b}_1]$, $\boldsymbol{y} \in [\boldsymbol{a}_2, \boldsymbol{b}_2]$. 因为 $[\boldsymbol{a}_1, \boldsymbol{a}_2] \subset D$, $[\boldsymbol{b}_1, \boldsymbol{b}_2] \subset D$, 所以 $([\boldsymbol{a}_1, \boldsymbol{a}_2] \cup [\boldsymbol{b}_1, \boldsymbol{b}_2])^{\smile} \subset D$. 因为 $[\boldsymbol{x}, \boldsymbol{y}] \subset ([\boldsymbol{a}_1, \boldsymbol{a}_2] \cup [\boldsymbol{b}_1, \boldsymbol{b}_2])^{\smile}$, 所以 $[\boldsymbol{x}, \boldsymbol{y}] \subset D$. 这样便证明了 D 是凸集. 显然 $D \supset A \cup B$, 所以 $D = (A \cup B)^{\smile}$. □

取 $\boldsymbol{x}, \boldsymbol{y} \in V$, 通过 $\boldsymbol{x}$ 和 $\boldsymbol{y}$ 的直线记为

$$\ell_{\boldsymbol{x},\boldsymbol{y}} = \{(1-\lambda)\boldsymbol{x} + \lambda \boldsymbol{y} : \lambda \in \mathbb{R}\}.$$

从定义 7.13 扣除条件 $\lambda_i \geqslant 0$ 便得

定义 7.16. 实向量空间 V 的点 $\boldsymbol{x}_1, \ldots, \boldsymbol{x}_n$ 的**仿组合**是指

$$\boldsymbol{x} = \sum_{i=1}^{n} \lambda_i \boldsymbol{x}_i, \qquad \mathbb{R} \ni \lambda_i, \quad \sum_{i=1}^{n} \lambda_i = 1.$$

称点 $\boldsymbol{x}_1, \ldots, \boldsymbol{x}_n$ 为**仿性相关**的, 若有不全为 0 的实数 $\lambda_1, \ldots, \lambda_n$, 使得 $\sum_{i=1}^{n} \lambda_i = 0$ 和 $\sum_{i=1}^{n} \lambda_i \boldsymbol{x}_i = \boldsymbol{0}$. 若不是仿性相关便说**仿性无关**.

称 $A \subset V$ 为**仿集**, 若 $\forall \boldsymbol{x}, \boldsymbol{y} \in A$, 有 $\ell_{\boldsymbol{x},\boldsymbol{y}} \subset A$.

A 的**仿包**是指包含 A 的最小仿集, 记 A 的仿包为 $A^{\ddagger}$.

定理 7.17 (Caratheodory 定理)**.** 设 A 是 $\mathbb{R}^n$ 的非空子集, 则凸包 $A^{\smile}$ 的任何一点是不超过 $n+1$ 个 A 的点的凸组合.

证明. 取 $\boldsymbol{x} \in A^{\smile}$. 按定理 7.14, 有 $\boldsymbol{x}_1, \ldots, \boldsymbol{x}_p \in A$ 使得

$$\boldsymbol{x} = \sum_{i=1}^{p} \lambda_i \boldsymbol{x}_i, \qquad \mathbb{R} \ni \lambda_i \geqslant 0, \quad \sum_{i=1}^{p} \lambda_i = 1.$$

若 $p \leqslant n+1$, 便证完了. 现设 $p > n+1$, 则 $\boldsymbol{x}_1, \ldots, \boldsymbol{x}_p$ 是仿性相关的. 于是, 有不全为 0 的 $\mu_i \in \mathbb{R}$ 使得

$$\sum_{i=1}^{p} \mu_i \boldsymbol{x}_i = \boldsymbol{0}, \qquad \sum_{i=1}^{p} \mu_i = 0,$$

对任意 $\rho\in\mathbb{R}$ 有

$$\boldsymbol{x}=\sum_{i=1}^{p}(\lambda_i-\rho\mu_i)\boldsymbol{x}_i.$$

μ_i 不全为 0, 集 $\{\eta\in\mathbb{R}:\eta\mu_i\leqslant\lambda_i,1\leqslant i\leqslant p\}$ 是个闭区间 $[\alpha,\beta]$, 可设 $\alpha\mu_p=\lambda_p$ 和 $\mu_p>0$. 取 ρ 为 α, 则

$$\boldsymbol{x}=\sum_{i=1}^{p-1}(\lambda_i-\alpha\mu_i)\boldsymbol{x}_i,\qquad \sum_{i=1}^{p-1}(\lambda_i-\alpha\mu_i)=1,\quad \lambda_p-\alpha\mu_p=0.$$

这样 $\boldsymbol{x}$ 写成 $p-1$ 个点的凸组合. 如此继续, 直至把 $\boldsymbol{x}$ 写成不超过 $n+1$ 个 A 的点的凸组合. □

定理 7.18 (Helly 定理)**.** 设 $N\geqslant n+1$, $C_1,\ldots,C_N$ 是 $\mathbb{R}^n$ 的凸集使得其中任意 $n+1$ 个凸集的交集不是空集, 则 $\cap_{i=1}^{N}C_i\neq\emptyset$.

证明. 讨 N 做归纳证明. 若 $N=n+1$, 定理自动成立. 假设当 $N=k$ $(k\geqslant n+1)$ 时定理成立, 现证 $N=k+1$ 的情形. 已给 $C_1,\ldots,C_{k+1}$, 按归纳假设对 $1\leqslant i\leqslant k+1$, 存在 $\boldsymbol{x}_i\in\mathbb{R}^n$ 使得

$$\boldsymbol{x}_i\in\bigcap_{j=1,j\neq i}^{k+1}C_i.$$

因为 $k>n$, 在 $\mathbb{R}^n$ 点 $\boldsymbol{x}_1,\ldots,\boldsymbol{x}_{k+1}$ 是仿性相关的. 于是有不全为 0 的实数 $\mu_1,\ldots,\mu_{k+1}$, 使得

$$\sum_{i=1}^{k+1}\mu_i\boldsymbol{x}_i=\boldsymbol{0},\qquad \sum_{i=1}^{k+1}\mu_i=0.$$

至少两个 μ_i 分别是正、负实数, 可以假设 $\mu_1\geqslant 0$, $\ldots$, $\mu_s\geqslant 0$, $\mu_{s+1}<0$, $\ldots$, $\mu_{k+1}<0$, 于是

$$\sum_{i=1}^{s}\mu_i=\sum_{i=s+1}^{k+1}-\mu_i>0.$$

设

$$\boldsymbol{y}=\frac{\sum_{i=1}^{s}\mu_i\boldsymbol{x}_i}{\sum_{i=1}^{s}\mu_i},$$

则

$$\boldsymbol{y}=\frac{\sum_{i=s+1}^{k+1}(-\mu_i)\boldsymbol{x}_i}{\sum_{i=s+1}^{k+1}-\mu_i}.$$

这样 $\boldsymbol{y}$ 属于 $\{\boldsymbol{x}_1,\ldots,\boldsymbol{x}_s\}^{\smile}$ 和 $\{\boldsymbol{x}_{s+1},\ldots,\boldsymbol{x}_{k+1}\}^{\smile}$, 于是 $\boldsymbol{y}$ 属于 $\cap_{i=1}^{s}C_i$ 和 $\cap_{i=s+1}^{k+1}C_i$. 因此 $\boldsymbol{y}\in\cap_{i=1}^{k+1}C_i$. □

设 V 是 $\mathbb{R}$ 向量空间, 称 V 的子集 H 为 V 的**超平面**, 若有非零线性函数 $f: V \to \mathbb{R}$ 和 $c \in \mathbb{R}$, 使得 $H = f^{-1}(c)$. (注意: 超平面不一定是 2 维的面.)

设 L 是有限维 $\mathbb{R}$ 向量空间 V 的子空间, 定义 L 的余维数为

$$\mathrm{codim}_{\mathbb{R}} L = \dim_{\mathbb{R}} V - \dim_{\mathbb{R}} L.$$

定理 7.19. (1) 设 V 是有限维 $\mathbb{R}$ 向量空间, 则 V 的子集 H 为 V 的超平面当且仅当存在 $\boldsymbol{u} \in V$ 和子空间 L, $\mathrm{codim}_{\mathbb{R}} L = 1$, 使得 $H = \boldsymbol{u} + L$.

(2) $\mathbb{R}^n$ 的超平面是 $\{\boldsymbol{x} \in \mathbb{R}^n : \langle \boldsymbol{u}, \boldsymbol{x} \rangle = c\}$, 其中 $c \in \mathbb{R}$, $\boldsymbol{u} \in \mathbb{R}^n \setminus \{0\}$, $\langle\, , \,\rangle$ 是 $\mathbb{R}^n$ 的标准内积.

证明. (1) ($\Longrightarrow$) 设 $H = f^{-1}(c)$. 因为 $f \neq 0$, 便有 $\boldsymbol{u} \in V$ 使得 $f(\boldsymbol{u}) = 1$. 若 $\boldsymbol{x} \in V$, 则 $f(\boldsymbol{x} - f(\boldsymbol{x})\boldsymbol{u}) = 0$, 于是 $\boldsymbol{x} - f(\boldsymbol{x})\boldsymbol{u} \in f^{-1}(0)$, 因此 $\boldsymbol{x} = f^{-1}(0) + f(\boldsymbol{x})\boldsymbol{u}$. 这样便知 $\boldsymbol{u} \notin f^{-1}(0)$ 和 $V = f^{-1}(0) + \mathbb{R}\boldsymbol{u}$, 因此子空间 $f^{-1}(0)$ 的余维数是 1. 我们证明了 $H = f^{-1}(c) = c\boldsymbol{u} + f^{-1}(0)$.

($\Longleftarrow$) 设 $H = \boldsymbol{w} + L$, $\mathrm{codim}_{\mathbb{R}} L = 1$, 则有 $\boldsymbol{u} \in V$, $\boldsymbol{u} \notin L$ 使得 $V = L + \mathbb{R}\boldsymbol{u}$. 定义映射 $f: V \to \mathbb{R}$: $\boldsymbol{x} \in V$ 可写为 $\boldsymbol{x} = \boldsymbol{x}_L + a\boldsymbol{u}$, $\boldsymbol{x}_L \in L$. 取 $f(x) = a$, 可以验证 f 是非零线性函数, $f(u) = 1$ 和 $H = f^{-1}(f(\boldsymbol{w}))$.

(2) 是 (1) 的推论. □

设 V 是 $\mathbb{R}$ 向量空间, $A, B \subset V$. 说 V 的超平面 $H = f^{-1}(c)$ 分开 A 和 B, 若 $f(A) \leqslant c$, $f(B) \geqslant c$, 或 $f(A) \geqslant c$, $f(B) \leqslant c$. 说超平面 $H = f^{-1}(c)$ 严格分开 A 和 B, 若 $f(A) < c$, $f(B) > c$, 或 $f(A) > c$, $f(B) < c$.

定理 7.20. 取 $\mathbb{R}^n$ 的有限子集 A, B, 若 $A \cup B$ 的子集 C 有不多于 $n+2$ 个点, 则存在超平面严格分开 $C \cap A$ 和 $C \cap B$, 并且存在超平面严格分开 A 和 B.

证明. 假设 $A \cup B$ 有 $\geqslant n+2$ 个点. 若 $\boldsymbol{x} \in \mathbb{R}^n$, 设

$$A(\boldsymbol{x}) = \{(\boldsymbol{y}, c) \in \mathbb{R}^n \times \mathbb{R} : \langle \boldsymbol{x}, \boldsymbol{y} \rangle > c\},$$
$$B(\boldsymbol{x}) = \{(\boldsymbol{y}, c) \in \mathbb{R}^n \times \mathbb{R} : \langle \boldsymbol{x}, \boldsymbol{y} \rangle < c\},$$

则 $A(\boldsymbol{x}), B(\boldsymbol{x})$ 是 $\mathbb{R}^n \times \mathbb{R} = \mathbb{R}^{n+1}$ 的凸集. 记 $\mathscr{S} = \{A(\boldsymbol{x}), \boldsymbol{x} \in A; B(\boldsymbol{x}'), \boldsymbol{x}' \in B\}$, 从 $\mathscr{S}$ 的 $n+2$ 个集 $A(\boldsymbol{x}_1), \ldots, A(\boldsymbol{x}_p)$, $B(\boldsymbol{x}_{p+1}), \ldots, B(\boldsymbol{x}_{n+2})$ 可得 $(\boldsymbol{y}, c)$ 使得 $1 \leqslant i \leqslant p$, $\langle \boldsymbol{y}, \boldsymbol{x}_i \rangle > c$, 于是 $(\boldsymbol{y}, c) \in A(\boldsymbol{x}_i)$ 和 $p+1 \leqslant i \leqslant n+2$, $\langle \boldsymbol{y}, \boldsymbol{x}_i \rangle < c$, 于是 $(\boldsymbol{y}, c) \in B(\boldsymbol{x}_i)$. 因此知 $(\boldsymbol{y}, c) \in (\cap_{i=1}^{p} A(\boldsymbol{x}_i)) \cap (\cap_{i=p+1}^{n+2} B(\boldsymbol{x}_i))$, 使用定理 7.18 便知存在 $(\boldsymbol{y}_0, c_0) \in \cap_{C \in \mathscr{S}} C$. 所求超平面便是 $\{\boldsymbol{x} \in \mathbb{R}^n : \langle \boldsymbol{x}, \boldsymbol{y}_0 \rangle = c_0\}$. □

习　题

1. (1) 设 $x_1,\ldots,x_h$ 是仿射空间 E 的点, $\lambda_1,\ldots,\lambda_h\in K$ 使得 $\sum\lambda_i=1$. 设仿射空间 E 有点 $\{x_\iota:\iota\in I\}\subset E$, 又有 $\{\lambda_\iota:\iota\in I\}\subset K$ 满足条件: 只有有限个 λ_ι 是非零并且 $\sum_{\iota\in I}\lambda_\iota=1$. 证明: E 有唯一的点 x, 使得对任意的 $a\in E$, 有

$$x-a=\sum\lambda_\iota(x_\iota-a).$$

我们说质量 λ_ι 在 x_ι 的重心是 x.

(2) 设 V 是仿射空间 E 的非空子集, 则以下关于 V 的条件是等价的:
(i) 对任意 $\{x_\iota:\iota\in I\}\subset V$, $\{\lambda_\iota:\iota\in I\}\subset K$ 满足条件: 只有有限个 λ_ι 是非零并且 $\sum_{\iota\in I}\lambda_\iota=1$, 则质量 λ_ι 在 x_ι 的重心是 x 属于 V.
(ii) E 在选定原点后得 K 向量空间结构 (见命题 7.5), V 是这个 K 向量空间 E 的子空间.

2. 设 T_i 是 K 上向量空间, E_i 是以 T_i 为平移的仿射空间, $u_i:E_i\to E_{i+1}$ 是仿射映射, 线性映射 $v_i:T_i\to T_{i+1}$ 是由仿射映射 u_i 所决定的. 证明: (1) $u_2\circ u_1$ 是仿射映射; (2) $v_2\circ v_1$ 是由仿射映射 $u_2\circ u_1$ 所决定的.

3. 考虑实投射面 $\mathbb{P}^2(\mathbb{R})$. 证明: 有表达方式 $\mathbb{P}^2(\mathbb{R})=U\cup L$, 其中有双射 $U\leftrightarrow\mathbb{R}^2$, 可以把 L 看作在无穷远的线.

4. V 是 n 维 $\mathbb{C}$ 向量空间, $\{\boldsymbol{a}_t\}$ 是 V 的基, 则 $\boldsymbol{e}_t=(0,\boldsymbol{a}_t)$, $\boldsymbol{e}_\infty=(1,\boldsymbol{0})$ 是 $\mathbb{C}\times V$ 的基. 以 π 记自然投射 $\mathbb{C}\times V\setminus\{\boldsymbol{0}\}\to\mathbb{P}(\mathbb{C}\times V)$, 记 $U_1=\pi(\{1\}\times V)$, $U_\infty=\pi(\{0\}\times V)$. 证明: 有双射 $U_1\leftrightarrow V$, $\mathbb{P}(\mathbb{C}\times V)=U_1\cup U_\infty$ (把 U_∞ 看作在无穷远的超平面).

5. 设 V 是 $n+1$ 维 K 向量空间, 定义 $\mathbb{P}(V)$ 的超平面为 $\mathbb{P}(U)$, 其中 U 是 V 的 n 维子空间, 以 $\mathcal{H}$ 记 $\mathbb{P}(V)$ 的全体超平面, 设 V^* 是 V 的对偶空间. 取 $\phi\in V^*$, $0\neq c\in K$, 则 $\phi^{-1}(0)=(c\phi)^{-1}(0)$. 以 $\langle\phi\rangle$ 记 ϕ 所给的 $\mathbb{P}(V^*)$ 的点. 证明: $\langle\phi\rangle\mapsto\mathbb{P}(\phi^{-1}(0))$ 是从 $\mathbb{P}(V^*)$ 至 $\mathcal{H}$ 的双射.

6. 证明: $\mathbb{R}^n$ 里有 $\geqslant n+2$ 个不同点的集是仿性相关.

7. 在 $\mathbb{R}^4$ 取 $\boldsymbol{v}_1=(1,-1,2,-1)$, $\boldsymbol{v}_2=(2,-1,2,0)$, $\boldsymbol{v}_3=(1,0,2,0)$, $\boldsymbol{v}_4=(1,0,3,1)$. 证明:

(1) 集 $\{\boldsymbol{v}_1, \boldsymbol{v}_2, \boldsymbol{v}_3, \boldsymbol{v}_4\}$ 是仿性无关的;

(2) 仿包 $\{\boldsymbol{v}_1, \boldsymbol{v}_2, \boldsymbol{v}_3, \boldsymbol{v}_4\}^{\ddagger} = \{(a_1, a_2, a_3, a_4) : a_1 + a_2 + a_3 - a_4 = 3\}$.

8. 设 $\emptyset \neq S \subset \mathbb{R}^n$, 考虑凸包. 证明: $(S^{\smile})^{\smile} = S^{\smile}$.

9. 设 X_ι $(\iota \in I)$ 是实仿射空间 E 的凸集. 证明: $\cap_{\iota \in I}$ 是凸集.

10. 设 $\boldsymbol{x}, \boldsymbol{y}, \boldsymbol{z}$ 是 $\mathbb{R}$ 向量空间的三个各不相同的点. 考虑线段 $[\boldsymbol{x}, \boldsymbol{y}]$, $[\boldsymbol{y}, \boldsymbol{z}]$, $[\boldsymbol{z}, \boldsymbol{w}]$, 取 $\boldsymbol{u} \in [\boldsymbol{x}, \boldsymbol{y}]$, $\boldsymbol{u} \neq \boldsymbol{x}$, $\boldsymbol{u} \neq \boldsymbol{y}$. 证明: 若 $\boldsymbol{v} \in [\boldsymbol{z}, \boldsymbol{u}]$, 则存在 $\boldsymbol{w} \in [\boldsymbol{y}, \boldsymbol{z}]$, 使得 $\boldsymbol{v} \in [\boldsymbol{x}, \boldsymbol{w}]$.

11. 设 S 是 $\mathbb{R}$ 向量空间 V 的子集, 定义

$$S^{\diamond} := \{\boldsymbol{z} \in V : \forall \boldsymbol{x} \in S,\ [\boldsymbol{z}, \boldsymbol{x}] \subset S\}.$$

证明: $S^{\diamond}$ 是凸集.

12. $\langle\,,\,\rangle$ 是 $\mathbb{R}^n$ 的标准内积, 取 $\emptyset \neq S \subset \mathbb{R}^n$, 定义

$$S^{\circ} := \{\boldsymbol{y} \in \mathbb{R}^n : \forall \boldsymbol{x} \in S,\ \langle \boldsymbol{x}, \boldsymbol{y} \rangle \leqslant 1\}.$$

证明: S° 是凸集.

13. 证明: $\mathbb{R}$ 向量空间 V 的子集 A 的凸包 $A^{\smile}$ 是由 A 的所有有限子集的凸组合所组成的.

14. 设 V 是有限维 $\mathbb{R}$ 向量空间, $C_1, \ldots, C_n$ 是 V 的凸集, $\alpha_1, \ldots, \alpha_n \in \mathbb{R}$. 定义

$$C_1 + C_2 = \{\boldsymbol{x}_1 + \boldsymbol{x}_2 : \boldsymbol{x}_1 \in C_1, \boldsymbol{x}_2 \in C_2\},$$
$$\alpha C_1 = \{\alpha \boldsymbol{x} : \boldsymbol{x} \in C_1\}, \quad \alpha \in \mathbb{R}.$$

证明: $\sum_{i=1}^n \alpha_i C_i$ 是凸集.

15. 设 A 是有限维 $\mathbb{R}$ 向量空间 V 的子集. 证明: A 是 V 的凸集当且仅当对 $\alpha \geqslant 0$, $\beta \geqslant 0$, 有 $(\alpha + \beta)A = \alpha A + \beta A$.

16. 设 V, W 是有限维 $\mathbb{R}$ 向量空间, $T : V \to W$ 是线性映射. 证明: 若 A 是 V 的凸集, 则 TA 是 W 的凸集; 若 B 是 W 的凸集, 则 $T^{-1}B$ 是 V 的凸集.

17. 设 I 是实数区间, $x_i \in I$, $\lambda_i \geqslant 0$, $\sum_{i=1}^n \lambda_i = 1$. 证明: $\sum_{i=1}^n \lambda_i x_i \in I$.

18. 设 V 是非零 $\mathbb{R}$ 向量空间, A, B 是 V 的凸集且 $A \cap B = \emptyset$. 证明: V 有凸集 C, D, 使得 $V = C \cup D$, $C \cap D = \emptyset$, $A \subset C$, $B \subset D$.